岭南建筑丛书　第三辑

岭南建筑
创作研究与实践探索

胡展鸿　著

中国建筑工业出版社

图书在版编目（CIP）数据

岭南建筑创作研究与实践探索／胡展鸿著. —北京：
中国建筑工业出版社，2015.10
（岭南建筑丛书　第三辑）
ISBN 978-7-112-18482-8

Ⅰ.①岭…　Ⅱ.①胡…　Ⅲ.①建筑设计-研究-广东省
Ⅳ.①TU2

中国版本图书馆CIP数据核字（2015）第218942号

本书从建筑创作的角度出发，以期通过地域间的对比及对同时期本土创作风格的探讨，从思路、方法、手段、成果等方面找寻具有鲜明岭南地域特点的风格元素。通过探索岭南建筑创作方法与评价标准，最终为岭南创作提供创作参考。有利于岭南建筑文化的宣传与推广，增进岭南建筑创作繁荣，提出正本清源、求真务实的岭南建筑创作核心思想观。

责任编辑：唐　旭　李东禧　张　华
责任校对：李欣慰　关　健

岭南建筑丛书　第三辑
岭南建筑创作研究与实践探索
胡展鸿　著
*
中国建筑工业出版社出版、发行（北京西郊百万庄）
各地新华书店、建筑书店经销
北京锋尚制版有限公司制版
北京中科印刷有限公司印刷
*
开本：787×1092毫米　1/16　印张：16¾　字数：316千字
2015年12月第一版　2015年12月第一次印刷
定价：58.00元
ISBN 978-7-112-18482-8
（27694）

总 序

《岭南建筑丛书》第二辑已于2010年出版，至今《岭南建筑丛书》第三辑于2015年出版，又是一个五年。

2012年党的十八大文件提出："文化是民族的血脉，是人民的精神家园。全面建成小康社会、实现中华民族的伟大复兴，必须推动社会主义文化大发展、大繁荣"；又指出"建设优秀传统文化传承体系，弘扬中华优秀传统文化"，要求我国全民更加自觉、更加主动地推进社会主义建设新高潮。

2014年习近平总书记指出："要实现社会主义经济文化建设高潮，要圆中国梦。"对广东建筑文化来说，就是要改变城乡建设中的千篇一律面貌，要实现"东方风格、中国气派、岭南特色"的精神，要实现满足时代要求，满足群众希望，创造有岭南特色的新建筑的梦想。

优秀的建筑是时代的产物，是一个国家、一个民族、一个地区在该时代社会经济和文化的反映。建筑创作表现有国家、民族的特色，这是国家、民族尊严和独立的象征和表现，也是一个国家、民族在经济和文化上成熟和富强的标志。

岭南建筑创作思想从哪里来？在我国现代化社会主义制度下，来自地域环境，来自建筑实践，来自优秀传统文化传承。我们伟大的祖国建筑文化遗产非常丰富，认真总结，努力发扬，择其优秀有益者加以传承，对创造我国岭南特色的新建筑是非常必要的。

陆元鼎

2015年6月

前　言

当代哪些建筑属于岭南建筑？对于建筑创作而言，岭南建筑风格是否真实存在？在与建筑设计界同行，特别是外地建筑设计界同行们的交流过程中，时常会涉及上述议题。的确，作为地理概念，岭南的地域概念是非常清晰的，而对岭南地区传统既有的建筑特点，近年已有许多学者、专家进行了深入的探讨，例如由陆元鼎教授组织编写、从2005年开始出版的两辑岭南建筑丛书，对岭南建筑进行了成体系的理论研究，是其中具有代表性的理论成果。岭南地区涌现了大批优秀建筑师，在我国经济高速发展、建设工程量位居世界前列的大背景下，从本地拓展到全国，创作了数量众多的建筑作品，其中有大量优秀的作品在国内外得到高度评价。这些优秀作品中，有的与全国各地区的建筑师作品并无明显的特征差异，而部分则具有鲜明的岭南建筑特点。岭南地区建筑师作品与岭南风格建筑作品并不能绝对等同，如何区别优秀建筑作品与优秀岭南建筑作品，建立岭南建筑评价标准，对于今后继承岭南建筑文化、繁荣岭南建筑创作而言，是值得认真研究的问题。

本书力图把岭南建筑研究与岭南建筑创作研究连接起来。学界经过长期的积淀，对岭南社会人文、历史文化的研究，对岭南建筑文化、美学研究、岭南区域内古代与近代的建筑、园林、规划等诸多领域已有丰硕的理论成果；对近代到现代的岭南建筑作品，亦多有收集整理与初步分析研究。对于当代的优秀岭南建筑，目前则主要偏重于案例优选汇编，这对于在新时期提升岭南建筑创作水平、形成明晰的创作指导思想与成果评价标准来说，还有不少差距。思考其中原因，有两点：一则与岭南建筑师虽然在实践上勇于创新、作品丰硕，但在对成果的归纳、创作理论总结方面着力不多有关；二则建筑评论之风不盛，对岭南风格的界定与评议尚未形成清晰的标准，经验直观的专业思维方式不利于建筑设计专业人员清晰地认识岭南建筑。在岭南建筑文化传统传承之中，如何把其中价值取向、社会心理、思维方式、审美特征等抽象的内核因素，同岭南建筑创作成果中变化多样、不拘一格、兼容并蓄、博采共存等具体表现特点，做出明确的、合符逻辑的梳整归纳，是一项系统任务，我们不光要从建筑专业的角度来研究，更多地要整合对岭南地区历史、文化、艺术、社会等多个层面的研究成果才能令岭南建筑创作思想分析更加趋于系统、完整、真实，让分析结论更加明晰而易于采用，易于传递与继承。

有位岭南建筑设计界的前辈曾对我说："要设计好岭南建筑，建筑师首先要成为岭南人。"随着自己对岭南建筑认知的逐步深入，渐渐领悟到这句话的真义：对岭南建筑风格的理解，不应只囿限于对已有岭南地区传统建筑的布局、特色造型、细部特征、适应地域气候等技术措施的简单归纳与收集，也不仅限于对经典岭南建筑作品作简单的建筑元素分解与套用，而是要更深层次地分析，从建筑创作者的创作思想源泉，从建筑创作的时间、地域、社会文化背景、技术经济条件等多维度，思考全面把握真实的创作状态，才能更全面地分析岭南建筑创作方法。岭南建筑风格不仅与建筑技术特点有关，而且同创作者的价值取向、专业素养、审美观念是否与岭南地域文化同构有关。

建筑是岭南文化构成的一个重要组成部分，在岭南文化其他领域，能在绘画、音乐、戏曲、陶瓷等艺术形式上创造出辉煌成就的大家，都具有深厚的岭南渊源，在岭南土壤的滋养之下，他们虽然没有固守传统文化的思想包袱，但又能自觉保持本土文化根脉，他们开放通融，能够会通中西，富有开创精神，在吸收外部文化上，能得风气之先，敏锐吸收，结合本土传统融化统合，创造出辉煌的艺术成果；如岭南画派、广东音乐、粤剧、广彩、佛山陶瓷、岭南武术等，不但在国内独树一帜，甚至远播海外，广受国际肯定。对于这些艺术大家，不仅仅要分析他们个人的成功之道，更应研究他们作为岭南文化杰出代表人群所具的品格共性与行为方法共性，以便于全面理解岭南建筑创作思想。

对岭南建筑创作的研究，应以岭南建筑研究为基础，而又超越单纯的建筑范畴。岭南地区，具有丰富的建筑遗产，这些建筑往往风格独特，技术个性明显，并且根据建筑物所在地域与创作建筑时代不同，内容形态往往差异很大，只作简单的形式对比，未必能总结出明确单一的形式特点和建筑语言，但岭南本土的建筑师，却又能从中感受到审美共鸣与地域特性，并在专业群体中达成共识与进行传递，在个人的专业创作之中，亦对岭南建筑创作传统加以经验式、直观性很强的运用，在专业评价与审查之中，也不自觉地以此为导向，规范着岭南建筑创作的发展方向。因此，即使在近年国内设计业务量巨大，建筑界各类思潮风起云涌，境外设计力量大规模涌入的背景下，岭南地区的新建筑也罕见奇异古怪"不食人间烟火"的作品，而建筑成果总的体现着开放而务实、地域适应性强、关注效益与效率、形式自然明朗的主流特点。客观地看，在新的历史时期，岭南建筑创作传统，无形之中，不但给予本区域的城市建设理念以重要支撑，同时也将岭南建筑行业的影响随着业务开拓，扩散到全国。不过岭南建筑创作方法与传统，却由于创作成果没有呈现明显稳定的建筑表征，也欠缺系统的创作方法的总结归纳，反而由于建筑风格国际化同质化趋向而渐渐消隐。

岭南建筑创作的研究，要契合岭南建筑风格的特质和内核，综合系统地对岭南建筑创作思路进行分析，才能更全面地把握岭南建筑风格的传承。首先，岭南建筑创作的主体，必须对岭南文化传统有充分的认知与体验，对岭南地区优秀的价值观有认同，具有相当的岭南文化积淀，有充分的岭南艺术审美素养；其次，应继承岭南文化传统中善于发散整合的思维方式，把开放敏锐的直觉与善于包容、融合的调适能力相结合，总结出成熟适合的岭南建筑创作方法；再次，应建立起岭南建筑的评判标准，避免混淆“岭南的优秀建筑”与“优秀的岭南建筑”两者间的边界，不能把岭南地区的建筑统统归类为岭南建筑，而要对真正体现岭南地域特点，对岭南建筑文化传承与发展有价值有促进的作品加以选粹、提炼、推广，才能有助于岭南建筑风格的辨识、传承与提升。

岭南建筑创作不应只局限在岭南建筑概念表述上，也不应只研究岭南形式的汇编与简单的元素引用，岭南建筑创作更应解决的是岭南建筑的本质探索和方法论研究。本书希望通过对岭南建筑的自然人文背景和发展历史，特别是对岭南建筑近、现代及当代的创作思路与方法的考究，提炼出岭南建筑创作观中“真”、“实”、“美”三大特质。“真”，体现在建筑创作主体的创作价值观。岭南建筑传统具有直指本源、经世致用的取向，强调客观独立的专业态度，具有务实求真、不故弄玄虚、开放包容、择善而从的态度，关注适应自然气候、因应社会需求、顺应时代发展，并从中追求、和而不同，创新不守旧的精神，力求符合客观发展规律，以真挚的建筑品格来引领建筑创作方向。“实”代表了建筑创作方法之中开放通融、巧于因借的特点。在岭南文化中，开风气之先的传统同样体现在建筑创作之中。开放的心态令岭南人以实用主义态度，敏锐收纳世界信息，善于学习引进先进的观念与技术，以高度的适应性来融合与再创作，最终转化为一种适合需求，重视功能性的创作手法，以从善如流的功能意识、方法手段，坚持实用性标准，巧于因借创新，直至进行技术文化嫁接，拿来为我所用。“美”是指在建筑创作上得到岭南文化认同的地域审美表现。岭南建筑之美，与岭南文化息息相关，更与岭南其他艺术有着异曲同工的审美特征，含有由多元文化、海洋文化和商业文化糅合后所独具的灵活变通、兼容接纳、务实求真的特点。这种“美”指既有世俗重商因素，又体现自然情趣与文化底蕴，创新与传统相结合，具有多层次特点，明朗活泼，不拘一格，求变创新，富于个性特点，善于整合不同风格元素成为整体，通过再创作，不拘泥于正统，包容引用，自成一体，不稳定固化，深受岭南其他艺术形式影响，充分体现本土化的审美情趣。

岭南建筑创作从下意识到有意识，从无“法”到有“法”，需要通过理论整理引导，加强岭南本土建筑师的自我意识，提升其对地域性的追求。岭南建筑创作实践的目的是为了探索出方法与路径，以创作态度的“真”，工作方法的“实”，去追求含有岭南文化特质之“美”，希望延续这三大核心创作观，为岭南建筑创作探索出一条路径。

岭南地区的建筑一直都因地域特点而独树一帜，其特点表达与经验传递重意会而非言传，虽其作品在全国范围内有广泛的影响，但直到1979年曾照奋教授提出“岭南派”的风格概念，才在建筑学界建立明确的定义并正式开启对岭南建筑特点总结与理论研究进程。在经历近代建筑实践奠基阶段与新中国成立之后、改革开放前，在以佘畯南、莫伯治等许多优秀岭南地区建筑师的努力践行下，岭南建筑风格逐步成形与成熟，创作出矿泉客舍、双溪别墅、友谊剧院等代表性项目，把岭南建筑的影响拓展到全国范围。改革开放后，白天鹅宾馆、西汉南越王墓博物馆、岭南画派纪念馆等项目相继建成，标志着岭南建筑进入新的发展时期，并促进新一代岭南建筑师的迅速成长。21世纪开始，岭南建筑风格不但在岭南地区迎来创作的繁荣时期，更是随着本地建筑师创作业务拓展而扩散到全国，创作出上海世博中国馆、北京奥运摔跤馆等一系列得到全国范围内高度认同、具有岭南建筑特点的杰出作品，令岭南建筑创作达到了一个新的高度。

以丰富的创作实践为基础，何镜堂院士创造性地提出了“两观三性”的建筑创作理论，不但继承发展了岭南建筑创作思想，更引领了全国建筑创作思想的发展。希望在“两观三性”理论的启迪下，通过共同努力，进一步丰富岭南建筑创作理论体系，令岭南建筑创作得到更明晰，更有效的导向，通过更多的创作实践过程，能够增加岭南建筑设计的体验与感悟，探寻、继承、发展岭南建筑文化的多种途径和方法。

条条大道通罗马，岭南建筑创作之路也必定是多样的。国际地域建筑设计的大家已给我们示范了多种可能性：查尔斯·柯里亚（Charles Correa）提出“形式追从气候”，以气候同文化作为影响建筑形式创作的重要因素；阿尔瓦罗·西扎（Alvaro Siza）认为建筑创作应融入或归属于当地材料，建筑成果深受当地地形、地貌乃至于光线的影响；路易斯·巴拉干（Luis Barragan）在建筑与景观设计中融入墨西哥伊斯兰建筑、西班牙风格特点；安藤忠雄以钢、玻璃、混凝土这些最现代、最常见的材料来演绎日本传统气质与地方特征；王澍则深入研究传统地方建材的建造工艺，把废旧建材赋予了全新的建筑形态……

笔者认为，可以尝试通过塑造展现岭南文化风格与艺术行为的建筑物（例如亚运开闭幕式中的海心沙项目），或通过在复杂功能建筑物中探索解决岭南气候适应性问题（例如广州市妇女儿童医疗中心和岭南医院项目），或把岭南民居肌理异构，创作出新的建筑群秩序（如佛山市中欧中心项目），或者在高层建筑中构建立体岭南庭院景观（例如佛山市中德中心项目），又或者是以岭南传统的片段和印象来做为建筑物的隐喻（例如广州美术馆投标中的"端砚"和一馆一园投标中的"瓦片"）……这些个人尝试有的建成完工，有的只是灵光一闪即逝的创意，在岭南建筑创作探索上可能不成熟甚至拙劣，但毕竟属于对岭南建筑有意识的努力与探求，列举出来供同行参考，能起到抛砖引玉的作用，就算之前没有虚度精力了。

岭南建筑创作研究与实践探索，非常具有现实意义。现代主义建筑的主流地位一方面促进了理性思维和科学精神，在建筑创作领域得到广泛普及，从而带动了全球范围内的工程建设水平进步；另一方面也造成建筑形态和城市面貌在世界范围的同质性化，无区别的城市印象造成很多现代化城市文化个性缺失和文化活力下降。正如现代农业导致生态物种贫乏而需要恢复生物多样性一样，独立的地域建筑风格必然是国际化现代主义建筑风格的重要补充。岭南建筑作为具有深厚渊源和成果沉淀的地域建筑风格，进一步提炼纯化其传统内核，并在设计中充分展现，对于未来岭南建筑再上新台阶，对于繁荣岭南地区建筑文化，对提升岭南地区的社会人文发展水平，提升在岭南地区在全国、以至在世界的文化地位都将有极大帮助。

目 录

总序
前言

第一章 绪论

第一节 岭南自然人文环境 **1**
一、自然条件 1
二、文化性格 2

第二节 岭南建筑发展概况 **3**
一、岭南建筑的概念 3
二、岭南建筑的发展 3
三、岭南建筑的影响 4

第三节 背景与意义 **5**

第二章 岭南建筑与岭南建筑创作特征

第一节 古代岭南建筑 **9**
一、古代岭南建筑发展概述 9
二、古代岭南建筑的传统营造分析 11

第二节 近代岭南建筑 **35**
一、近代岭南建筑发展概述 35
二、近代岭南建筑的创作分析 38
三、近代岭南建筑经典案例分析 42

第三节 现代岭南建筑 **53**
一、现代岭南建筑发展概述 54
二、现代岭南建筑的特征与表现 56

三、现代岭南建筑经典案例分析 61

第四节　当代岭南建筑 71

一、当代岭南建筑发展概述 71

二、当代岭南建筑创作分析 73

三、当代岭南建筑经典案例分析 83

本章小结 101

第三章　岭南建筑的“真、实、美”创作观

第一节　“真”——务实求真、开拓创新 105

一、岭南文化的特性 106

二、“真”在岭南建筑创作上的表现 109

三、“真”对岭南建筑创作的启发 115

第二节　“实”——开放通融、巧于因借 120

一、属于岭南特色的“拿来主义”文化 120

二、“拿来主义”在建筑创作的灵活运用 121

三、“拿来主义”对建筑创作的启发 126

第三节　“美”——因借融合、无法之法 127

一、岭南文化艺术与建筑的共同性 127

二、“美”在岭南建筑创作上的表现 130

三、“美”对岭南建筑创作审美文化的影响 132

本章小结 134

第四章　岭南建筑创作探索

第一节　“亚运之舟” 139

——第16届广州亚洲运动会开闭幕式场馆

一、选址 140

二、总图 141

三、表演创意与舞美技术 144

四、小结 146

第二节　广州市妇女儿童医疗中心　150
一、项目概况　150
二、方案设计特点　151
三、小结　156
第三节　中山大学附属第三医院岭南医院　158
一、项目概况　159
二、方案设计特点　159
三、小结　164
第四节　佛山市佛山新城中欧服务中心　164
一、项目概况　165
二、方案设计特点　165
三、小结　170
第五节　广州市第三少年宫方案设计　185
一、项目概况　185
二、方案设计特点　186
三、小结　192
第六节　佛山市中德服务区高技术服务平台建筑方案设计　196
一、项目概况　196
二、方案设计特点　197
三、小结　200
第七节　广州市美术馆新馆建筑方案设计　207
一、项目概况　207
二、建筑设计构思　208
三、建筑设计分析　210
四、小结　215
第八节　广州文化设施“四大馆”设计国际竞赛——“一馆一园”方案设计　222
一、项目概况　222
二、方案设计特点　223

三、小结 228

第九节　佛山市三水区三水新城商务中心建筑设计 239

一、项目概况 239

二、方案设计特点 240

三、小结 244

结语 252

后记 254

第一章
绪论

第一节　岭南自然人文环境

一、自然条件

南方有五岭，自西向东分别为越城、都庞、萌渚、骑田、大庾。此五岭之南，是为岭南。具体区域包括广东、海南、广西南部、福建南部、台湾南部以及香港与澳门地区。本书所研究的岭南建筑地缘区域，是以广州为中心的广府地区。

岭南地处亚热带，终年阳光充沛，而热带与亚热带季风气候，又给这里带来了大量的雨水。日照与水分，养育了蓊郁青翠的草木、滔滔不绝的江河，还有开朗包容的人民。树木繁多粗壮，是合宜的建筑材料。当地人喜用木头竹竿搭建出高于地面的房屋，既可防潮通风，又可避虫蛇猛兽，更可圈养禽畜。水道纵横，河水丰盈，又邻近南海，拥有着丰富的海洋资源。善水的越人，以舟楫为家，勇敢地向外找寻属于自己的一片天地。

岭南的山不高，却连绵千里，形成一道屏障，阻隔了文化的传递，阻碍了地区间的经济发展。古人闻岭南而色变，传说这里瘴气缭绕、猛兽毒虫遍地，人未至而先生畏。直至唐朝，岭南依旧被视作南蛮之地，是遭贬谪官员的天涯海角。后中原战乱纷扰，丘陵山脉却成为保护的屏障，营造出岭南相对平和的政治环境。一方面一些受战火之害的中原人，避祸就福，举族南迁，给岭南带来了先进的中原文化。另一方面，因朝代频繁交替，社会动荡不安，中原地区的经济文化都遭受严重破坏，岭南借助山势屏障的优势使地区文化得以被延续、被保护。山势之障，虽阻隔了交流，却又保护了文化。

建筑是人类为了适应自然而创造的产物，早期的建筑大多师从于自然。岭南所处之地，有群山南海围绕，植物多生奇异，又长势可人，岭南人自始便与自然交流密切。喜爱户外活动，常结伴游于山际田野；喜爱花草，城市街巷，绿荫红花，天井庭院，苔痕阶绿。与自然的长期接触，使岭南民众萌发出“万物皆备于我”的思想，建筑设计因应自然，成就浓郁的地方建筑特色。

二、文化性格

岭南文化由于其独特的自然地理环境，逐渐形成以多元文化、海洋文化、商业文化组成的三大体系与包含兼容性、务实性、世俗性和创新性的四大特征。

自古岭南便被视作“蛮夷之地”，山高路遥，难以与中原进行频繁的交流。随着秦朝的大一统，修灵渠、开庾岭，陆续有汉人因经商、躲避战乱等原因大举南迁，向岭南传播中原的生产技术与文化风俗。此外，获罪的文人士大夫被贬谪至此，更促进了中原文化与原有越族文化的结合。随着历史的变迁以及与周边地区间的人口流动，古越土著文化不仅融合了中原文化，更吸收了吴越文化、闽越文化、荆楚文化的精髓。长期进行海上贸易，也使本地文化受到外来西方文化的冲击。岭南本土文化虽相对薄弱，但对外来文化的接受度极高，岭南人善于整合不同地区的文化，结合自身情况，化为己用，是为岭南文化多元的体现。

岭南自古良田甚少，生产力相对低下，远不及中原地区的农耕发达程度。但其邻近海洋，拥有不少优良港湾。因生存所需，岭南人必须冲破大海的束缚，敢于“逐海洋之利”，他们发展捕鱼、养殖业，利用水路运输货物，交流文化，充分利用海洋资源、发展海洋经济。海洋文化在岭南人民身上表现出开朗乐观、敢于创新、积极进取、性喜自然的性格特征。

岭南地区商业城市的特征形成于隋唐，这个时期重农抑商的思想已被弱化，商业正走上理性发展的道路，为岭南商业的快速发展奠定了政治基础。自汉朝起，岭南便开始与毗邻国家进行商贸往来。唐朝时，国家的空前强盛以及海外贸易网络的建立，都使岭南地区的经济发展到达历史的新高度。后至明清时期，虽政府实行闭关锁国政策，但岭南地区仍然与海外国家持续进行贸易往来。商业文化深刻影响着岭南这片土地，人民长期从事商业活动，心理、思维以及价值观念都受到一定程度的影响，在此过程中逐渐形成务实、创新、世俗、重商的岭南性格特征。

第二节　岭南建筑发展概况

一、岭南建筑的概念

1．名称缘起

岭南建筑这个名词是夏昌世教授在《亚热带建筑的降温问题——遮阳、隔热、通风》[①]中首次提到的。其后，在1960年广东建筑学会组织的对创造建筑风格的讨论会议上，给岭南建筑定义了以五岭为界的范围，岭南建筑这个名词自此不断被讨论，但在学术上仍未有一个确切的界定。

2．界定争议

“什么是岭南建筑的特征与风貌？很难全面下一个定义,或者给出一个标准。概括来说，创作作品中，建筑功能结构要求做到务实、经济，适应本地气候地理，节能节地节材，室内与室外结合，环境典雅、舒适宜人，以人为本并富有朝气，如果能达到这些要求或者部分满足，就可以有岭南建筑的韵味了。”陆元鼎老先生在岭南建筑丛书中有所感言。

关于岭南建筑的定义主要有三个观点，一是“地域论”，认为岭南建筑即建在岭南地区的建筑；二是“风格论”，认为适于岭南气候，具有独特岭南文化风格特征的建筑即岭南建筑；三是“过程论”，认为岭南建筑是在岭南地区进行的建筑探索创作活动，岭南建筑在此成为岭南建筑创作实践活动的简称。三种观点各有其积极性也有其局限性，却仍难以囊括含义丰富的岭南建筑。

本书从建筑创作的角度出发，以期通过地域间的对比，及对同时期本土创作风格的探讨，从思路、方法、手段、成果等方面找寻具有鲜明岭南地域特点的风格元素。

二、岭南建筑的发展

先秦时期的南越先民已创造出适于气候、取材于本地的干栏式建筑。秦朝一统至明朝建立，大规模的移民把中原汉文化带进岭南，岭南在吸收、融合了先进文化后演变出独具特色的自我风格。从南越王宫署石构园林，到改良传统院落的天井民居，再到宋元时期结合地势形态的大规模城市开发，岭南建筑不断吸收，不断进步。

明清时期以书院、祠堂为代表的岭南建筑受中原封建礼制影响，整体布局仍是以中轴线为主体，但由于条件局限，常出现因地制宜的局部不对称。建筑装饰更是精致考究，色彩艳丽，引入西方风格，糅合了岭南地区的人文意蕴。

清朝末年的西关大屋与竹筒屋是极具岭南地方特色的居住建筑，主要以解决通风、日照、降温等问题为首要设计原则。同时，由于西方文化成为上流社会的主流风尚，西关大屋融入了不少外来装饰元素，吸纳了一众西方先进技术。

1757年，清政府正式实行闭关锁国的政策，西洋商船只被准许于广东虎门一处停泊进行商贸活动。络绎不绝的商贸往来，使得广州直面外来文化的冲击。逐步取得了通商、泊船、租地、建楼、传教等权利的殖民者，把他们的生活习惯、建筑风格等外来文化带到广州市民的生活中去，为广州当时的风貌增添了如同西洋画般浓墨重彩的一笔。受到西方文化的影响，城市不再是一律的起伏山墙，偶尔在一片坡顶民居中，哥特风格的塔尖、优雅圆润的拱券或是有繁复花纹的希腊柱式在此间若隐若现。

后至民国时期，受到了西方规划建设思想的影响，广州城市建设从基本处于自然发展的模式向有规划地进行整体建设的模式转变。冲破了封建思想禁锢的社会从政治思想到文化意识都有了新的变革，更注重民主的社会思潮导致了诸如议会、会堂、银行、火车站、桥梁、剧院、商场、酒店、医院、公园等大型公共建筑的涌现。由于商业的繁荣发展与居民居住的需要，民国政府准许在人行道上加建骑楼。融合了西洋建筑风格与岭南传统文化的骑楼建筑，既适应岭南的气候条件，又利于商业活动，受到市民的热烈追捧，是当时广州最常见的街道景观。

历经新中国的成立与改革，广州城进入了建筑设计的新时期。思想的解放，使得建筑风格不再局限于简单的几种形式，更注重功能的合理性，强调与环境的结合，一大批具有时代特色的建筑精品在广州这片极具人文特色的热土上生根发芽。本土的岭南特色也在现代建筑中找到生存发展的空间，从华南土特产展览交流馆中显露雏形，到矿泉别墅、东方宾馆等受到国内外的肯定，广州岭南现代建筑逐渐走向成熟。

新时期的岭南建筑，以何镜堂大师等优秀建筑师为代表的岭南建筑学派，历经长久的实践探索，立足本土而推陈出新，不仅为中国建筑提供了别具一格的“岭南模式”，更跨越了地域的界限，将带领岭南建筑走向更稳健的未来。

三、岭南建筑的影响

岭南建筑根植于岭南，适于岭南独特气候，其继承了岭南优秀文化传统，建筑开敞流畅，灵动自由，与自然相融，是地域建筑的优秀代表。吸纳了来自各个文化、各个地区的优秀技术，取百家之长，补己之短，兼收并蓄且不拘一格。在岭南这处开风气之先的土地，西方文化的进入以及并不根深蒂固的学院派观念，使其率先开始中国建筑西化的进程，也使得现代主义建筑能够在中国有所发展。

岭南建筑师不忘本却勇于创新，“宁变勿仿，宁今勿古”等思想对于发展地域建筑具有一定的参考价值。面对中国建筑目前思想和主义纷杂、创作设计良莠不齐的现状，中国建筑创作的发展需要超越流派，发展出自己的建筑学派，使建筑学人汇聚在一个学派的大旗下，为形成真正意义上的中国建筑进行探索和努力，才能在全球化的浪潮中确立中国建筑自己的文化身份。

岭南建筑从偏居一隅到成为现今中国著名建筑流派之一，其发展的历程对中国建筑的影响不容忽视。更多学派的产生与繁荣才能促进中国建筑的发展，岭南建筑学派对岭南建筑进行积极探索是可供学习的优秀范本。

第三节　背景与意义

追溯到20世纪80年代，刚刚经历改革开放、经济体制转型、传媒思想部分解禁的中国，建筑界忽然发现自己绝缘于世界风潮数十年，城市里的建筑或被动或主动地开始吸收西方各种建筑思潮，并引以为实践。比如曾吹过的一阵地方建筑风格之风：古人研究风，总结说“空穴来风”，这“空穴”即改革开放前沿地带的岭南建筑界。

很遗憾，20世纪这场建筑界全国性的关于地方建筑风格的探索研究，无论是在建筑创作理论层面，还是建筑实践层面，都未形成持久的研究课题，或推出可以让大众引以为圭臬的设计作品。

20世纪90年代后，经济的大潮，快速的城市化，鞭策着建筑业推进，或是进步或是退步。在外来新颖、繁杂建筑样式的冲击下，在经济挂帅的指挥旗下，肯于潜心做中国地方建筑风格研究的少之又少。到今天，有关地域建筑风格的研究，或停留于高校象牙塔的论文纸面，或偶尔被“非主流”关注地域建筑文化的建筑从业者提及。却不知，当西方“生态设计”理念如上一波文化冲击那样登陆中国的时候，我们再回头审视自己曾有过的成绩，却发现，三十年前矿泉别墅采用的尚显简陋，但生态高效的遮阳竹帘构件，那个用水池改善建筑微气候，使得外部热风在穿过架空层时，转为丝丝凉风……让人又忆起当年那些令人心仪的岭南派建筑[②]。

中国建筑学会前副理事长窦以德曾说：“历史在前进、科技在进步，我们应该注重对新的建筑技术与材料的应用，但岭南建筑学派从地域环境出发，从规划、设计入手，营造宜人的环境，最大限度节约材料、降低投入的设计理念与手法恰恰契合了我们今天所倡导的绿色建筑设计理念。在全球倡导绿色环保理念的大趋势下，重视并认真发掘、发扬我国地方建筑风格中的宝藏并应用于我们今天的建筑设计创作中，正逢其时,也是十分有意义的。"

中国幅员辽阔，南北东西地理环境、气候特征、民族文化孕育出了形态各异的地域建筑。正是因为千百年的选择与积累，地域建筑对于当地气候生态有很强的适应性。岭南建筑便是地域建筑中极具代表性的一支。从秦始皇派兵三十万南征，第一次将岭南地纳入华夏的版图，直到今天，岭南建筑的发展与演进，一直在努力适应着亚热带地理气候、外来经济、文化的影响。岭南建筑历经本土原始建筑文化，汉文化冲击，古中原建筑文化，近代建筑西方殖民建筑文化，现代建筑文化的漫长发展阶段，形成独特的地域特色。比如兴盛于广州、香港的骑楼建筑形式，深深影响了近代东南沿海开放港口的商业街形态。在20世纪50~70年代，更是几度出现开全国风气之先，率先引进包豪斯现代主义设计风格的繁荣创作局面，地方特色鲜明的岭南派新建筑风格一度闪耀于当时，也涌现出以夏昌世、莫伯治、佘俊南、何镜堂等为代表的岭南建筑学派。

随着国外思潮的冲击，生产力的提升，快速城市化对建筑极度的渴求，整个中国的建筑业曾经以人类史无前例的速度快马加鞭，日夜赶工。在这大潮里，居住、邻里、公共空间传统正在遭受现代化野心勃勃的侵蚀、颠覆。一时间，似乎"传统"与"现代"形成了二元对立，水火不容。进入21世纪，一线城市屡屡出现国家大剧院、国家体育场、国家游泳中心、CCTV大楼等一大批"新、奇、特"的项目。在"经济挂帅"的建筑设计界，主流市场呈现一派崇洋之风，处于城市发展前沿地带的岭南地区也难以阻挡这种以西方先进国家为首的全球化建筑浪潮冲击，岭南地域特色新建筑一时难觅影踪。又一次，责任感、使命感、荣誉感，促使着建筑业内人士，媒体、专家，开始反思岭南建筑该何去何从？通过设计项目实践和建筑理论研究，他们尝试探寻在当今时代变迁大背景下，当代岭南新建筑，要如何在全球化大浪潮冲击中，保持自身的鲜明地域特色，找准适合自身发展方向。于是，21世纪头一个十年，广州政府、建筑界利用率先完成的城市建设总体战略概念规划，还有利用2010年举办亚运会的契机，乘着广州市城市建设发展带来的浪潮，新的岭南建筑创作得到了广阔的空间，孕育出了大量优秀的岭南地域建筑设计作品。以地域特色鲜明的岭南派建筑设计实践作为基础，岭南建筑学派重新被组合，在其原则与理念指导下的创作实践，对当下中国的建筑创作具有不可忽视的积极意义。

在此背景之下，从创作设计角度开展岭南建筑与岭南建筑创作研究，重新对岭南建筑发展源流进行系统的回顾，透彻研究和理解岭南建筑学派的起源和发展，在历史发展中总结经验，提取宝贵的岭南建筑文化精髓，对岭南建筑的特征与表现进行系统的分析与总结，有助于我们对岭南建筑及中国建筑的发展进行理性的思考，有助于我们将岭南建筑学派传承和发扬。对岭南建筑及创作思想进行系统明确的概念与特征总结，探索岭南建筑的本质特征，有利于岭南建筑创作思想的传承与发展。在建筑技术特征总结与创作思想策略总结基础上，本书力图探索岭南建筑创作方法与评价标准，并最终为岭南建筑创作提供指引参考，有利于岭南建筑文化的宣传与推广，增进岭南建筑创作繁荣，提出正本清源、求真务实的岭南建筑创作核心思想观。

岭南建筑创作核心思想观,可以用“真”、“实”、“美”三个方面概括。

真，是指独立思考、不从众、不唯上；是指实事求是的开放态度。岭南建筑继承中原建筑样式，但因地制宜，布局不过分追求礼仪轴线对称，善用园林，因此岭南古建筑区别于中原建筑沉稳与江南的秀丽，有着自己特色。

真，是减少思想理论束缚，从本源需求出发寻求答案。

实，是指实用主义，以务实的态度，善于学习、引用先进观念和技术，通过融合和再创作等手段，转化为一种适合当地气候条件、重视功能性的创作手法。从善如流的功能意识、方法手段，坚持实用性标准、善于因借创新，参考先进的观念与技术。

实，是兼容并蓄，择善而从，甚至直接进行文化嫁接，拿来为我所用。

美，是指融合归一，完整地结合本地域气候自然、历史人文、经济政治、信仰等客观条件，解决问题后产生的愉悦主观体验。

美，是无法之法，体现了解决问题的最高水平。岭南文化历经千年沉淀，面对本土时代变迁，外来文化的来去，本着求真、务实的态度，面对问题，解决问题，最终得到美的答案。

[注释]

① 夏昌世．亚热带建筑的降温问题——遮阳、隔热、通风[J]，建筑学报，1958(10)．

② 窦以德．岭南派风格与中国式建筑[J]．南方建筑，2009(3)4-6．

第二章
岭南建筑与岭南建筑创作特征

第一节　古代岭南建筑

一、古代岭南建筑发展概述

远至先秦，越人已在岭南这片土地上繁衍生息。古岭南植物盛而禽兽众，为避群害只能构木筑巢，后逐渐演变为干栏式建筑，是为岭南建筑的萌芽。加之岭南水网稠密，又邻近大海，使向外谋求生存的越人，以舟楫作室，产生了“船居”这种特殊的居住形态。

干栏式住宅　　曲尺形住宅　　三合式住宅

图2-1　广州汉代陶屋

（来源：周霞. 广州城市形态演进［M］. 北京：中国建筑工业出版社，2005：28）

秦一统岭南，设南海郡，广州自此从原始居民聚居点演变为“城”。南下的中原移民带来了礼制传统、文化思想与工艺技术，给岭南地区带来了文化冲击的同时，也推动了本地区各领域的快速发展。秦将灭，时任南海郡尉赵佗起兵，自立为王，建立南越国，兴土木、建宫苑，其华美壮观，从南越国宫署遗址与南越王墓出土的大量文物可见一斑。至此时，融合了中原地区建筑形式的岭南建筑，已初步具有了自己的特点，干栏构架、架空楼居、通风屋顶、大进深平面，皆与北方同时期的建筑特色迥乎不同。

至三国南北朝，中原硝烟弥漫，烽火连天，而被重重大山阻隔的岭南却拥有相对平和的政治环境。僧人为避战乱，选择南下修行。岭南本是佛教的“西来初地”，南亚僧人多从海路进入传教译经，岭南佛教一时大盛，富商纷纷舍宅为寺。光孝寺、六榕寺、华林寺、南华寺等寺庙皆是此时期岭南建筑的重要代表。隋唐时期，国家的经济与实力空前鼎盛，广州作为丝绸之路上的贸易大港，城益盛，民日众，上至城市的规划与建设，下至街坊市民的住房，都体现了隋唐时期岭南建筑的技术进步。而对外交流的频密也使岭南建筑受到西方文化的冲击，南海神庙与怀圣寺光塔成为此时期中西方文化交融的见证。

唐朝灭亡，骄奢淫逸的南汉朝廷将全城改为兴王府，百姓迁于城外，使城市的面积大为扩展。统治者不仅占据全城，还在城外广建宫苑，使广州城内外皆“林木拥之如画”，“土木华丽，聚珠饰之”，一派如画风光。当时采用的建筑园林风格虽源于中原，却依据本地资源因地制宜，开创了岭南园林建筑艺术之先河。奈何时日变迁，当初的宫殿庭院早已消逝不见，即便是当年名满羊城的西湖药洲也只余下一汪碧水。

宋朝延续了唐代的经济繁荣，至明初式微衰落。但城市的建设却从未停息，广州历经几朝的改造与扩建，形成了“六脉皆通海，青山半入城”的城市空间结构和“三塔三关”的大空间格局。城市的扩张，促使禁钟楼与镇海楼等宏伟的城市景观建筑相继出现。

封建社会后期的岭南居民，多是中原移民或其后裔，出于维系宗族的需要，宗祠建筑大量出现。现保留下来的宗祠，或格局严谨如留耕堂，或雕刻精巧如陈家祠，皆反映当年岭南地区的文化风貌，是古代岭南建筑的重要组成部分。

世界上各地区的文化皆要历经从无到有的生长过程，岭南文化也不外如是。岭南文化虽根源薄弱，并没有诞生出诸如古希腊、古玛雅那样光辉灿烂的文明，但其具有能将外来文化化为己用的转生机制。在后期吸收了大量外来文化的岭南，并没有成为一个迷失自我的克隆城市，还形成开放、包容、务实、创新的城市性格，真可谓是难能可贵。岭南文化的形成，离不开岭南人性格中的一面——“真”。

回转看岭南古代建筑的发展，从古越族单一的居住形态，至后期受到中原建筑形式与西方建造工艺的影响，多元建筑形式共同繁盛，创造出独具魅力的岭南建筑。这取决于岭南人去伪存真的态度，此为一真。

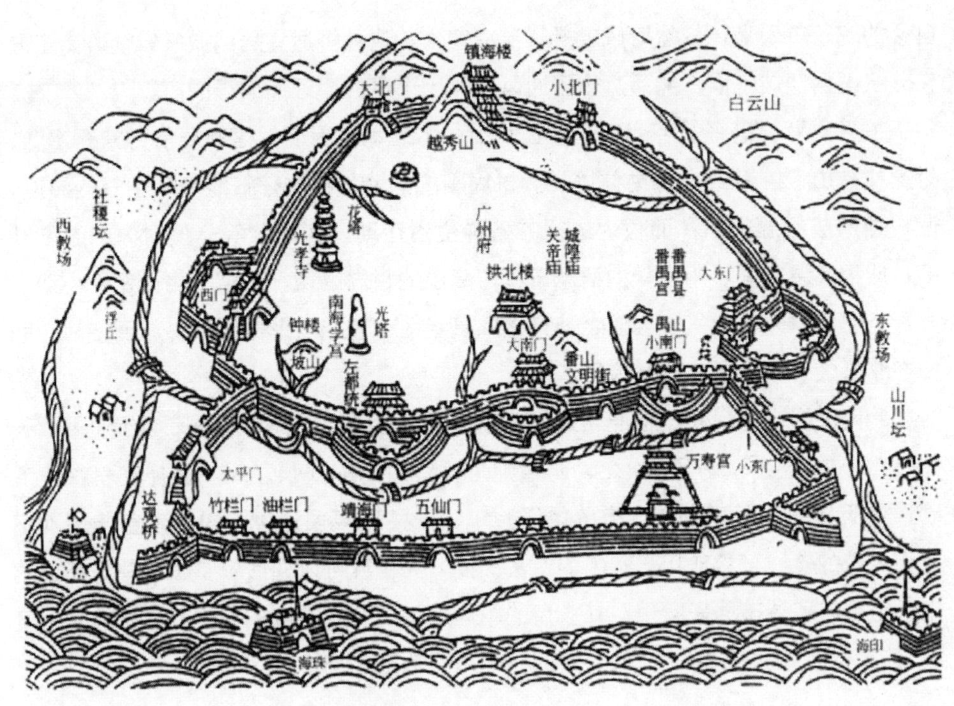

图2-2　广州明代城郭

（来源：周霞．广州城市形态演进［M］．北京：中国建筑工业出版社，2005：47）

常言道“靠山吃山，靠水吃水”，岭南正是处于大山大海之间。在与自然的长久交往中，岭南人学会敬畏自然，天然就是最好的，没必然去堆山叠石，粉饰假象。岭南人愿意亲近自然，建构居室也多从如何适应自然的角度出发，因应环境，皆出于岭南古代建筑工匠对于建筑构建的真诚，此为二真。

怀抱着真诚的创作态度，岭南古代建筑从平面布局，空间营造乃至装饰技术，均从实际出发，是因应自然、顺应社会发展而生的产物。岭南古建筑正垂垂老去，精巧的雕饰被侵蚀、鲜艳的色彩变得灰暗，但岭南先人们的求真态度与充满智慧的营造技术仍然启迪着后人。岭南古代建筑经得起年月的推敲，其中深具“美”的部分，将会一代又一代的流传下去。

二、古代岭南建筑的传统营造分析

（一）基于自然气候的古代岭南建筑营造

1．炎热对建筑特征与表现的影响

1）通风换气

岭南热，三伏天暑气逼人，路上行人无不挥汗如雨。但在村中的大榕树下、在自家的院子中闲坐，依然有风轻拂，清凉宜人。这种舒适宜居的微气候使岭南工匠充分认识到地域气候，并通过热压通风与风压通风的原理而实现的。

古人认为，最好的宅邸应选址在背山面水之地，因而村落布局前方常有水塘，村周或被山包围，或广种树林竹子。村周围的池塘与植物往往能降低空气的温度，使村外形成低温空间；而村内进行的各种生活活动，如煮炊等，使村内的温度升高，成为高温空间。用现代的科学解释，高温的村内区域，热空气由于密度小而上升，低温的村外冷空气便会随之补充进入高温区，使空气形成对流，从而使村中即使在酷暑之时也能尽享阵阵凉风。

岭南民居也有另外一种通风方式，主要是以厅堂、天井与巷道来组织通风，天井是对外的大空间，厅堂次之，廊道则是相对封闭的狭长空间。室外空气快速流动，使天井的风压增大，廊道的风压减小，天井的风便透过室内或者直接进入廊道。风速的差异直接作用于室内的空气交换，而差异可以通过厅堂、天井与巷道的空间组合与房屋布局来实现。其应用的原理是借助空间尺度的变化，造成空气密度不均匀，产生空气压力差，从而形成相邻空间的空气交换。

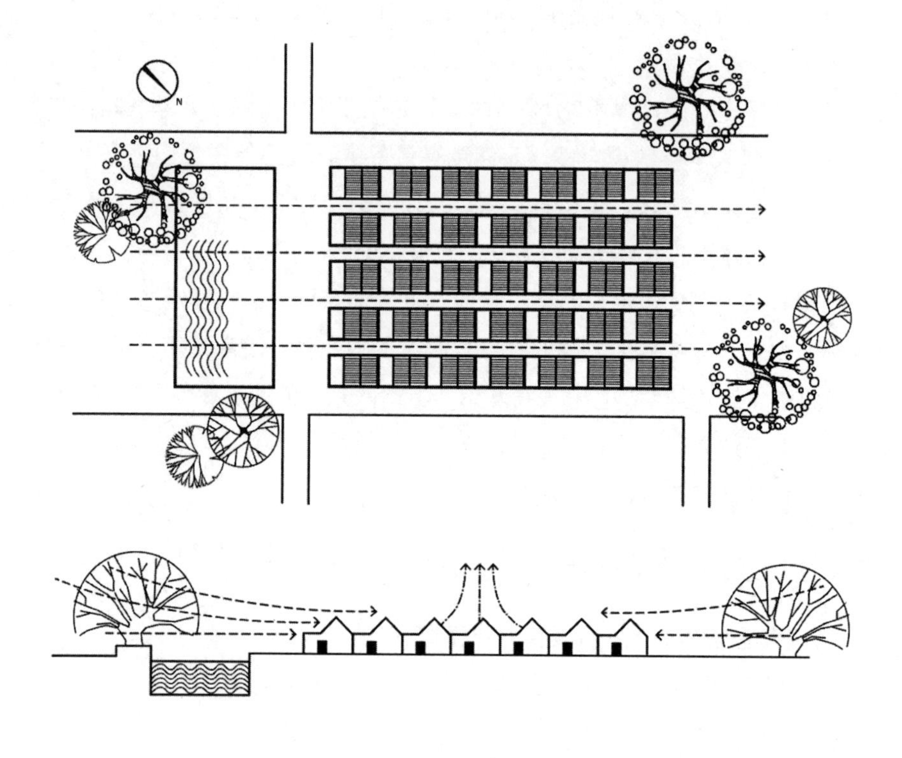

图2-3　岭南村落的通风换气

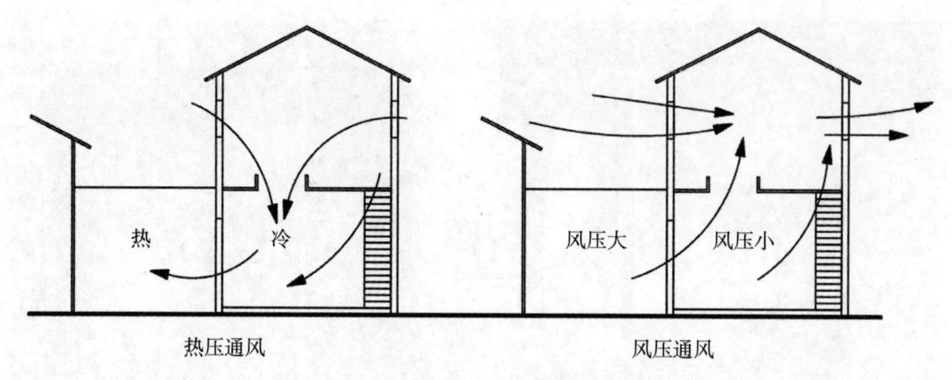

图2-4　民居中热压通风与风压通风示意
（来源：汤国华. 岭南湿热气候与传统建筑［M］. 北京：中国建筑工业出版社，2005：126）

民居内同样也应用到热压通风的原理。当太阳光照射进天井的开放空间中，造成温度升高，热空气上升。而此时内部狭窄的巷道因有高墙与屋檐的遮挡，形成相对的低温空间，较冷空气通过厅堂与巷道流进天井，构成热压通风。

可以说，天井与巷道是岭南民居构件中组织通风的重要空间。它们既是进风口，又是出风口，在一定条件下可以进行转换，风压通风与热压通风共同营造宜人的居室环境。

2）遮阳隔热

南方夏日炎炎，太阳光会直接照射到屋顶、墙面，需要采取各种遮阳隔热的措施，避免热量传入室内，否则坐卧室内，犹如蒸笼内烹煮，难耐之极。充满智慧的岭南人民为营造居室的舒适环境，有多种手段进行遮阳隔热。

增加建筑的阴影面是最主要的遮阳防晒措施。首先，平面采用密集式布局，能让建筑与建筑间的高墙相互遮挡形成阴影遮阳。其次，门窗常做成内凹的形式，在其上增加飘檐，阻隔直射进室内的阳光。另外，还可利用外飘的构筑物如阳台、骑楼等进行遮阳。这些或内凹或凸出的构造手法，不仅有效遮阳隔热，还能起到美化建筑的效用。飘檐、阳台被精雕细琢一番，民居肩负的早已不仅是可供起居的功能，更兼具了可供品味欣赏的艺术性。

除了遮阳防晒，地面使用平滑石材，也可以减少地面的反射热。同时，外墙用热惰性较大的材料砌筑，例如砖、石、泥、夯土或蚝壳筑等，也能有效阻隔热量传递。

3）建筑环境降温

古岭南水网密布，不少人家傍河而居。陆岸狭窄，为满足生活空间的需要，往往要将建筑延伸到水面之上。但水面上的建筑也有另一种妙处，当水流流动，能够带来通风降温的效果，潺潺水流更能让居者在生理与心理上都产生满足的情绪。

图2-5　民居中的遮阳措施

（左：凹门构造；中：高墙阴影遮阳；右：飘檐遮阳）

居于陆上，四周环绕的是一个又一个居所，因而每家每户的院落空间则显得弥足珍贵。院落广种四季常绿植物，绿色蔓延上屋顶，挡住了强烈的阳光，带来了阵阵清凉。岭南人喻水为财，不少人家总爱凿池引水，堆叠山石，在天井做成一个个微型景观，名为引财，实际却是因水流动，促进空气流通，带走暑热之气。居住舒适、心情愉快、和乐融融当是一家之财。

4）多雨潮湿对建筑特征与表现的影响

岭南的多雨表现在四季皆有雨水，春天自不需言说，空气中浓重的湿气化成可视的水汽，吞噬了大半座城；夏天的雨水有台风助纣为虐，一场暴雨过后，不少地区难免汪洋一片，雨水漫进室内，让人苦不堪言。连通常意义上干燥的秋天也离不了雨水，一场雨淅沥过后，秋已成冬。

雨水丰沛，地下水也稠密，因而建筑防潮成为岭南建筑营造最必不可少的一部分。防潮的手段很多，主要分为建筑防潮与空气防潮两部分。建筑防潮，最优选址在高处，如在平地建屋，可挖水塘挖井，以降低地下水位；加强通风，带走湿气；加大屋檐出挑，避免雨湿墙壁或进入屋内；坡屋面，阳脊明沟排水；更可用密实墙裙，石造基础或青砖勒脚的方式隔绝雨水湿气。

为更好地对建筑做防潮措施，可以通过空气防潮：实心厚墙能减少湿气对墙面的渗透；墙面粉刷光滑，避免积水；木柱以石作础，加漆油漆或桐油；门分上下，下可挡湿，上可通风。

（二）基于形式的古代岭南建筑营造

1. 村落布局

传统梳式布局村落，皆因循背山面水的布局原则，背后无山则广植树林开垦农田，村前无水便开挖池塘，池塘更兼具养鱼、蓄水、取肥、防洪、防火之用。与池塘紧贴着的是村前小广场，农忙收割时用来晒谷，因而称为禾坪或称为埕。在有重大节日时，可开展各种活动，但在更多的闲时，小孩在这里嘻哈游戏，长者们在榕树下摇着葵扇，扯着家长里短，一派和乐融融的农家景象。

梳式布局最大的特点，是建筑南北排布，中有冷巷贯通，形如梳，能够很好地组织通风。村口立有牌坊，标示本村的名字，作为村落间的分隔。进出村口处种有榕树，榕树旁立有土地小庙，香火长年不断。建筑组群中的第一行建筑，常常作为宗庙祠堂，是整个村落中的核心建筑，具有强烈的聚落向心性。岭南居民多是经商避祸的中原人士，因而家族聚居，建立宗祠，是很好的建立血缘关系和地缘观念的方式。每逢节日，家族齐聚一堂，祭祀、缅怀先祖，也可勉励后辈，更可增强宗族间的凝聚力与归属感。

图2-6　从化大江埔村

2. 建筑布局

三间两廊一天井，是岭南民居最为常见的形式。其布局成半围合状，左右对称，前正中为天井，两侧或为厨房，或为杂物房，中有廊道贯通，门向侧开，连通左右冷巷。后为正房，正房主间为厅堂，后三分一处为神楼，多用六扇屏风门相隔，内有楼梯，可向上至神厨。次间从主间厅堂入，多做阁楼以利用竖向空间。

居所内的天井是最能显露勃勃生机的所在，岭南之地，本多蓊郁，岭南人也就极爱花草，在天井屋顶种植，更可遮阳降温。而天井不仅作通风采光之用，更能寄情寓意。高高的山墙隔绝了外界，在围闭的空间内遍植花草，构筑的是自己的世外桃源。

3. 建筑体量

北方寒冷，建筑以保温为首，厚重严谨；南方炎热，以开敞通风为先，轻巧通透，相比之下，体量亦小。潮湿炎热的天气使人在心理上倾向于活泼自由远甚于厚重沉闷，于建筑上亦然。因而岭南建筑中敞廊、敞厅、敞窗等各种开敞的空间应运而生。要把建筑做透做轻，岭南建筑中有诸多手法：（1）远离中原，礼制束缚少，建筑并没有严格控制中轴对称，往往会因地制宜，采取不对称的体型体量，以适应各种自然条件；（2）喜爱使用轻质材料，大面积开窗，窗嵌彩色玻璃或蚝壳片，或直接使用镂空花窗；（3）爱用白、青、灰等淡雅色调来减轻建筑体量感。

4. 建筑山墙

岭南建筑山墙有自己的一种特殊的形制，其除了装饰，更具有防火防风、遮阳降温之用。常见的有人字形山墙和镬耳山墙，方耳山墙与三拱山墙也偶尔可见。

镬耳山墙是最具岭南特征的一种山墙，其形如官帽，又仿似灶头镬耳，据考究，是鳌鱼形态的演变。但究其根本，山墙的形态乃至色彩，体现的都是岭南居民对生活丰衣足食、防火避灾的向往与希冀。镬耳山墙在岭南古建筑属于等级较高的形制，在明末，只有官宦人家才拥有特权构筑镬耳山墙。后至清中期，镬耳山墙已不仅限于高官厚禄人家，而变得更为平民化，但其工艺考究，若非殷实人家，也难以负担起造价昂贵的镬耳山墙。

人字形山墙，造型简洁，工程难度不大，造价也较低，常见于小型岭南民居。方耳山墙来源于徽州民居的马头墙，有一级与三级平台之分，其山墙并非是垂直的跌落平台，而是呈75°角翘起，显得更为灵动，也更具韵律感。三拱山墙是镬耳山墙的演变形式，形如象形文字“山”，远处看来，蜿蜒起伏，村落仿如群山又隐于群山。

图2-7　镬耳山墙

图2-8　人字形山墙与方耳山墙

（来源：珠江时报网http：//dadao.net/php/dadao/temp_zt_news.php?ArticleID=906）

（三）基于空间建构的古代岭南建筑营造

建筑空间以满足人的居住需求为目的，既需从自然中独立，获得能遮风挡雨的安居之所，又需考虑与自然的相互交流，以创造更为舒适的生活环境。岭南古建筑的空间营造是对以上两种空间存在认知的体现。高高的山墙，厚实的青砖，将外界隔绝，构筑出自我天地。而院墙建筑围合出一个个庭院天井空间，将阳光、水、植物，吸纳进来，俨然一个小型的大自然。

古代岭南建筑大体可分成三种空间类型：一是厅堂房间，属于室内空间；二是庭院天井，属于室外空间；三是亭台敞厅，廊道檐下，属于室内外过渡空间。岭南炎热，因而建筑最喜将室内外空间紧密结合，界面被模糊，联系却更为直接，给人以一体的空间感受。即使是室内或是室外的大空间分隔，也尽量采用屏风、博古架或是漏窗进行分隔，使空间获得隔而不断的效果。

园林是岭南建筑空间中最具魅力的个体，其源于中原，与江南园林相仿，却又自成一体，虽没有北方皇家园林的天子气度、华贵雍容，也没有江南私家园林的典雅含蓄、意味深长，却讲究实用，世俗性强。其多见于宅邸庭院的形式，建筑包围庭院，多组织各种半开敞空间，既可通风纳凉，又可作为家人朋友交流之所，营造出舒适亲和的生活氛围。

岭南人认为“万物皆备于我”，所有东西都是可以在一定条件下被接纳的，因而在咫尺之地，尽可能少地对已有地理条件进行改造，同时，采用几何形体的组合，形成不规则的平面，创作出丰富多变的生活空间。

（四）基于技术与材料的古代岭南建筑营造

1．营造技术

追溯至远古时期，越族人以干栏式建筑作为居所，用竹木架出高于地面的房屋，下层饲养禽畜，上层住人，可防潮也可防猛兽，是岭南气候的产物。但随着材料技术的发展，干栏式建筑日渐被耐用性与结构刚度更好的穿斗式和墙体承重式建筑所取代。

民居厅堂中，上部多用木柱，下部则以石柱为多，或是用石柱础承托木柱以避免土地中的湿气和各种化学成分的侵蚀。石柱础的雕刻不比屋顶的雕刻，其与人产生的接触更为直接，因此形式多样，有极为丰富的雕饰题材与构图手法，而在石柱础上常见的束腰手法也能对防潮起到很好的效果。

为适应本地气候，岭南民居通常将墙面做厚，厚度可达1米，窗户做小，以阻挡热量传播，增加室内的舒适度。厚墙体、小开窗除了能相应增加房屋结构的刚度外，也能起到防御的作用。台风肆虐，若是出挑大屋檐，容易被大风刮去屋顶，因而岭南建筑中常用砖叠涩方式来营造短出檐。屋顶的坡度大小也是防台风的一个重要因素，坡度大于30°，容易被风掀起瓦片，也容易造成瓦片下滑。坡度小于30°，容易被掀翻屋顶，雨水也可能发生倒灌。

2．材料选用

南方盛产木材，不同的木材，根据其特性常用于不同的部位。地基、梁、柱以及木雕装饰构件均有木材的可用之处。石材也有很广泛的应用，从南越国的发掘遗址中可知，南越人很善于利用石材，不仅用石构筑水池、水渠、墓室等大型建筑物，在道路、台阶、柱础、挑檐、栏板、墙角、墙裙，也可见石材的使用。

据考证，岭南地区对砖瓦的使用始于秦朝，在长期的发展过程中，砖瓦的制作工艺有很大的提高，款色也更为多样，施釉，纹纹饰，实用而精美。砖有空心砖、印文砖、花阶砖；瓦有各种板瓦、筒瓦等不一而足。

在外墙的建造上，富裕人家喜选用细密青砖，这种砖经高温烧制后用冷水冷却，还需再仔细打磨，形成光滑细致的青砖。因近海洋，海产资源丰富，岭南的居民喜欢用蚝壳砌屋。蚝壳采用两两并排的砌筑方式组合，拌上黄泥可成。用蚝壳砌的屋子，冬暖夏凉，不怕积水，也不怕虫蛀，取材也是方便，是岭南地区的原生态材料。蚝壳经碾碎、烧制、发酵后制成黏性极强的贝灰也可用来砌墙。普通的人家多用三合土作夯筑墙，而岭南的三合土有特殊的配方，分别是糯米、红糖和蛋清，加入到红壤土、石灰、砂为1：2：3比例的湿夯三合土中，建成的墙异常坚固，能抵御漫漫时光的侵袭。另外还有一种土坯墙，名为草泥砖墙，取自于种植水稻后已缺乏营养价值的种植土，土中包含各种植物纤维与砂石，经踩踏密实，制成砖块。当房屋拆毁，这种砖块可以归还农田，是一种极其环保的天然建筑材料。

图2-9　建筑材料：麻石勒脚（左上）、青砖墙（右上）、蚝壳墙（左下）与麻石铺地（右下）

3．细部装饰

细部装饰是建筑的升华部分，传达的是地区人文意蕴。岭南建筑的细部装饰讲究细致素雅，题材广泛，表现自然的青山绿水、花鸟虫鱼等皆来源于本土风物；而人物故事类装饰则多表达世俗生活，讲述地区的风土人情，又或是取材于各种民间故事，是岭南“入世”的体现。装饰少了虚无缥缈的仙气，反而生活气息浓郁，充满浓浓的烟火味。

装饰的手法整体上讲究对称均衡，但局部却十分灵动，不拘一格。岭南人性格乐观开朗，反映在装饰上，人神仙兽都表现得和蔼可亲，笑态迎人，连威严的麒麟狮子都憨态可掬。岭南古建筑的工艺也是甚为讲究，有石、砖、木的雕刻，陶、灰的塑造，嵌瓷，铸铁和彩瓷等，与建筑完美结合，是建筑中的神来之笔。

图2-10　建筑装饰：民居天井内的砖雕（左上）、石雕人物（右上）、石狮子（左下）及屋顶灰塑（右下）

大门是整座建筑的门面，讲究的大门会做成内凹的形式，条石作框，青砖勒脚，两侧壁有彩绘雕刻作饰，构架上斗栱极尽精美。西关大屋的大门也很考究，分为三道：第一道是屏风门，四扇木制折门，上部雕刻花纹，挡住行人的视线，也利于通风；第二道是趟栊门，由单数原木做成的可拉合的栅栏门；第三道则是普通双扇对开的木板门，极为厚实坚固，关闭后，可防盗贼。

窗是建筑与园林中的眼睛，窗除了有遮阳防晒，通风换气的作用，更肩负着装饰的功能。岭南窗样式之多，琳琅满目，有仅作框景的漏窗，也有重视采光与私密性、轻薄通透的蚝壳窗，更有色彩鲜艳、图案丰富的满洲窗，调和了建筑青灰暗淡的色调。

4．工艺色彩

人类对色彩的使用，来源于对身边环境色彩的感知。岭南一年四季皆可见草木花卉繁茂，自然的色彩本就丰富，个性奔放自由的岭南人更是偏爱五彩斑斓，所以建筑色彩的运用，特别是建筑装饰上的颜色，多得能让人迷了眼。红、黄、蓝三原色交替使用，组合出成百上千的鲜艳色彩，各种颜色具有自己的含义，表达着百姓对美好生活的期盼。

装饰色彩多样，但岭南建筑的整体色调却是大气而淡雅的。在古老的岭南，红砂岩常作为建筑物的基础材料或者雕饰材料，城墙、祠堂、庙宇乃至帝皇墓地均会采用，是岭南地区特有的石材。普通民居以灰瓦作顶，青砖作墙，尽量采用浅色调来减少反射热的产生，也能营造心理上的开敞感。园林中的粉墙青瓦别有一种水墨意味，中国的水墨画讲究留白，而岭南中的白墙也是一种留白，粉墙作隔的同时，也是山石花木的背景板，犹如纸上作画，沟壑自成。

走进岭南的旧街巷，触目可及的是一种温暖的色调，水磨青砖屋、黄麻石板路，是一种被时光摩挲过后沉稳淡泊的色彩。青砖深浅不一，黄麻石泛着可人的光泽，偶一抬头，斑斓的雕刻彩绘与样式各异又晶莹通透的“满洲窗”蓦然撞入眼内，是街巷中另一抹鲜亮的色彩。

（五）古代岭南建筑经典案例分析

1．民居——三间两廊

三间两廊住宅是广府古民居最常见的形式，在《中国东南系建筑区系类型研究》一书中将其归为三种基本形制中的一种，又称三合天井型。所谓“三合天井”即房间从三面围合出位于正中的天井庭院空间。正房三间，堂屋居中，两侧厢房，正房前的两侧有附属用房，门从侧开，中有廊道贯通，连接各个房间与位于正中的天井空间。与一明两暗住宅相同，三间两廊住宅也可以此为基本单元，横向或纵向扩展为多进院落的大宅第。

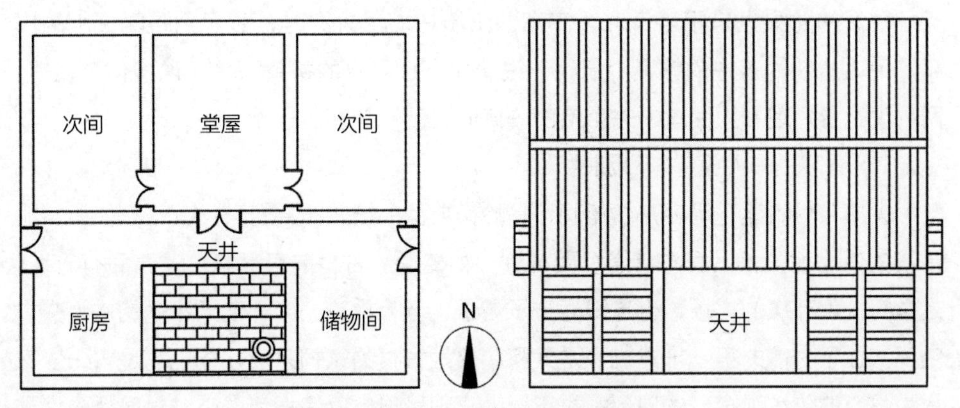

图2-11 三间两廊住宅

（来源：汤国华．岭南湿热气候与传统建筑［M］．北京：中国建筑工业出版社，2005：121）

在佛山三水大旗头村落中的民居可算是典型的三间两廊住宅，为砖木结构，青砖砌筑外墙，墙内夹有麻石，使得屋墙厚达半米，也是其能完整保留至今，未被破坏的主要原因。麻石勒脚，门窗洞口皆用平整的花岗石作楣，显得雅致端庄。民居中，廊道左右连通村中冷巷，两处各自设门，厨房及储物间分设于旁，即天井两侧。天井与堂屋相对，堂屋也划分前后两部分，前为主间，后为神楼，有楼梯，可方便至神厨布置祭祀用品。主间两侧有门分别可通向次间，依进深不同，两侧可各设一至二间次间。寻常人家，为更好地利用空间，也会在此间搭建阁楼，或置床具，或置杂物，根据需要，自不相同。

民居是村落中独立而极具私密性的个体，拥有多层次的空间序列，开放空间：天井——半开放空间：廊道——半私密空间：堂屋及厨房储物间——私密空间：次间厢房。既建立了自我空间的同时，也不乏与自然的接触，符合了人类对居住环境的需求。屋内空间甚高，空气流通良好，光线充足，不会令人有压抑之感。

住宅是村落中的组成单元，村落中巷道形成的低温空间，与被阳光直接照射而形成高温空间的天井共同产生热压通风的作用，协同进行民居内的通风组织，即便炎如夏日，民居内也依然享受到凉风的吹送。房屋砌筑多用热阻大、蓄热系数小的墙体构造，而青砖麻石等平滑色浅材料，也能有效减少反射热的产生。天井内栽花种草，引流水，养游鱼，庭院空间舒适清凉。堂屋门前有圆木造的趟栊，合上后贼人无法进入，自然的风与天井景致却能自此畅通无阻。

若逢大雨，雨水经坡顶流向天井，天井由防水的麻石砌筑，且地面作排水坡道，引水往形如铜板的排水口，人们给它起了如意名字“金钱眼”。院中的雨水可通过此排水口排至屋外巷道暗渠，再排至村前池塘。有些人家也会在檐下放置大缸，养几颗水草、几尾小鱼，也是常备的防火用水。

民居的防火也是相当考究，高高的山墙在发生火灾时，可起到阻隔火势的作用，而大旗头村落中的镬耳山墙，一说演化自代表水的鳌鱼，另一说演化自官帽，两种说法皆体现着人民对未来生活的美好向往。

1）村落——大旗头与小洲村

大旗头村始建于明朝嘉靖年间，是岭南典型的梳式布局村落。其坐东向西却非传统的南北朝向，民居与巷道东西排列，如梳形。古村前有池塘，池塘后有禾坪，是举行重大节庆的广场，也是闲时孩子游乐、老人乘凉、大人谈天论地的悠闲交往空间。位于村前的第一排建筑，是大旗头郑姓古村的家祠宗庙，体现的是古人以家族为核心的传统观念，体现到古村布局上，则呈现出以宗祠为中心，村居外向发展的岭南传统村落布局。

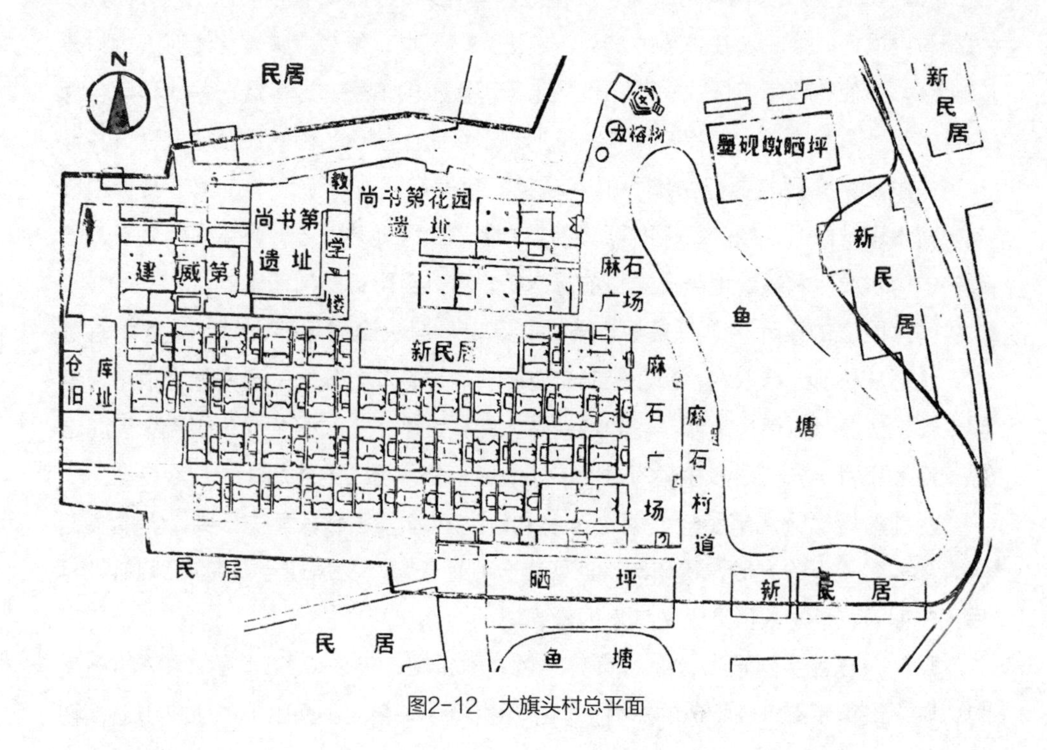

图2-12　大旗头村总平面

图2-13　大旗头村的村前景观

古村最为人所称道的是其通风、排水、防火、防盗的精巧设计。大旗头村通过梳式布局，运用风压通风的原理，利用池塘与村后的树林冷却空气，使空气对流，组织村内的通风换气。在炎热的夏天，走进大旗头村，依然感到丝丝清凉。古村建成至今，即使在岭南多雨的季节，也从未出现水浸的情景，这得益于古村科学合理的排水设计。大旗头古村拥有极其完善的排水系统。屋顶的雨水经屋檐流进天井或巷道中的渗井，雨水再经由渗井泄入暗渠。暗渠布置在巷道之下，由青石板路覆盖，需清理维修时，掀开石板即可，相当方便。村内地基做高，整体向西倾斜，暗渠内的雨水或污水顺着地势排向村前的水塘，再排至附近的河涌溪流。

防火防盗的设计构思也是相当巧妙，高高的封火山墙阻隔火势，屋内水缸蓄水，也可从村前池塘取水，快速控制火势。村居墙甚厚，外向的窗户做得很小，且皆设有铁栏。石板街尽端无口，如遇外敌，门楼铁闸一下，整个村落固若金汤。这是一座运用科学先进理念构建的村落，处处皆有先人留下的智慧。

村前池塘比喻洗笔墨池，塘边有座文塔，喻笔，塔下有两块石头，大的高三尺，形如砚，小的方形，状如印，此四者分别代表着“文房四宝”，寄予着前人对后人的期盼，是村内极具人文气息的景观。

岭南，自古水网稠密，处处可见小桥流水人家，而位于广州市海珠区的小洲村，则是最具岭南水乡特色的古村落。小洲发源于华台山，是水上的一座山丘，初

图2-14 寄寓先人期盼的文笔塔

图2-15 在通风组织中起重要作用的冷巷

始居住者择高而居，但随着迁居于此的人家逐渐增多，河道泥沙冲击，使河道变窄，村落面积也逐渐增大。村内河道纵横交错，民居依水而建，不仅与河道形成良性的关系，而且依旧保持南北巷道贯穿的梳式布局。

小洲村最具特色的是其水乡空间形态的表现，分别有“街—河—街”、“街—河—屋”、“屋—河—屋”此三种临水空间形态。行走在村中，飞虹跃河，连通两岸，舟楫往来穿梭，岸边码头数个，公共空间与自然景观相互交融。

临河的居所，因水流加大风速使清凉加倍。民居临河的一面是完全封闭的，有些人家建有私人码头，小船就停泊其上，方便出行。现在的小洲村依旧流水潺潺，百年老榕树遮天蔽日，人们往来穿梭，时光在这里慢慢沉淀。

2）祠堂——留耕堂

翻开岭南的史书，很大一部分是属于移民的历史。自秦一统以来，秦始皇为巩固统治而屯兵遣民，直至历朝历代中原氏族的南迁避难，移民活动极为频繁。在中国两千多年封建专制的统治下，氏族百姓以血缘为纽带的宗族观念已经根深蒂固。即便远离故乡，族群离散，仍亟须一个精神象征以凝结宗族，维护宗族的向心性，以期获得更长远的发展。因此，自明嘉靖年间允许平民立庙以来，岭南地区的祠堂发展极其迅速，至清代，广府祠堂已经发展得极为规范与完善，规模与工艺都达到空前的高度。

番禺区沙湾镇内有宗祠名留耕堂，是何姓宗祠，因而又名何氏大宗祠。留耕堂始建于元至元十二年（1275年），后至清康熙三十九年（1700年）重修，是为现今所见面貌。宗祠所处地势北高南低，平面形制为三入三进五开间，池塘—广场—山门—仪门—天井—享殿—后寝各进建筑自南向北严格遵照中轴线开展布局。

留耕堂的主体建筑面阔32.7米，进深72.5米，形成小面宽，大进深的平面形制。各进院落由天井组织采光通风。整个祠堂为外封内敞的空间形态，砖石蚝壳建成的厚墙将宗祠围合封闭，只留木门组织对外交通；内部则通透开敞，中堂为全开敞式，两侧开间挡墙上开设大漏窗，只在后部设木门，阻隔视线，以分隔开祭祀空间，保证寝殿的庄严肃穆。这种空间形态不仅有利于建筑内对通风的组织，也能对台风频繁的侵袭起到防御的作用。

建筑建于大台阶之上，自南向北层层抬高，至供奉祖先的祖堂为整座建筑的最高点，除了显示对祖先的尊崇外，抬高的地基也能有效避免水浸或地下水上渗对建筑的破坏。中堂象贤堂有七排四列共28根柱子，前沿四根均为八角咸水石柱，很好地避免了雨水的侵蚀。其余24根虽为圆形木柱，但柱下均有石柱础，用以隔绝雨水湿气。

图2-16 留耕堂

宗祠前池塘（左），象贤堂（右上）与诗书世泽牌坊（右下）

宗祠建筑在民间建筑中的主导地位不仅体现于其平面格局与空间形态，更体现在其装饰艺术的精美程度上。留耕堂的仪门牌坊与月台台帮皆有相当精美的雕刻。作为宗祠仪门的留耕堂牌坊上，正门上书“诗书世泽”四个大字，北面则刻有“三凤流芳”，为八柱三门的砖木石构牌坊。牌坊两侧横枋用红白两色石材雕刻云纹鸟兽，上有木构如意斗栱，斗栱外向层层飘出，承托灰脊歇山顶。牌坊后天井中有月台，月台上古朴精美，采用的也是吉祥如意的题材，如“老龙教子”、“犀牛望月”、“双狮戏球”、“双凤牡丹”等，雕工手法流畅老练，雕刻对象惟妙惟肖。

3）庙宇——光孝寺

岭南有寺，名为光孝，民间有俗语云“未有羊城，先有光孝”，可见光孝古寺的历史悠久。《光孝寺志》中有载，光孝寺的寺址原为南越国第五代王赵建德的王府，三国时期，曾是东吴被贬谪的骑都尉虞翻的居所。虞翻开辟苑圃，授徒讲学，更于宅苑内广植柯子树。其死后，家人施宅为寺，取名为“制止寺”。经多次扩建、改名的寺院终由明宪宗赐名“光孝寺”，一直沿用至今。而当年虞翻手植的柯子树依然亭亭如盖，与菩提古树沉默看过这千年时光。

光孝寺布局依中原形制，坐北朝南，山门—天王殿—大雄宝殿—瘗发塔形成中轴线，左右布置均符合传统佛教寺庙的布局形式。但通常于天王殿前的左钟右鼓则与大雄宝殿前的伽蓝殿、地藏殿相合并，为二层楼阁建筑，上置钟或鼓，下作佛堂。

在光孝寺的建筑群中，最具历史也最为雄伟的当属大雄宝殿。大雄宝殿建于东晋，重修于唐，因而浑朴大气，晋唐之风极为浓郁。大殿筑于高一米多的阶基之上，其间有月台，月台石阶不在正中，却分布于东西两边。有观点认为，这种多用于祠堂与住宅的左右二阶形制，从侧面上印证了寺庙的前身确由私宅改造而成。

大雄宝殿的屋顶为重檐歇山顶，檐柱较矮，屋顶坡度平缓，横向跨度大。大殿下檐斗栱因沿唐制，体型较大，均是一跳两昂的重栱六铺作，作三层布置，支撑着出挑深远的屋檐。双檐式的结构屋顶，斗栱间不砌砖，再者四周装设直棂窗，使佛殿内部简洁明快，既利采光又利通风，与多数昏暗的佛殿有着天渊之别。殿中隔扇门上部虽不似殿窗一般作镂空处理，却是在花格的后方饰以蚝壳作的薄片，制成蚝壳窗，既遮挡了视线，又能透光，明亮室内，是岭南地区喜用的门窗形式。殿内采用中间粗两端细的梭形柱，有如唐代画作上的仕女，丰腴却优雅灵巧。柱下有石柱础，具有防潮之用，以适应岭南地区的气候特征。

大雄宝殿的屋脊与山墙的装饰较为简单，以龙或螭吻为主。但在其他寺庙建筑上鲜有出现的仙人脊饰不仅出现频繁，不少还占据着脊饰的主体位置，反映出岭南地区宗教建筑装饰特点，可见岭南人的自主创新精神与开放平等的地区风气。

2. 岭南园林

最早出现的岭南园林应属西汉大型的皇家贵族园林，从近年开挖的南越王宫苑可一窥当年的盛景：曲流石渠、清水潺潺，两岸曲折迂回，连通数处石砌水池，更遍植果树花草，上有飞鸟栖枝，下有游鱼龟鳖，享乐其间，惬意无限。从遗址的研究中发现，南越王宫署遗址具有东方园林的含蓄美，是以曲线作引导的自然式山水

图2-17　光孝寺大雄宝殿

（来源：维基百科）

图2-18　南越国宫署遗址

图2-19　药洲遗址

（来源：互动百科）

园林，但同时宫苑的建造运用了大量砖石材料，又与古罗马大型的石构筑物相类，结合了东西方的园林特征。

南越国破，在其后的南汉初期，国泰民安。南汉王奢侈靡费，大举兴建宫苑，据说“三城之地，半为离宫园圃”，亦有《南汉春秋》、《五国记事》等史籍，描述宫室禁苑之瑰丽。南汉建园是将园林景观与城市自然环境相结合，如药洲仙湖，本是天然湖泊，经开辟扩大，北接白云山，东连珠江，属南汉国大型的园林工程之一。药洲这颗遗珠，一直是各个朝代游人如织的名胜。可因城市的发展，现今的药洲只余方寸之地，遗石几座，隐居于繁华闹市之后，不复当年的盛况。南汉之后，再无大型岭南贵族园林的兴建，小型的庭院式园林与民居结合，受到本地居民的喜爱。

岭南园林以其通透开敞，简朴世俗，区别于体现皇家气度的北方园林与讲究文人风范的江南园林。岭南园林因其所处的地理气候文化的不同，形成不同他处的园林特色。在务实的岭南人眼中，园子是很生活化的，并不需过分讲究儒家礼制，营造端正对称的层层院落，也不需刻意追求文人风骨，营造深邃多情的山水庭院。岭南的园林很简单，并没有过于深沉的寓托。如何能躲避夏日的炎炎，如何能与家人共享天伦，如何能与朋友畅谈天地，才是他们所真正重视的。

岭南本多沟壑，远离中原，亦没有过多的礼制局限，建筑因势而建，与自然巧妙结合，以期在方寸之地，造咫尺山林，纳胸中意气。其中以顺德清晖园、佛山梁园、番禺余荫山房、东莞可园最具代表性，并称岭南四大名园。

各大名园平面布局手法各有特色，清晖园营造前疏后密的空间，前以水庭为中心，有亭廊楼榭围绕。船厅、惜阴书屋等重要建筑，也结合前部水景进行布置。后部密度大，是主要生活起居之所。可园造园手法与清晖园类似，同样是大疏大密的空间格局，将厅堂、书斋、住宅等建筑组织围合形成向内封闭的庭院空间，谓称“连房广厦”。其中更包含兵家原理，建筑布局形如诸葛孔明的八卦阵图，高低回转，四通八达。

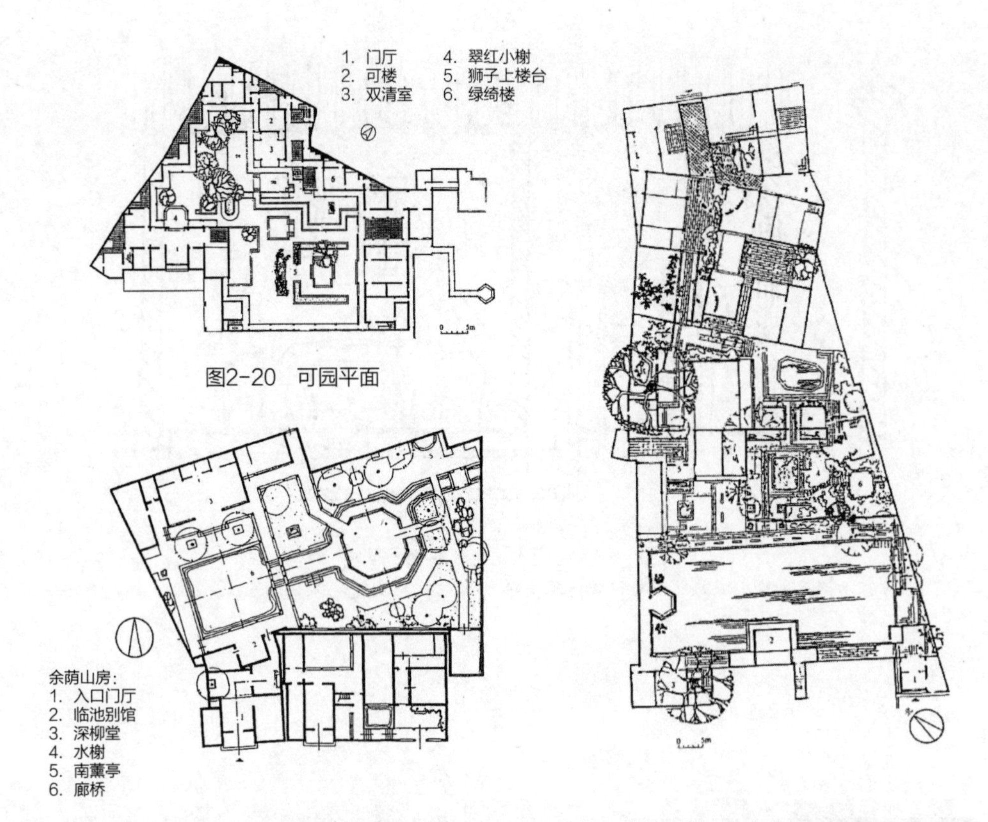

图2-20 可园平面

图2-21 余荫山房平面

图2-22 清晖园平面

（来源：陆秀兴. 岭南四大名园的空间布局及其审美取向研究［D］. 广东：暨南大学，2010：19~32）

余荫山房围绕水景布局全园，以廊桥为界，划分东西。庭院空间虽小，却采用"缩龙成寸"的手法进行安排，景物互借，相互渗透，空间变化极其丰富多样。梁园主要建筑平面呈"L"形，群星草堂，秋爽斋与船厅连成一片，建筑与水庭相对，小径沿河岸自由曲折布置，产生"曲径通幽"的空间效果。

四大园皆朝南北，以便于组织园内的通风，减轻暑热带来的不适，营造凉爽宜人的空间环境。但各园皆有各自的通风手法，如清晖园中，建筑与庭院相互穿插，南面大面积水面起到冷却来风的作用，凉风吹进建筑群落，吹走院内的暑热。

可园的降温构思相当巧妙，先从平面布局设计出发，建筑多朝南，中部为庭院，四周院墙高低不一。东南围墙低矮，迎向夏季主导风向；西北院墙既高且厚，阻隔冬季寒冷的西北风，也可避免西晒。园内由建筑围合的露天庭院上，按品字形布置有"狮子山"，"拜月亭"，"兰花台"三个景观装置，与庭院周边齐腰的花基盆栽，共同增添院落中的阴影面，减少了太阳辐射热的产生。建筑也多采用卷棚歇山屋顶，深远的屋檐，遮挡太阳对屋墙的照射。可园中，除了运用了风压通风与热压

图2-23　可园人工送风系统示意
（来源：汤国华. 岭南湿热气候与传统建筑［M］. 北京：中国建筑工业出版社，2005：117）

通风进行自然通风的系统组织外，还有一套人工的送风设计。在作会客之用的“可轩”，地面正中有个洞，用铜管连通隔壁的房间，此房间内有风柜，仆人转动风页，从紧靠“邀山阁”的深天井，抽取冷风鼓向可轩。宴客于此，即便是在炎热的夏季，也能有凉风阵阵吹送，惬意无比。

岭南的庭院多结合民居进行布置，是家庭生活、朋友交流的主要场所。岭南人能聊，爱聊，家长里短要拉，商场生意要谈，时事大局也要论，聊得起劲，哪管天上地下。因而在岭南的庭院中，处处有可停留的空间，走到哪里，哪里都可以坐下促膝长谈，即便可能就只是树头几个，石凳几张，这是岭南人的洒脱随意。炎热天，呆坐在封闭的室内，椅席炙手，坐立难安，抵足谈心如何能获快意。因而需要把建筑做得通透，居室向园子开敞，清风徐来，又兼得绿意逼人，这样的环境下，说者自然眉飞色舞，听者也能津津有味。这些环境营造的重点，均在于连接室内与室外的过渡空间，是为岭南造园的精髓。

图2-24　可园的游憩空间

亭台楼榭敞廊敞厅，皆属于上述所说的过渡空间。有支撑结构与顶，没有垂直围护，或是有墙壁却满设窗扇，可开可合。可挡雨水却挡不住凉风，是岭南建筑的重要特点。清晖园中有一处方形水池，中植荷花，又有一亭名“澄漪”，向外延伸至水面上。亭的窗户可完全打开，将清风莲香完全吸纳。四周廊道环绕，更设美人靠，只要心随意动，随处可停步歇息。另有余荫山房一水榭，建于八角环流池心，其形也为八角。水榭八面均有木雕细密花格玻璃长窗，玲珑剔透，因有名玲珑水榭。推窗远望，八方皆有美景，主题相异。园主在此吟诗作画，品茗会友，好不风流。

岭南园林中的厅堂布局也有异于其他建筑。虽也分为三开间，但明间与次间用屏风、隔扇、博古架等隔断，划分成会客休息等功能不同的空间。这样往往能使室内空间更为通透，也能演绎出通透灵动的室内空间，使室内外相互渗透，视角上相互渗透。

岭南的园林或处闹市，空间有限；或于近郊，受环境限制，却都懂得因应自然，利用地形起伏，营造野趣；运用借景对景，将园外风光纳入园中，构成丰富的园林景致，虽方寸之地，也可享开阔视野。可园紧邻村中池塘，园北面水处做成开敞式的界面，不管是登楼远眺，还是游廊小憩，皆可见园内外风光互为组景，既扩大了庭院的视域，也增加了景观的层次。小处也运用着类似的手法，相邻的空间，相邻的景物可以因借渗透，用以增强景深。用以界定空间的是院墙，但院墙上又开着洞门、嵌着漏窗。此时，洞门漏窗也就成为连接两个空间的途径，可从这边石山小径看到那边的瘦竹廊亭，却隐隐约约看不真切，更引人探寻，幽深迷离之感顿生。

岭南园林的建筑，为求通透开敞，往往采用简易构造，摒弃了繁重装饰的建筑，体量也相对较少。外形轮廓也更秀丽柔和，大方朴实。岭南私家园林的营造，以居家游乐为主要目的，更可体现造园者的内心追求，侧重于人，与自然相融。因而体现在色彩上，多喜选用浅淡的色调。白粉刷墙，灰瓦铺面，伴以木作之色，有宁静幽远之感，是岭南地区极具人文风情的画卷。

图2-25　清晖园澄漪亭

（来源：陆琦．岭南园林艺术［M］．北京：中国建筑工业出版社，2004：133）

图2-26　余荫山房玲珑水榭

图2-27　梁园洞门

图2-28　可园邀山阁

图2-29　余荫山房“浣红跨绿”游廊拱桥

第二节　近代岭南建筑

一、近代岭南建筑发展概述

岭南近代建筑对于中国近代建筑的发展道路是为重要的一环。作为古代中国最早接触西方以及近代中国最早进行资产阶级革命的地区之一，岭南在中国近现代史的特殊地位决定了对象选择的历史价值。

从16世纪中期葡萄牙人租借及定居澳门，到1685年清政府开放海禁开始，岭南与西洋的接触开启了中国的近代历史。利用其沿海地区的地理优势，岭南地区率先接触西方文化，使之一度成为中国人探索外部世界的中心。随着海禁的反复开闭和鸦片战争的爆发，西方建筑文化开始渗入岭南地区建筑当中。岭南建筑也先于其他地区转型，其先发性为融合西方建筑文化和推动中国建筑近代化的进程增加了不可或缺的动力。

悠久的海洋文化造就了岭南人敢于变革、敢开先气的品格。而在近代西洋文化的强势侵入过程中，作为资产阶级民主革命的中心和发源地的岭南人理性选择，敢于反抗封建专制，追求和提倡现代科学。留洋学子通过在海外的学习和实践体会到西方建筑技术的先进，学成归来后积极参与国内建设。他们在近代城市管理、建筑艺术、建筑技术及建筑教育等领域都渗透西方先进思想和技术，为岭南现代建筑的大放异彩奠定了基础。

近代岭南建筑文化对西方建筑文化的吸纳整合，可分为观察期、影响期和融合期。①沙面成为租界后，风格各异的西洋建筑拓展了时人的视野，大量的岭南工匠在施工过程中掌握了西方建筑处理手法，为后来岭南建筑对西方建筑模仿和融合积累了技术。为便于西方宗教在岭南的传播，西方建筑师也在其建筑中融入了岭南建筑形式，以西为体，以中为用。随着吕彦直中山纪念堂竞标方案的全面胜出，标志着岭南建筑的话语权已完成从西方建筑师向本土建筑师转移。

（一）西洋建筑文化的楔入

1840~1911年这短短六十年时间，晚清政治局势动荡，内忧外患。这期间，岭南经历了两次鸦片战争，以及1894~1900年帝国主义势力的全面入侵。“从16世纪的澳门与18世纪的广州十三行开始，岭南就有西洋式建筑的产生与发展，鸦片战争后西洋建筑文化的强势冲击，导致了岭南传统建筑的突变。其后百年间，随着近代化发展的不断深入，岭南建筑形式的发展与演变出现了西洋式、古典式、民族式、摩登式等多种样式，传袭已久的传统岭南建筑呈现出丰富多彩的面貌。”②

图2-30 十三行外国商馆"帕拉第奥母题"立面

（来源：杨秉德.中国近代中西建筑文化交融史.武汉：湖北教育出版社，2003：115）

从18世纪英国在广州开设第一家商馆开始，欧洲各国纷来效仿。到18世纪末，十三行呈现出浓郁的异域风情，其建筑风格都是从各国移植而来，建筑形态外观样式基本保留欧洲各国流行的文艺复兴样式，兼容殖民地外廊的建筑特征（图2-30）。

19世纪中后期，通过数十年不断拓展新的条约口岸，和如租界等外国人具有特权的区域，西方建筑艺术对中国的影响也从最初单一、生搬硬套的殖民方式向更为丰富和精细的欧洲本土形态过渡，主要在租界和其他类似地区取得了土地的"永租权"内的外国洋行和银行上表现，通过更华丽和别致的建筑形式来打造自身的企业形象。

19世纪80年代以后沙面兴建的建筑在处理上开始逐渐摆脱早期的连续券廊形式，出现分段处理和更为复杂的变化。"1889年建造的法国传教社作为法租界内的早期建筑，在立面构成中融合了殖民地外廊式样和古典主义的横向构图，并饰以帕拉第奥母题和巴洛克的山墙处理，呈现出向古典主义过渡的趋势。1890年，法租界内法国东方汇理银行建成，这座华丽的新古典主义建筑有着严谨的比例和构图，丰富的线脚和檐口细部及装饰，是岭南最早的古典主义作品之一。"②

（二）中西建筑文化的融合

岭南建筑对西洋建筑的模仿和学习并不是全盘照搬，它是在经历了西洋建筑文化的强烈冲击后的理性思考，结合了岭南地区的自然需求和特定社会时代需求的成果。从三方面可以体现："一是传统平面布局和西洋立面样式的结合，二是洋人建筑设计和国人建造施工的结合，三是装饰内容和题材上的中西结合以及中西建筑文化符号的创造性借用。”[③]岭南建筑和西洋文化建筑的结合过程可分为两个层面：一是西洋建筑在岭南建筑遇到阻力，主动融合岭南建筑入其中；二是岭南建筑工匠意识到西洋建筑的先进性，主动向西洋建筑学习。

西洋建筑在岭南的发展并不完整，海禁的多次关闭、经济发展滞后、西方建筑师转移上海和香港等地，本土建筑师的人才稀缺、民间的抵制心态和强烈的民族主义倾向都阻其在岭南地区的发展。西方教会的传播速度也并没有他们预计中的迅速发展。为进一步推广教会思想，有传教士开始推崇“孔子加耶稣”的观点来试图调和中西文化的差异。随着岭南教会学校的发展，教会建筑师或传教士在运用他们熟悉的西洋形式（如券廊式）进行设计的同时，开始探索新的建筑艺术形式，并试图将西洋样式与中国传统建筑文化融合交汇。

鸦片战争之后，岭南人怀着战后的痛苦对西方文化表现出极大的抵制和抵抗心理。随着殖民侵入的时间拉长，宗教的渗入，慢慢地人们对西洋建筑的接触增加，也逐渐接受甚至感受到西洋建筑技术及材料的先进性，以实际体验分辨出中西建筑技术的优劣，进而开始学习和模仿西方建筑技术及形式。而岭南人的务实和探索的精神驱使着岭南的建筑工匠在融合中西两种迥异的建筑文化过程中表现出不拘泥于文化传统、不受制于传统经典的理论体系。无论在建筑形式还是材料选择上，当地建筑师和工匠们都进行了具有民族特色的二次创作，为岭南民间“中西合璧式”建筑的发展作出了极大的贡献。这些建筑上保留着当地的人文和历史痕迹，这些民间“非主流建筑”成为中西建筑文化融合的起源。

（三）传统建筑的近代化转型

近代岭南建筑在自我调适和理性选择之后，发展到一个融合创新的阶段。随着城市市政改良运动的兴起，以及第一批归国建筑师的参与，近代岭南建筑得到前所未有的探索和发展，通过学习西方建筑形式、功能和技术，不断改良和探索，传统建筑形式转型为属于岭南独特的现代建筑形态。1922年广州市行政委员会议决定广州市市政中枢将以“保存固有的精神”来建设，民族主义建筑复兴在岭南政府层面正式提出。1925年，海外留学归来的中国年轻建筑师在南京中山陵竞标中开始展现其“西学中用”的特点，显示出其独特的优势。从这开始，“中国古典复兴”的话语权逐渐被中国建筑师所掌握，官方以“中国固有式”为中国建筑的民族主义和复古主义正名。中国建筑师通过不断参与教会建筑的设计，积累更多设计手法和处理方式，使“中国固有式”的手法更为精练和成熟。杨锡宗1927年设计的培正美洲华侨纪念堂，虽有保留早期的“中西合璧”式，但屋顶已大大简化，摒除了烟囱和采光亭，使建筑更加端庄大方。

20世纪30年代前后，政治、文化、艺术、建筑的民族主义开始倾向渗透至中国社会阶层的每一个角落。以杨锡宗、林克明为代表的岭南中国建筑师，设计建成了一系列“中国固有式”公共建筑，包括广州中山图书馆、广州市府合署、中山大学等。

岭南建筑与上海等租界建筑是有许多不同之处，从20世纪20年代起岭南中国建筑师逐渐取代西方建筑师成为设计业的主体，以“西学所得”的精神不断尝试与中国传统建筑文化的碰撞，将20世纪20~30年代岭南民族主义建筑推向高度繁荣。同时，岭南也是中国近代最早接受现代主义思潮的地区之一，广东省立勷勤大学建筑系师生通过不断探索和实践揭开了岭南早期现代主义运动的序幕。

二、近代岭南建筑的创作分析

1．基于空间布局的创作

1）总体布局

从古代的依山傍水，坐北朝南的选址发展，近代建筑在总平面的布局上，不再仅仅根据气候、通风和采光等一些传统考量条件，还参考学习西方城市设计的套路，在城市规划的层面上开始对建筑的选址、朝向、城市轴线、体量、色彩进行把控，将传统建筑方式向近代城市化建筑方式转变。

第二次鸦片战争中，十三行被焚毁，英、法联军以战争赔偿为由索取沙面为其租界以取代十三行。经过填埋和筑堤的沙面由人工河涌与传统旧城分隔开来。成为岭南地区第一个具有近代意义的城市规划范例（图2-31）。一条贯通东西的绿荫大道和沿江大道以及贯穿南边的数条纵向的次干道将椭圆形的沙面岛分割为大小12个方形地块，每个街区都有大小、尺寸相近的地块组成，以保证土地划分的标准化和土地批租的公平性，并最终形成小尺度方格网状式的街巷肌理和空间形态。岛上除了按规划比例分配了基本的使馆、洋行、银行、酒店和教堂以外，还为其配套医院、学校、邮局、发电厂和电报局等公共配套建筑和花园、运动场、步行道等市政设施。沙面面积虽小，却以其独特的城市风貌和完善的管理制度等方面为隔岸的广州旧城树立了一个西方近代城市的样本，同时也标志着西方城市设计在岭南从理论转变为实践的开始。

民国初期，广州国民政府通过了一系列积极的城市改良运动，试图按西方的文明城市标准改造一个面容一新的广州城，并取得了一定效果。随着市政改良运动的全面推广，岭南地区的建筑业得到迅速发展。交通设施完善形成了良好的商圈和居

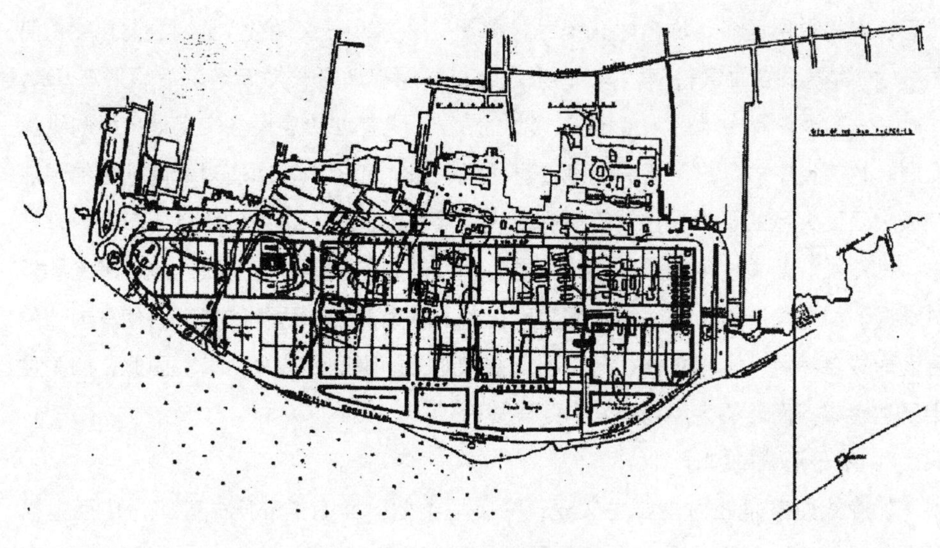

图2-31 沙面租界规划图
（来源：Diary of Events暗地The Progress on Shameen 1859–1938）

住区，相关的公共建筑如医院、学校和图书馆也配套形成。广州的城市近代化是岭南建筑从传统建筑走向近代化的重要前提，西方近代城市规划的思路使传统建筑脱离空间布局上的孤立和封闭，融入城市规划的大环境中，将建筑定义为城市的重要景观，甚至可为城市的地标。

2）公共建筑

岭南近代公共建筑中，不论是“中国固有式”设计，还是古典主义或摩登风格，无一例外为中轴对称式平面。“中国固有式”建筑对传统形式的采纳使得平面布局也必然是方形组合和对称设置，同时，由于建筑本身多为公共性质，建筑师希望能够更加强调外形的庄严和稳重也是原因之一。对称式平面可以分为合院平面、“一”字形、“工”字形三个主要类型。合院平面布局可以民国时期的中山图书馆和市府合署为代表，合院式组织平面布局，能更突出空间上的层次及形式上的规律。中山图书馆是正方形比例的平面形式，市府合署的平面则更好地将中国合院式的布局特点融入其中。“一”字形和“工”字形平面布局是在单体建筑中较为常见的。“一”字形平面通常用在比较次要的小规模建筑中，比较重要、规模较大的建筑中则采取“工”字形平面为多。这两种平面布局，多以简洁、高效的组织方式为主，体现出岭南近代建筑的务实、注重实用和讲求功能的建筑思想。

3）民宅

岭南近代民居建筑中，比较有特色的平面是竹筒屋和西关大屋。竹筒屋是普通民居，农村单层居多，城镇建有楼房。平面布局彷如一节节的竹子，故谓之“竹筒屋”。竹筒屋平面面宽较窄，常为4米左右，进深视地形长短而定，常短则7~8米，长则12~20米。粤中地区人多地少，地价昂贵，尤其城镇居民住宅用地只能向纵深发展。竹筒屋中的厅堂、天井和廊道可通风、采光和排水，以应对岭南地区的湿热气候。西关大屋的平面是由竹筒屋平面演变而来的，沿一条中轴线纵向布置，开间小，进深长。西关住宅密集，西关大屋也通过许多的处理手法解决通风、采光和炎热潮湿。如外墙高大，可阻挡太阳直射、减弱辐射高温；两侧的青云巷使室内外的温差形成自然风；进出风口、天窗、天井和通透间隔则形成采光口。因此，西关住宅虽然密集，而西关大屋内部却是冬暖夏凉。

2．基于形式的创作

外廊式建筑是西方古典主义建筑的典型类型。岭南的外廊式建筑是中西建筑早期的碰撞，这种风格最初是从外国直接移植，主要集中于广州沙面。1880年以前，沙面的大部分建筑均为殖民地外廊式建筑。殖民地外廊式建筑空间布局一般为三层，有地库或架空层；多为方形平面，一面、两面、三面或四面围廊，通过围廊进行空间组织，其组合方式也各有不同。立面形式则采用连续柱廊或券廊，西式四坡屋顶。太古洋行、法国邮政局宿舍、东方汇理银行旧楼等建筑都较为完好地保存了殖民地外廊形式。19世纪末，西洋建筑开始摆脱“殖民地式”建筑功能混沌不分的状态，出现了具有明确的建筑功能的公共建筑，如图书馆、邮局、医院、银行等，并逐渐往正规的欧洲古典建筑功能、布局和形式靠拢，外廊空间亦从交通组织的功能向公共走道或建筑装饰转变。外廊式建筑被推广开来以后，华侨开始自己设计绘图，再由本土材料和岭南匠人加以技术糅合，形成了折中的“殖民地风格”。

“中国固有式”建筑是中式传统建筑的复兴，沿用中国传统宫殿庙宇建筑的形式，并吸收了西方古典主义注重立面构图和比例推敲的精髓。由于这类建筑大多为政府公共建筑，强调其庄严权威的地位，“平面均以轴对称或中心对称为主，立面上的横向划分为一段式、三段式和五段式等多种，纵向划分则为基本典型的三段式。立面设计中最突出的特点是古典建筑中常用的合乎构图法则的比例控制，主要有3：5、2：3、正方形、圆形这几种比例关系。”[④]

骑楼的建筑形式是“拿来主义”的范例，通过借鉴西方建筑的外廊结构和拱券的形式，以及结合岭南传统竹筒屋建筑平面，形成具有近代岭南独特城市风貌，实用美观并兼的城市商业建筑。岭南常见的骑楼是在楼房前跨人行道而建，在马路边形成一条自由步行的长廊，适合岭南地区防晒挡雨的亚热带气候。

骑楼临街立面大致统一平整，可通过增设内阳台、尖顶塔楼、挑出拱形雨篷等不同的立面空间修饰形成特殊的个性和增加辨识度。其立面借鉴了殖民地外廊式建筑的廊道空间，主要分为楼顶、楼身、骑楼底三部分。在骑楼建筑的楼顶，都可以看到山花和女儿墙。山花是屋顶的重点装饰部分，多为三角形山墙的花饰，也有曲线和半圆形。女儿墙图案简单，强调实用性。其中部常设凹阳台，由装饰性的各式栏杆或胸墙围起。"附墙柱在层高处以多道线脚与腰线相融，腰线下边以带形图案贯通，使得墙面层次清晰，线条曲直富于变化。建筑细部的檐口下、碹洞、窗楣和窗台下以及门套、山花等部位，都巧妙地装饰着花饰。"⑤骑楼的立面融合了"巴洛克"或"洛可可"装饰风格，其窗洞形式、线脚、阳台的铸铁栏杆及墙面的浮雕图案等装饰元素形成了丰富的立面效果。花饰的图案样式还有具有中国古典卷草图案情调，融合最多的是具有岭南特色的满洲窗，五颜六色的玻璃及木格组成窗花，特显岭南建筑的韵味。

3．基于材料与技术的创作

"鸦片战争后，随着西洋建筑文化的强势入侵，西式砖（石）木混合结构、砖木钢骨混合结构、钢骨混凝土结构及钢结构等结构技术形式次第传入，从技术形态上改变了传统木构建筑的发展轨迹。砖从明清开始已在岭南建筑中广泛应用，但主要类型为青砖，随着西洋建筑的建造及不断扩大规模，红砖、灰砂砖作为西式砖石木混合结构的主要材料，其生产开始进入工业化及批量化阶段。"⑥

另外，岭南是将玻璃作为建材使用较早的地区之一。早期玻璃的使用和生产，更多地集中在手工艺方面，"满洲窗"为早期传统建筑玻璃的应用典型案例。这时候的玻璃来源可能是舶来品，也可能是通过传统作坊生产获得。随着广州、汕头等条约口岸的开辟，玻璃在新式建筑中得到推广。20世纪前后，平板玻璃成为岭南近代建筑的主要用材之一。

除了新材料的应用，新技术的广泛运用也是岭南建筑完成近代化的一个标志。建筑应用技术包括建设设备、建筑构造、施工技术、施工设备等。电力照明、给水排水、空气调节等新型设备、技术都几乎是在19世纪末及20世纪初陆续出现在中国。岭南地区得开先之风、华侨众多、经济发展较快等原因，建筑应用技术的发展方面位居前列。

建造技术方面，随着西洋建筑的植入，岭南工匠按照外国的要求去完成建造任务，在长期的建造活动中熟练地掌握了西方建筑处理手法。岭南传统匠人在近代早期西洋建筑活动曾出现"几乎所有要建楼房的欧洲人都只和广东人签约"盛况。20世纪10年代中后期形成了岭南近代施工设备和施工技术的重大飞跃，广州海关（1916年）、广东邮务管理局大楼（1916年）、省财政厅大楼（1919年）等新古典主义建筑在建筑技术和建筑艺术上都到达当时技术条件所能达到的高度。大部分的教会建筑都是由外国建筑师设计，本土匠人施工，使用西方先进的钢筋混凝土和工字钢技术，而始建于1919年的广州大新百货公司则以岭南第一钢筋混凝土高层框架结构及与其相应的施工技术和施工设备成为当时岭南建筑技术发展的最高潮。

4．基于中西文化融合的创作

岭南近代建筑发展是岭南建筑完成近代化的过程，是从传统建筑转化为现代建筑过程中极为重要的一环，是承上启下的篇章。岭南近代建筑的转型是一种封闭的传统岭南建筑与西方建筑发生激烈碰撞而产生的结果。近代岭南建筑经历了从抵制轻蔑西洋建筑，到学习、融合西洋建筑的过程，并在实践过程将其本土化，实现了岭南建筑在一个较短时间内的突变。“这是一个自觉的建筑创作时期，这种自觉融汇创新主要有三种表现：一是传统平面布局和西洋立面样式的结合，二是洋人建筑设计和国人建造施工的结合，三是装饰内容和题材上的中西结合以及中西建筑文化符号的创造性借用。这在近代广州城市建筑中有充分的表现，如城市民居的竹筒屋、沿街骑楼、茶馆就体现出对两种异质建筑文化的综合创新。又如，作为当时广州标志性建筑的爱群大厦，更显示出诸多方面的创新。”[⑦]在建筑结构上，“爱群大厦是广州市第一栋钢结构高层建筑，也是迄今广州唯一的钢结构高层建筑。”建筑师在建筑风格上既借鉴美国摩天大厦新风格的纽约伍尔沃斯大厦的设计手法，更将哥特风格渗入岭南建筑风格当中。爱群大厦开创了广州高层建筑周边做柱列骑楼建筑形制的先例。

1928年至1936年是中国近代建筑发展的鼎盛时期，海外留学归来的一批学子，林克明、杨锡宗、胡德元等走上创作的舞台，将他们在西方建构的理论体系和知识背景引入，呼吁现代主义的创作风格，并结合先进的技术和材料，以探索实践岭南建筑的发展，并为岭南的现代建筑开辟了道路。

三、近代岭南建筑经典案例分析

（一）粤海关大楼

19世纪鸦片战争后，粤海关逐渐被洋人控制，为方便住在沙面的外籍人士办公，在当时的六二三路附近兴建办公楼。粤海关大楼作为当时的粤海关税务司公署，于1914年奠基，由英国建筑师戴维·迪克（David Dick）设计，1916年秋落成。粤海关大楼是当时欧洲新古典主义建筑在岭南的典型代表，是西洋建筑在岭南地区移植的产物（图2-32）。

大楼临珠江而建，楼高四层，连钟楼总高31.85米，建筑面积达4421平方米，采用了当时最为先进的钢筋混凝土材料和技术。建筑立面采用古典主义的三段式构图，由双柱式分为七开间。正面入口台阶直通二层，上设三角形山花，内为拱形山花，柱头上刻的“CUSTOM HOUSE”仍保存至今，字样以“V”代“U”是当时流行的拉丁文风尚。立面正中突起的钟楼为整个建筑的主题，高度约占整体高度的三分之二，上覆蛋形穹顶。正面和东向侧面以双柱的爱奥尼柱贯通二、三层，四层为塔司干柱的组合形式。底层为柱础，设有七个拱，南立面均为外廊式，爱奥尼柱式收分明显，四层的塔司干成对对应三层的爱奥尼柱，柱径较小，越往上越见轻盈，外廊栏杆敦实精巧。建筑虽以柱式划分为竖向七段，横向线条也很清晰，底座稳实，上部轻盈，整体协调。建筑东、南立面采用了运自云南的灰白色花岗石，西、北立面为清水红砖墙，基座大理条石。南向正面以花岗岩圆柱与条石镶砌。室内高大宽敞，设有精巧的古典柱式和装饰线脚。门窗为高大的黑色柚木夹玻璃做法，顶部呈微拱，对称典雅。走廊铺设的地板精致讲究，图案方正规整（图2-33）。

岭南大学

19世纪末20世纪初，岭南教会学校步入大发展时期，教会建筑师或者传教士在运用他们熟悉的西洋形式进行设计的同时，开始探索新的建筑艺术形式，并试图将西洋样式与中国传统建筑文化融合交汇。“这是中国近代教会大学中最接近美国古典主义校园规划的设计之一，十字式的校园主轴和宽阔的、具有纪念性的校园空

图2-32　粤海关大楼David Wong，（2007年2月1日）维基百科

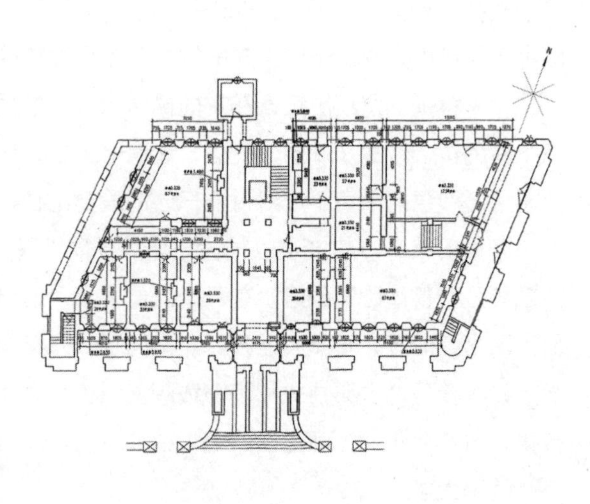

图2-33　粤海关大楼外观及首层平面
（来源：岭南建筑近代化历程研究）

间为岭南大学烙上了美国式的校园痕迹。”[⑧]（图2-34、图2-35）

在广州文物志中这样评述岭南大学的建筑群：“岭南大学旧址现存中心区包括由南校门到北校门中轴线一带的建筑，以及东侧的马岗顶外籍教授宿舍，东南侧的广寒宫和西侧的模范村中国教授宿舍。中轴线一带的建筑有怀士堂、黑石屋、第一麻金墨屋（陈寅恪故居）、第二麻金墨屋、马丁堂。格兰堂、积臣屋、天主堂、东正教堂、岭南附小建筑群（含陈嘉庚堂）、荣光堂、马应彪招待所、哲生堂、陆佑堂、爪哇堂、十友堂、化学系楼、岭南附中建筑群、张弼士堂、马应彪夫人护养院等。现存的原岭南大学建筑群，建筑风格中西合璧，既有校园建筑格调的统一性，又有设计手法的丰富性，是20世纪初南方大学校园建筑的典型实例。”[⑨]

岭南大学校园建设主要分为两期，一期建筑群主要由美国斯道顿事务所完成，主要包括马丁堂、黑石屋、格兰屋等多个教学楼建筑，马丁堂于1904年建成并成立岭南大学第一栋永久建筑。马丁堂是岭南大学较早期的建筑，对中西两种建筑风格的融合可说是仓促和生硬的（图2-36）。其样式仍是该时期美国本土流行的方形的平面、不同砌筑方式所形成的红砖外廊，再以一个不地道的中式大屋顶覆盖，加上一个他们认为有东方情调的中式小亭。其后的融合则较为和谐，如黑石屋和格兰堂（图2-37），在屋顶与墙的处理上较为成熟，无论是细部的檐口、材料和装饰都采用了岭南的原始做法，而门廊和拱券也使用了本土的琉璃进行装饰。

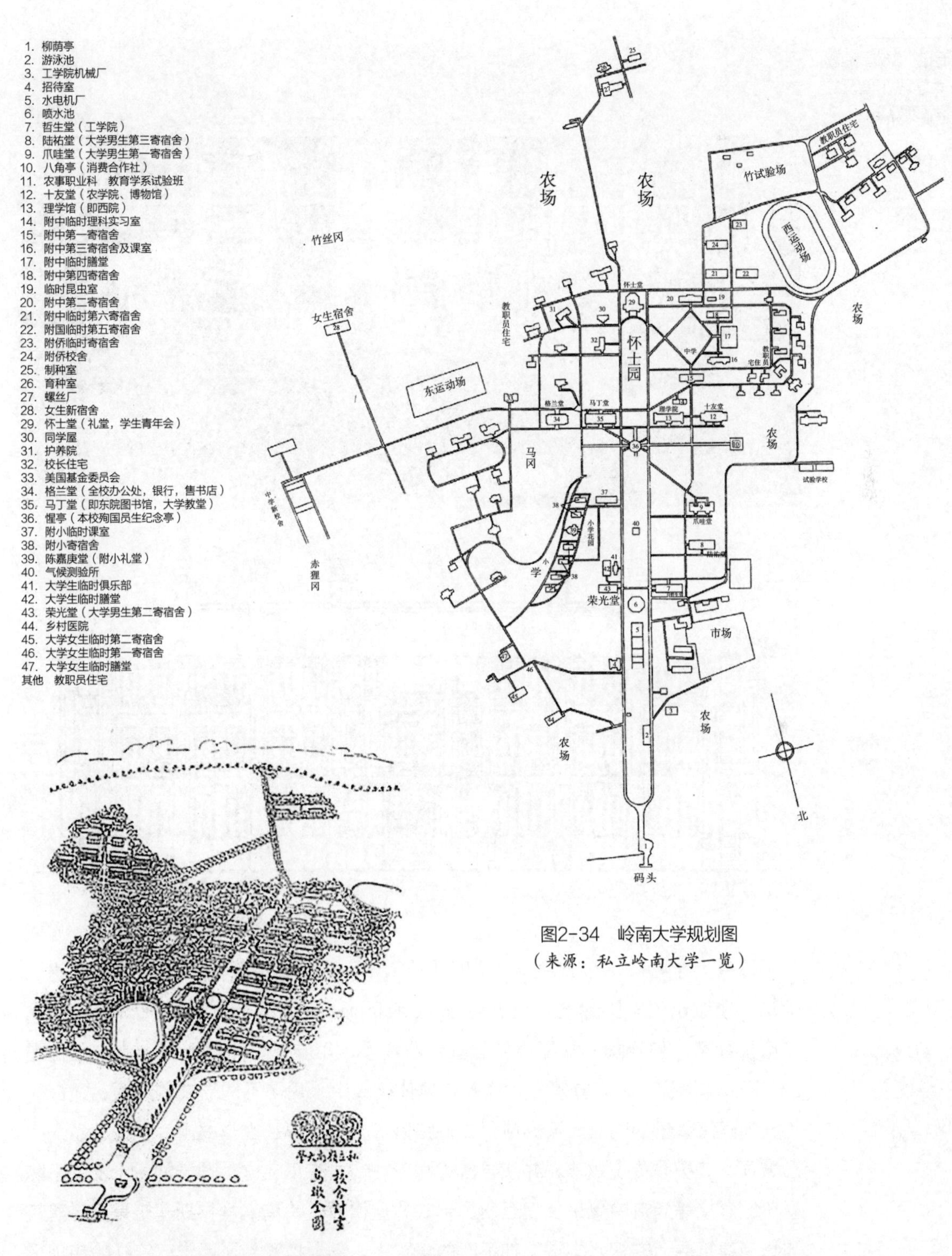

图2-34　岭南大学规划图
（来源：私立岭南大学一览）

图2-35　岭南大学校舍计划鸟瞰图
（来源：私立岭南大学一览）

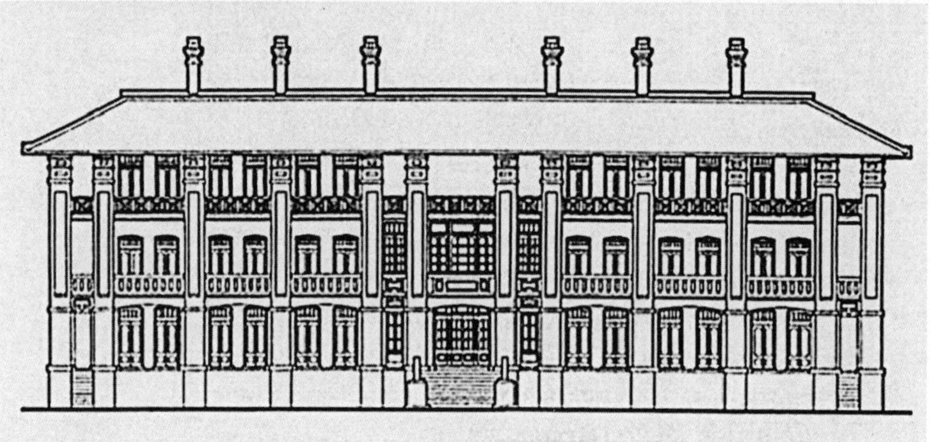

图2-36　岭南大学马丁堂及立面复原图

（来源：岭南大学）

岭南大学的二期建筑主要在1913~1928年期间，主要由上海布道教团建筑师事务所派出的美国建筑师阿德曼兹（J.R.EdmundsJr.）完成，包括怀士堂、马应彪接待室、护养院、陈嘉庚纪念堂、八角亭、爪哇堂、张弼士堂、十友堂（图2-38）、理学院、荣光堂等。建筑师在总体布局中采用了不同形式的屋顶，适应了不同的建筑体量的同时，又形成了高低错落的整体效果；在形式上，他使用了人字形坡顶、披檐等传统做法，并加以博脊和博古饰；在爪哇堂、理学院、十友堂、陈嘉庚纪念堂等建筑中更是反复运用了中式的重檐顶。岭南大学早期建筑是西洋建筑与岭南建筑融合的初始尝试，在不断的实践中，逐渐摸索到了西洋建筑在岭南地区生存之道。

（二）中山纪念堂

1925年，为纪念伟大的民主革命家孙中山先生，广州市政府筹募资金兴建中山纪念堂。1926年8月，26份中外应征图案列于国民政府大客厅内，年仅32岁的留学建筑师吕彦直设计的方案获得首奖并被选定为实施方案（图2-39）。

纪念堂以八边形为主体，东、西、南三边长廊与主体形成的“亞”字形平面，主体高57米，以攒尖屋顶覆盖，蓝色琉璃瓦衬着景色宝顶，单纯的几何形体营造出永恒的纪念主题。正南面为七开间朱红色柱廊，黄墙红柱衬托着青蓝色琉璃瓦，庄

图2-37　岭南大学格兰堂

（来源：岭南大学）

图2-38　岭南大学怀士堂

（来源：岭南大学）

严瑰丽。堂内观众厅为八边形，可容纳4608个观众席，其跨度达到了当时中国建筑的技术巅峰，结构为钢筋混凝土结合钢桁架和钢梁结构，30米跨距的屋架钢梁使用德国的工字钢。其大屋顶采用钢桁架形成整体，四角墙壁以50厘米厚的钢筋混凝土剪力墙来承受攒尖屋顶的重量（图2-40）。

图2-39 吕彦直设计的中山纪念堂效果图

（来源：广州中山纪念堂历史图册）

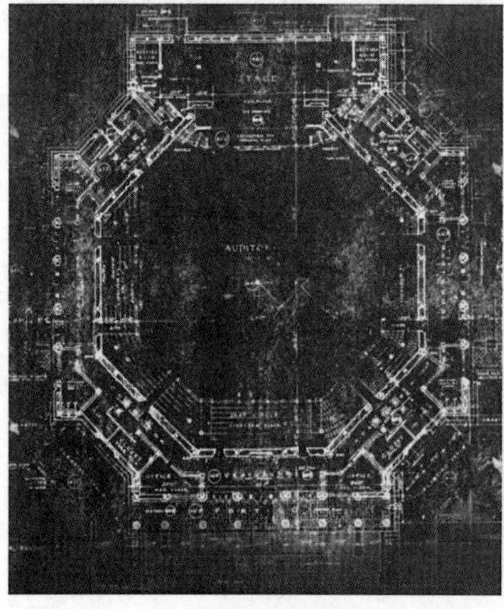

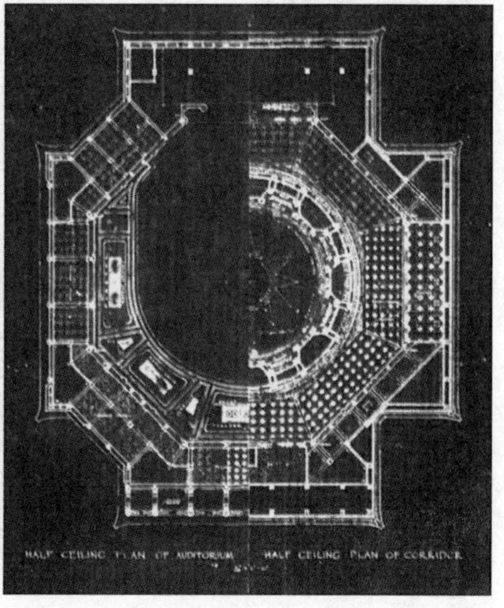

图2-40 中山纪念堂部分设计图
左：中山纪念堂首层平面图
右：中山纪念堂天花平面图

（来源：广州中山纪念堂历史图册）

中山纪念堂蓝色琉璃瓦的攒尖屋顶、红色柱廊、丰富的彩绘、精美的斗栱都恰到好处地将传统建筑与西方古典主义熔于一炉。吕彦直以单纯的西方古典主义形体结合传统的殿堂庙宇的形式做法，为传统建筑的发展开辟了道路，是古典复兴以来对民族主义和传统元素的精彩演绎，至此，民族主义和西方古典主义在中国得以并肩而行，相互融合。“中国古式”取得了代言具有民族主义特色的国民政府建筑艺术形式最初胜利，逐渐成为中国建筑近代化的主流风向标。

这一时代的建筑深受西方古典主义建筑风格影响，其中文艺复兴时期的帕拉第奥设计的圆厅别墅就是理论原型之一。圆厅别墅采用集中式布局，平面为正方形，中央是一个圆形大厅，围绕圆形大厅的房间是对称的，四个立面也采用同样的大台阶通向室外。圆厅别墅采用的对称形制突破以往以单个面作为主立面的形式，将主立面感削弱。整座建筑由最基本的几何形体：方、圆、三角形和球体等组成，体块间的衔接有机、和谐。球形穹顶盖在正方体下，正方体的四个面均设有四个山墙门廊，门廊的削减和附加并没有破坏其轮廓，并使圆形穹顶成为体量中心、象征性中心和空间中心。建筑结构对称严谨，逻辑性强。吕彦直的建筑启蒙教育受源于美国，而美国的近代建筑教育中强调古典主义的纪念性和文艺复兴精神无不影响着其理论架构。他在中山纪念堂的设计方案中借鉴了圆厅别墅的手法，以简单的几何体块组合形成整洁的建筑形体，四个面均设古典柱廊，以三段式突出中央主体（图2-41）。

图2-41 中山纪念堂外景

在悬赏征求图案的说明中，并未要求以“中国古式”为既定图式，因当时对于纪念性建筑的表达形式尚在探讨和摸索中。在当时的民族主义情绪高涨的历史背景下，以及吕彦直的南京中山陵和中山纪念堂方案一致获得各方认可后，“中国固有式”的民族主义建筑形式逐渐形成。1929年南京市政府的《首都计划》，就此对建筑形式提出“中国固有之形式为最宜，而公署及公共建筑尤当尽量采用”的要求，借此“中国固有式”开始大力推行，并成为20世纪30年代广东官方的主流形态。中山图书馆就是这一潮流中的代表。

（三）中山图书馆

中山图书馆是孙中山纪念活动的一部分，在1927年提出筹建，由当时在广州市工务局工作的林克明设计。中山图书馆是林克明设计的第一个传统建筑风格的作品，但他在初次尝试中就表现出了成熟的个人风格和高超的形式把控能力。而此时，在建的中山纪念堂无不对他的建筑创作产生了重要的影响。

中山图书馆位于府学西街和文德路之间，总体呈正方形布局。建筑平面为正方形，以四边两层高的长廊将中央的八边形平面围合，长廊与八边形且分出四个三角形中庭，中央的八边形为重檐攒尖顶，长廊四角均设一个两层的庑殿顶角楼。建筑“外部采用古宫殿式，内部采用西式，上覆绿瓦，中建八角亭一座，规模壮丽，颇为美观”[⑩]。“全座上盖，悉用绿油，瓦脊，瓦筒，瓦龙，瓦狗，及上等白泥”[⑪]，可见其屋顶的用料在当时皆是上品。在技术上，“其桁桷纵横错杂，排列方法，根据乘力大小而支配，外座天面，全用杉桁……如遇天面起弯处，则用双层杉桷造成弯度，全座飞檐部分，所有弯角，悉用山樟木造成……长度大小，则照飞檐深度而定”[⑫]，“外座瓦面，全用山樟木金字架乘之……四方亭瓦面，亦用山樟木金字架乘之”[⑬]，传统样式的屋顶做法复杂，屋架做法非常重要，屋面举折对三角形支架的要求较高，可见在屋顶的技术和施工质量上是完成得十分细致的。

在中山图书馆的设计中，以传统建筑语言及当时官方提倡的“中国固有式”为形式，而在其中，留法归来的林克明先生渗透着许多的西方古典建筑的手法。如平面的设计上，建筑以正方形为母题，总体轮廓大致呈正方形，中央的八边形为正方形的变异，四角的角楼平面也呈正方形。在立面上，也将正方形这一母题置于其中，建筑主入口由几个正方形构图叠加而成，重檐攒尖顶也可视作正方形的演化。立面竖向划分为三段式，比例为3∶5，而且中央的八边形攒尖顶与外围长廊比例在立面上取得协调，使得整个立面构图和谐稳定。

中山图书馆与当时在建的中山纪念堂有一定的相似性，中心对称及单纯的几何体块组合，以及八角重檐攒尖顶都反映出吕彦直和林克明对民族主义有着相同的解读。

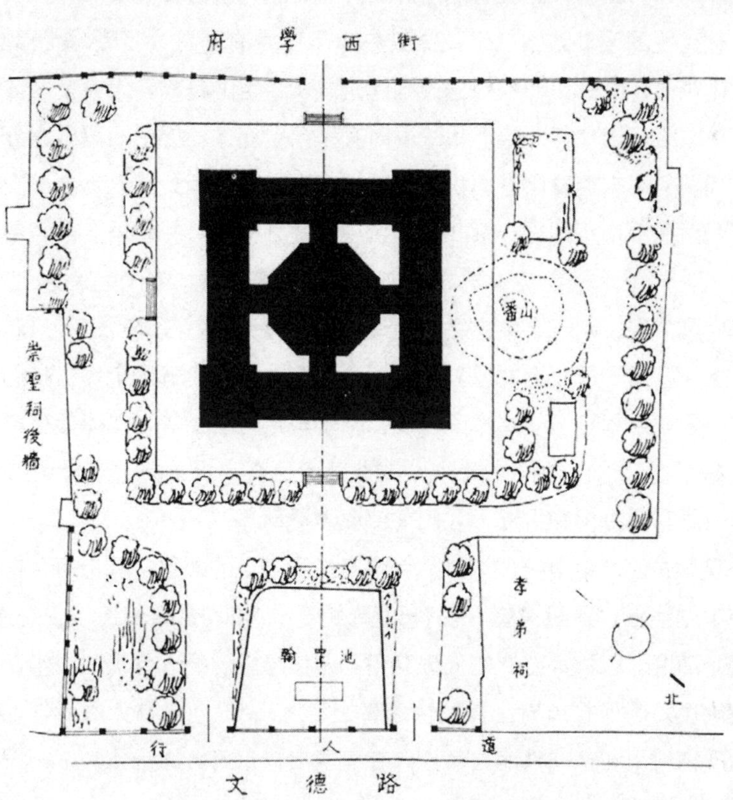

图2-42 广州中山图书馆外景及总平面图

（来源：广州工务局季刊）

（四）广州市府合署

广州市府合署是陈济棠主政广州时进行的政府公共建筑方案竞赛作品之一。经过多年的“行政公署中枢”的计划和建设，广州市的城市规划及中轴线由于中山纪念堂、维新路、珠江铁桥的先期布局而逐渐清晰。广州市府合署最终选址在这一中轴线上，位于当时的中央公园北侧，中山纪念堂南侧。当时的广州正处在“广东复古运动”的大潮中，在方案图案征求原则中，明确规定：“本署图案须能表现本国美术建筑之观念，而气象庄严性质永久者为宗旨”。⑭“中国式”成为广州市府合署的既定样式。最终，中山图书馆的设计师林克明以高分赢得竞赛。

有了在中山图书馆使用传统建筑元素的成熟经验后，林克明在广州市府合署的设计中没有拘泥于单体建筑的模式，而是开拓思路，表现出对合院平面的重视。这一思路也许来自于之前中山图书馆的四个小天井，也许来自于“行政公署中枢”的构思者墨菲。他当时在中国的大部分建筑都表现出对传统建筑形式美的敬仰，而且在设计“行政公署中枢”时，他希望注入更多传统元素，其中包括最能体现中式建筑特征的院落。建筑在总体布局中借鉴了传统合院的形式，但又结合了西方公共建筑的开放性，在四面均设有显著的对外出入口，朝向城市和街道。

关于林克明的设计方案，有关文献中作了详尽的说明：“查合署图案，系规定采用中国建筑式，故其设计系根据中国建筑式及合署的精神，为设计之要素。合署的实用，在联络及增加行政效能，故同时又采用合座式。但中间留出充分之空地与伟大之广场。各局布置及所占面积，系根据章程之需要而分配之，内部交通，极为方便，东西两便，均用圆柱长廊式，颇合中国式之美观。礼堂居全部之中，预计可容纳两千人，内部均采纯粹中国式装饰，全座窗户阔度，能使光线及空气非常充足。关于合署外观，则正面中央之一为最高。内分五层，在外观之，只若三层，其余各座，各为四层，外观上亦只见三层，正面侧面，均为五个个体，布局匀称。其四围所用中国式之圆柱石栏屋檐隔椽及窗格子与月台阶梯等，俱能使各部发生崇伟整齐之美感，且深符合合署之精神。”⑮此外，值得一提的是，设计中按照计划保留了公园内原有的古树和古迹，公园前部亦无更动。

在外观形式上，中山纪念堂对林克明产生了一定的影响，且市府合署与中山纪念堂同在中轴线上，遥相对望，仅有500米距离。“市府合署借鉴了传统建筑形式，但在体量、高度、色彩等方面的处理又不同于纪念堂。纪念堂顶高55米，必须突出这一控制高度，因而将市府合署屋脊最高处定为35米”⑯。林克明清楚地意识到应从宏观的规划视角和空间秩序去考虑，在高度上，市府合署应作为中山纪念堂的配角，而形式上也应与之呼应。

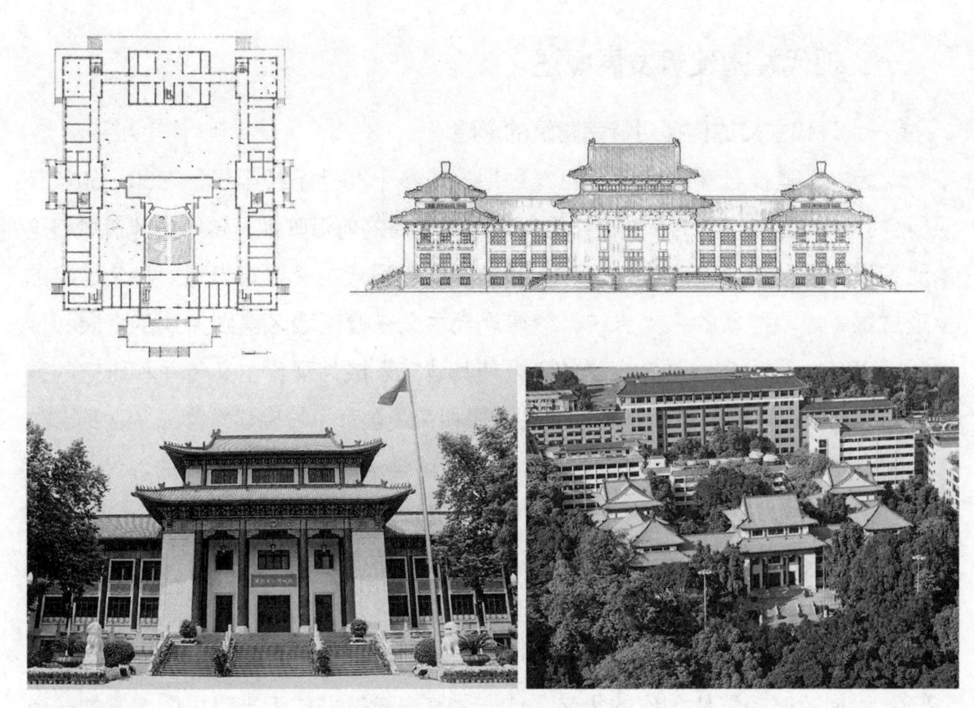

图2-43 广州市府合署
（林克明，1929年，来源：广州工务局季刊）

广州市府合署是“中国固有式”中继中山纪念堂之后的又一个里程碑，林克明的理性尝试为民族主义的建筑形式拓展了思路。

第三节 现代岭南建筑

现代岭南建筑，主要指新中国成立后到2000年岭南地区的现代建筑。现代岭南建筑在岭南建筑发展过程中起到一个承前启后的作用。

从时代背景来看，政局稳定，国家开始有规模有计划地开发建设，无疑为岭南建筑提供了良好的发展基础。岭南地区因其特殊的地理位置，作为对外开放的南大门，得以跟随着国际现代潮流发展变化的脚步，在“中国固有式”和“苏联模式”先后被盲目照搬的风潮中，岭南建筑风格独具一格，成就了具有地域特色的一批作品，“岭南建筑”这一概念也首次被提出和认可。此外，与建筑相关的机构也开始有序形成。一批从海外学成归来的中国建筑师，他们扎根岭南地域特色，在探索和创作中将国外先进的理念融入解决本土建筑问题的处理中，创造出了一批具有岭南地域特色的现代岭南建筑。

一、现代岭南建筑发展概述

（一）现代主义的传播对岭南建筑的影响

现代主义建筑思潮产生于19世纪后期，成熟于20世纪20年代，在50～60年代风行全世界。上海、广州等城市作为外来思潮传播的前沿阵地，传统的建筑风格逐渐受到现代主义的影响。岭南从1930年前后已有现代主义建筑出现。岭南独特的地理位置，兼收并蓄的人文传统，使得现代主义在岭南地区得到持续的发展和传播。1932年，广东省立勷勤大学的创办使其建筑系成为现代主义传播和研究的重镇。以林克明为首的勷勤大学师生对其传播和实践孕育了岭南建筑学派的萌芽。林克明深谙传统形式在工程造价及施工难度，而留学法国的经历也对他的现代主义思想产生了深远的影响。过元熙则将现代主义建筑思想上升到科学进步的高度来宣扬，为建筑系带来了崇尚科学进步、反对因袭传统的新思想。

新中国成立初期，林克明、夏昌世、陈伯齐、龙庆忠等一批学成归来的留学建筑师成为岭南现代建筑风格的领军人，并逐渐形成了具有地方特色的建筑流派。1953年岭南建筑师群体创作的华南土特产展览会建筑群成为当时中国建筑的一道亮丽的风景线。

（二）现代岭南建筑的历史发展阶段

现代岭南建筑从新中国成立以后到2000年，经历了从初期探索阶段到发展再到成熟创新的几个阶段，也是地域建筑文化发展的一个过程。前辈建筑师根据时代背景、气候环境条件，继承传统地域文化，引入新的技术和材料，探索新的设计方法，开创了具有地域特色的岭南现代建筑，其发展变化大致可分为：探索期、发展期、成熟期。

1．探索期（20世纪50~70年代）

在新中国成立初期，中国建筑界以“大屋顶”形式为典型代表的民族复古主义之风极为盛行。但岭南建筑并未盲目跟风，而是继续坚持了注重实用和技术的具有现代倾向的教育探索。在20世纪50年代以林克明、夏昌世、莫伯治为代表的岭南地区建筑师受现代主义影响，出国留学后回国设计了一批具有现代建筑特征的建筑。这些建筑在采用现代建筑设计手法的同时，采用较多中国传统建筑符号元素。在平面设计上，根据岭南地区的气候特点，大量借鉴岭南地区传统建筑的自由布局形式，将传统岭南园林空间与现代建筑进行有机结合，便于通风降温；立面上较多采用遮阳百叶，拱形通风口等技术，便于遮阳通风。在这一探索阶段以夏昌世先生的水产馆、广州出口商品交易会陈列馆、莫伯治的北园酒家和双溪别墅为代表。

2．发展期（20世纪70~80年代）

经过初期的探索，加上社会经济与技术均有所提高，岭南建筑师在大规模的建筑实践中总结经验，完善设计，尝试在大规模的现代建筑中融合岭南地域特色，尤其是将岭南建筑中的园林空间语言汇入其中，现代建筑空间与传统建筑空间相互穿插，营造出具有现代气息且具有岭南地域文化特色的现代建筑空间。这一时期的代表作品有矿泉别墅（1971年）、广州白云宾馆（1974年）。

3．成熟期（20世纪80~90年代）

经过前期的探索与发展，岭南建筑创作有了较为成熟的体系，在平面布局、立面遮阳方面有着很高的设计水平。这一时期以佘畯南、莫伯治为代表，主要代表作品为白天鹅宾馆，充分将现代建筑与岭南特色相互结合，将岭南特色表达得淋漓尽致。这一阶段的其他代表作品有西汉南越王墓博物馆和岭南画派纪念馆。

（三）岭南建筑学派及代表建筑师

“岭南建筑学派”并非指一个固定的团体或组织，而是指在岭南地区进行岭南现代建筑的地域化创作的群体。在1983年，清华大学教授、建筑评论家曾昭奋先生在其文章《建筑评论的思考与期待——兼及“京派”、“广派”、“海派”》中，提出了广州建筑风格为“广派”风格。1989年，建筑评论家艾定增先生在其论文《神似之路——岭南建筑学派四十年》中把曾昭奋先生提出的“广派”在空间上延伸到以广州为中心的整个岭南区域，在时间上往前追溯到19世纪中期，称之为“岭南建筑学派”。他提到“岭南建筑学派在地域上指的是以广州为中心的主要分布在珠江三角洲及桂林、南宁、汕头、深圳、珠海、湛江和海口等地的近代建筑主流，在时间上指的是19世纪中期以来的建筑新风格的发展与成熟。”⑰

新中国成立以来，一批优秀的建筑师回到岭南地区，通过长时间的探索与实践，创作出了大量优秀的具有岭南地域特色的现代主义建筑。在设计中探索如何结合岭南地区湿热的气候条件进行创作，探索如何利用新技术新材料进行现代主义创作，探索应对岭南地区的太阳辐射的遮阳方式。在创作过程中，前辈建筑师不断总结经验，将设计理论与创作实践相互结合，在应对岭南湿热气候条件及岭南地域特色与现代建筑结合方面探索了一条成熟之路。艾定增对此如此评述：“中国建筑传统特点之一是群体布局与组合空间，岭南学派善于借鉴这一手法并推陈出新。他们结合岭南气候特点，又将中国古典园林及庭园的手法融入其中，使许多新建筑具有现代景园特色。”⑱

岭南建筑学派的主要代表人物有林克明、龙庆忠、夏昌世、陈伯齐、莫伯治、佘畯南、林兆璋等。其中在现代时期重要两位代表为夏昌世和莫伯治。

夏昌世先生留学德国，用德国严谨、讲究实效的行事风格应对岭南独特的气候特征，通过遮阳、通风、隔热等基本建筑技术问题针对性地解决岭南的湿热气候问题，设计出大批具有岭南地域特色的建筑作品。他的作品不但在技术上可以很好地应对当地气候条件，在立面造型设计上也大胆运用现代建筑设计手法，摒弃了当时在中国建筑界盛行的折中主义风格，建筑造型简洁明快，展示了地域性和开放性。这些作品主要集中在20世纪50~60年代，其中主要代表作品有：华南工学院的图书馆改建、行政办公楼、三号教学楼、四号教学楼，中山医院第一附属医院，中山医学院生理生化楼基础科楼、药物教学楼、病理学教研室等。

莫伯治先生在岭南建筑的发展过程中起着至关重要的作用，他从岭南的独特的气候和地域文化出发，运用新材料、新技术、新思想，将建筑创作地域化，使得建筑语言和地域文脉语言融会贯通，创作出有岭南地域特色的建筑风格。特别具有代表性的是他将岭南传统园林与现代建筑相融合，在现代建筑空间中引入传统的岭南园林空间，开辟出了一种新的建筑模式，既成功地应对岭南湿热的气候特征，又将地域文脉延续并运用于现代建筑。正是这一探索将现代岭南建筑的发展提到了一个新的高度。

二、现代岭南建筑的特征与表现

（一）基于自然环境的特征与表现

岭南地处中国五岭之南，地域范围包括广东、海南、港澳地区、闽南地区、广西部分地区。岭南地区自然环境富有南方特色，地形复杂，地势北高南低，区域内有众多山脉、河流，水系发达。正是这复杂的地理形态，山地、丘陵与河网密布的特征，使城镇与村落选址多结合地形，与自然环境相结合。岭南园林的布局也更加自然化，有其独特意境。

岭南地处南亚热带，属南亚热带典型的季风海洋性气候。受热带太平洋和南海海洋性气候影响，冬季温和少雨；热量充足，气温年较差较小；降水丰富，但季节变化较大。针对其炎热多雨、高温高湿，岭南传统建筑逐渐形成了冷巷、马头墙、天井等做法应对不利的气候环境，如何推陈出新，创造出具有岭南地域特点的建筑形式，成了岭南建筑首要考虑的问题。

1．空间形式

岭南建筑早期民居建筑空间形态为水上船屋与干栏式竹木构架的依山茅棚，这些建筑体现了与自然环境的高度相融，也体现了岭南建筑自然相依的人文情怀。现代时期的岭南建筑达到建筑与自然共融，其中以岭南园林建筑为代表。岭南园

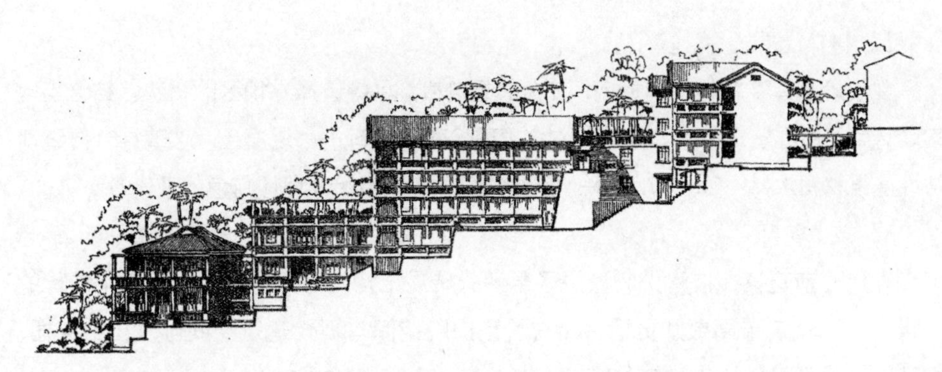

图2-44　肇庆鼎湖山教工休养所
（来源：夏昌世．鼎湖山教工休养所建筑纪要．建筑学报，1956年09期）

林建筑将现代建筑与传统岭南庭院相互结合，将廊台水榭的自然意境渗透到整个建筑空间，将内部空间向外无限延伸，体现了岭南地域与自然相依、结合自然的建筑风格。

2．平面布局

现代岭南建筑的平面布局充分结合自然环境，结合地形。建筑因地制宜，顺应地形，尊重自然以减少对其破坏，利用其调整创造出独特的建筑特色，如肇庆鼎湖山教工休养所。

这一时期平面布局的最大特点就是将现代建筑功能平面布局与岭南传统园林相互结合。建筑布局注重开敞性以提高空间的通风环境，并注重空间的通风环境，采用底层架空、敞厅等处理手法，同时达到防潮、防湿的效果。

3．造型与色彩

现代岭南建筑在造型上，结合地方湿热的气候、结合自然环境，常采用轻巧、活泼的建筑体型。建筑设计中常常采用不对称的建筑体量，展示建筑的灵活自由；立面处理常采用轻巧、通透的建筑构件，如利用窗花和遮阳板等元素美化立面。

在建筑色彩上，由于岭南地区地处低纬度地区，日照强烈。为了防晒，现代岭南建筑常以浅色调为主。岭南地区气候高温、高湿，在建筑表皮色彩的应用上偏好浅色，相对深色，浅色对太阳辐射吸收较少，以此降低建筑受热程度。

（二）基于材料与技术的特征与表现

现代岭南建筑，材料、结构、装饰及空间布局对比传统岭南建筑，都产生了巨大变化，但是对比传统岭南建筑，依然能明显发现两者的承传关系。现代岭南建筑善于吸收、大胆吸收现代建筑理论和国外先进设计理念，理性选择和运用新材料和新技术，采用新的结构形式。

1．材料选择

现代岭南建筑在材料选择上，充分尊重自然，尽量选择本地区的材料，结合当地气候特点，注重建筑色彩。建筑材料多用现代建筑材料——混凝土、玻璃结合传统地域性建筑材料木材、砖、瓦等，采用新结构创作出符合岭南地域特色的现代岭南建筑。

2．技术特征

现代岭南建筑在技术上，摆脱了早期的砖混结构，采用框架结构。框架结构的采用，使得建筑布局更加灵活，传统岭南庭院空间与现代建筑空间可以自由穿插、交融，体现了现代岭南建筑的精髓。

在建筑地域特征的表达上，夏昌世先生在设计过程中，充分考虑岭南地区气候的影响，通过对太阳的方位角和照射角的测算进行遮阳分析，设计这样构建的角度及形式。在屋顶的遮阳设计上，夏昌世先生从传统岭南民居筒拱屋顶提取设计灵感，通过设计连续的筒拱屋顶来避免阳光直射，筒拱屋顶同时可以利于屋顶的通风，从而达到防晒和通风散热的效果。这些技术措施运用于岭南大量的普通建筑，体现了技术理性与地域性的结合。

（三）基于细部装饰的特征与表现

1．细部装饰

岭南现代建筑在运用现代建筑设计方法、采用现代设计材料的同时，也继承了传统岭南建筑文脉，将部分传统岭南建筑的细部装饰元素运用于现代岭南建筑中，既有现代建筑特色也表达了地域性、民族特征。前辈建筑师在现代岭南建筑创作中将具有岭南传统特点的材料和装饰细部如趟龙门、窗花等元素融入现代建筑中，采用现代的设计手法进行重新设计，给简洁的现代建筑形态画上了装饰的点睛之笔。

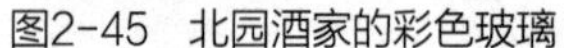

图2-45　北园酒家的彩色玻璃

2-46　山庄旅舍“嵌瓷”装饰

如在双溪别墅中设计师采用了传统的窗花形式，进行细部装饰，丰富了建筑立面，也继承了岭南传统建筑文脉。在山庄旅舍中，设计师采用了富有传统特色的七边形镂空隔墙，既起到了屏风的作用也起到了细部装饰的效果。

2. 细部遮阳

地域性建筑的发展是一个连续的过程，现代岭南建筑在建筑创作上借鉴与发展了传统建筑适应气候的处理手法。由于岭南地处亚热带，炎热、潮湿的气候条件要求建筑师必须考虑遮阳、通风问题。传统岭南建筑经过不断的建筑实践，摸索出了一些特色的建造技术，用来应对岭南的气候环境。比如在建筑上常充分考虑遮阳构建的运用，屋顶造型满足通风、隔热和多雨地区的气候条件。建筑师从岭南传统建筑中总结经验，探索创新，将地域特色传承延续。

现代岭南建筑的细部遮阳最具代表的是前辈建筑师夏昌世先生的“夏式遮阳”。针对岭南地区炎热、潮湿气候条件，夏昌世探索设计出的建筑外立面的横向及竖向的遮阳板和拱形通风屋顶，有效地解决了岭南地区的炎热环境。随着现代建筑技术的进步，对于建筑通风采光的要求也相应提高了，从而使立面的开窗面积增大，同时也增加了室内空间的热量。夏昌世先生为了解决窗口防热的问题，创造了窗口水平与垂直遮阳相结合的构造形式。遮阳板划分出富有韵律的立面，阴影突出其立体感，建筑不需多余的装饰，就已是别具一格，具有岭南的地域色彩。

（四）基于地域文化内涵的特征与表现

地域性建筑是对某一地域的地貌和气候等自然环境及人文环境的回应，同时是地域文化内的物质载体。现代岭南建筑文化受西方现代建筑文化的影响，结合当地传统岭南建筑文化、岭南地域文化塑造出了既能展示地域文化内涵，保持岭南建筑个性和人文品格，又具有时代特征，展示现代建筑语言的现代岭南建筑。现代岭南建筑的发展也是一个吸收、融合、继承、创新的过程。

1. 与自然环境的融合

岭南建筑文化经历了自我调适和理性选择后，在实践中融汇创新，实现了建筑与自然环境的融合。表现最为突出的是岭南传统园林的引入，利用传统园林与自然环境相依而生的特点，将水榭亭台映入建筑空间中，从而将自然意境延伸到室内，建筑与环境相互渗透，交相辉映。白云山庄旅舍和白鹅潭边的白天鹅宾馆，就是其中具有标志性的代表作品。

2. 继承传统岭南文化

现代岭南建筑对地域文化的回应手法之一是将岭南文化元素融入其中。例如，在岭南建筑的代表作南越王墓博物馆中，将出土文物的装饰纹理设计成建筑表皮，

图2-47 白云山庄旅舍

图2-48 白天鹅宾馆

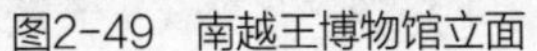
图2-49　南越王博物馆立面

图2-50　白天鹅宾馆中庭

而本土红色砂岩的材料应用不仅符合博物馆的功能特色，而且反映了岭南地区的地域文化特色。而另一个例子，广州白天鹅宾馆在中庭设置的“故乡水”主题景观，将传统园林景观，摩崖、亭子及飞瀑设置在裙房，而“故乡水”三字的点睛之笔更是将当时特殊的时代背景融入其中，引发了众多海外归侨的共鸣。

三、现代岭南建筑经典案例分析

（一）水产馆

20世纪50~60年代，在国内特定的政治气氛下，建筑也大都为传统形式。1951年6月，广州市政府计划举办华南土特产展览交流大会，需要建设一组共12个半永久性建筑作为展览馆，并汇集了当时广东一流的设计与建筑工程技术人才。华南土特产展览交流大会建筑群却开创风气之先，以现代主义风格旗帜鲜明地表达了岭南建筑师的独立思考，为当时的中国建筑学界带来了清新的空气。

其中夏昌世设计的水产馆是场内最具个性的作品，水产馆主入口正对中心广场，建筑平面由若干个同心圆弧形的墙体围合而成。在功能和空间布局上，一改传统美学所遵循的严格对称，别出心裁地使构成变得灵活现代，建筑注重内外微环境的营造，以圆形平面展开架在一片曲线形沙池上。“建筑被置于沙池之中，以沙为水，渔舟泊于其畔，正是传统园林中的抽象意趣”，沙池的做法现在看来也许是从日本的枯山水中得到启发。水产馆整体线条流畅，建筑体块活泼灵动，布局自由巧妙，通过空间的划分与变化形成丰富的内涵。水产馆通过一座小桥引入馆内。将展览的功能与参观流线结合，空间围绕中间由柱廊围合而成的开敞式中庭进行组织。平面的最内圈圆为内庭院，以横竖两向的杉木百叶及柱廊围合，并隔一定距离开设小窗，使得内庭院与室内空间相互渗透，形成丰富的视觉变化。平面并未囿于圆

图2-51　华南土特产展览交流大会总体鸟瞰手绘透视图

图2-52　水产馆模型

形，而是在圆的一侧增加了一条同心圆弧线，解决不同功能空间的实际需求的同时打破了圆形的约束，使得平面布局更加自由又紧扣中心。入口左侧设有一个船造型的小厅，以呼应其主题，而整体造型也更显活泼、不拘束。在总平面上，与增加同心圆弧线相对的一侧，沙池面积较大；而突出的部分、门厅及船造型的小厅对列三角，约将圆等分成三份，这种手法遵循了西方美术的画面平衡法则，使得平面和立面更加稳定、均衡。面向较大沙池一侧的立面仅设了一条横向细长的小窗，简洁地映衬着造型丰富趣味盎然的船形小厅。邹德侬先生后来评价这一船形小厅说，“此举与30年后解构主义建筑师弗兰克·盖里的鱼餐厅并无二致。”⑲

水产馆立面处理轻巧活泼，纤细的圆柱，轻薄的檐口，却以朴素无华的水泥石灰体块变化取胜。它注重实用功能，没有使用贵价建筑材料，没有多余装饰，根据地域气候条件使用了较薄的墙体，节省了投资，而且使得建筑更加轻巧地架在池上。在当时全国都在做大屋顶的传统建筑潮流中，夏昌世却独辟蹊径地设计了这样一个亲切而趣味盎然的现代作品，开岭南现代建筑风气之先，成为现代主义先锋精神的最重要作品之一，奠定了之后岭南建筑的基调：清逸、通透、明朗。

（二）华南工学院图书馆、2号楼

新中国成立后不久，我国现代建筑处于一个探索发展的时期。现代建筑结合我国传统大屋顶的形式在当时盛行。夏昌世先生在设计的华南工学院图书馆过程中，结合当地气候特征，充分考虑建筑的采光、经费等因素，将原设计的主楼重檐歇山大屋顶改为平顶设计，通过对建筑平面的调整，增加开敞空间，加设庭院，组织穿堂风。在立面上采用竖向柱廊的手法，既起到了遮阳的作用又增加了建筑的挺拔感。在2号楼的设计中，夏昌世先生结合岭南的地域气候特点，采用灵活的小屋顶设计，立面上采用小窗连在一起，减少阳光直射。在墙面上用菱形相连的传统建筑装饰纹样，女儿墙外墙面采用传统福寿简化图案装饰纹样，继承了传统建筑文脉。

图2-53 华南工学院图书馆

（三）中山医学院医疗教育建筑群

夏昌世的创作高峰是20世纪50年代，他留学于现代主义建筑的诞生地德国，对现代主义有着深刻的认识和思考。回国后，他并没有照搬当时的德国现代主义套路，而是对岭南地区的建筑创作有着理性的看法，并提出了一系列亚热带地区建筑设计理论，将其运用到实践设计中，岭南现代建筑也随之进入第一个创作高峰。这一时期的代表作品包括肇庆鼎湖山教工疗养院、华南工学院图书馆等。其中的中山医学院建筑群是夏昌世在探索建筑对应亚热带气候手法的不同阶段作品。

1952年的中山医学院生化楼是夏昌世“综合遮阳”的第一次运用。夏先生认为：“遮阳板的设置，是做成了对墙壁及窗户防御过多阳光照射的第一重壁面，它既不会遮盖建筑的立面、反而产生显明的阴影对比，增加了建筑物的立体感，并产生一种新的建筑形式”[20]。他从太阳高度角出发，使用横向和纵向的遮阳板组合交错，以一定的比例对立面进行分隔。这些遮阳板既起到了对南向窗口和墙面的遮阳作用，又别出心裁地营造出一个富有韵律感的立面，光线形成的阴影产生出强烈的立体感。

随后的病理科楼、解剖科楼、中山医学院药物教学楼等一系列教学楼都延续生化楼的遮阳特殊，将原有的综合遮阳简化成对应不同房间功能需求而形成的单层或双层的遮阳板。基础楼的“个体式”综合遮阳板则是针对每个窗口独立设置的。

在不断的探索研究中，夏昌世形成了一套成熟的遮阳板形式语言，并将其与建筑立面结合，形成独特并具有地域特征的风格，此举在岭南地区极富开创性，被学界称为“夏氏遮阳”。1958年，夏昌世在《建筑学报》第10期上发表了题为《亚热带建筑的降温问题——遮阳·隔热·通风》的学术论文。这是中国建筑界最早从遮阳、隔热、通风等角度系统地研究亚热带建筑降温设计经验的论文。这不仅开启了岭南建筑理论研究的先声，也成为岭南建筑的学名渊源。此后，岭南建筑渐渐地为人们所知晓、接受和承认，知名于全国建筑界。

夏昌世对岭南建筑的风格转变起到了很大作用，在对应气候环境方面，遮阳板的使用和各种遮阳技术的处理，及屋顶架空层的做法，通过促进屋顶通风手法降低建筑物最大受热面的温度，是一种极具地域特色的务实作风。而在建筑空间的处理上，他将传统的建筑风格从厚重封闭的空间中解放出来，将园林融入其中，形成开敞、轻逸、通透的空间。这种手法不拘一格，结合气候与自然，形成了岭南建筑的基本理念。

（四）北园酒家

1958年岭南新建筑出现了新的一种代表性的建筑类型——园林酒家建筑。这也是岭南建筑学派的主要奠基人莫伯治早期建筑创作的主要成就。如1958年设计的北园酒家就是其中的代表作品，之后陆续出现了泮溪酒家、南园酒家等酒家建筑。这类建筑将传统的岭南建筑庭院与现代的建筑融合在一起，既有传统韵味又有时代特征。

莫伯治设计的广州北园酒家的总体布局沿用了传统岭南园林空间手法。采用庭院将全园分为南北两个部分。建筑置于北部，庭院通过廊桥划分为两部分，空间相互联系，连而不断。庭院布置继承了传统的岭南园林风格，点缀着楼堂斋馆、花木水石。在空间布局中，用庭院空间联系着大厅与贵宾房两种规模大小不同的空间，符合岭南地区的气候特征。在设计中巧妙地把现代功能融合于传统园林中。而后的

图2-54　中山医学院生化楼"夏氏遮阳"板

图2-55　中山医学院基础科楼立面

图2-56　北园酒家园林中庭

扩建中，对原有古树名木的保护和延续庭院式布局，使得建筑更契合园林酒家之名。在材料上充分利用从民间收集来的岭南建筑旧料，保持了传统庭园建筑中的精美装饰效果，同时在新庭院中设置如亭、桥、廊、榭等引传统要素，使整座酒家既体现了岭南传统文化，又充满时代气息。

（五）白天鹅宾馆

改革开放后，随着外宾来华活动的增加，一批中外合资酒店应需而生。1979年，白天鹅宾馆开始筹建。宾馆选址在充满西洋情调的沙面岛，南临羊城八景之一“鹅潭夜月”的白鹅潭。白鹅潭三江交汇，前景开阔，旅客可以充分享受江景，临流揽胜。建筑背倚沙面墨绿的榕林，面对珠江千顷碧波，简洁的体块与环境融为一体，为古老的白鹅潭注入了新的元素。

白天鹅宾馆筑堤填江面积3.6万平方米，东部为公园绿地。宾馆以裙房和塔楼两个部分组合，裙房部分低矮狭长，临江形成斜面退台，北面的塔楼平面呈腰鼓形，形体简练、大气。腰鼓形平面使正立面避免了正方形的尴尬比例，通过两个面的转折形成1：2高宽比，使得体块简洁大气又富于变化。山墙处收窄，再设一条贯穿到底的竖形窗，削弱建筑的厚度感。加上山墙处内走廊缩进形成的阴影区，强化了体量的竖向感，垂直的体量因低层底座和引桥的水平体量的衬托，显得更加挺

图2-57 白天鹅宾馆总平面图

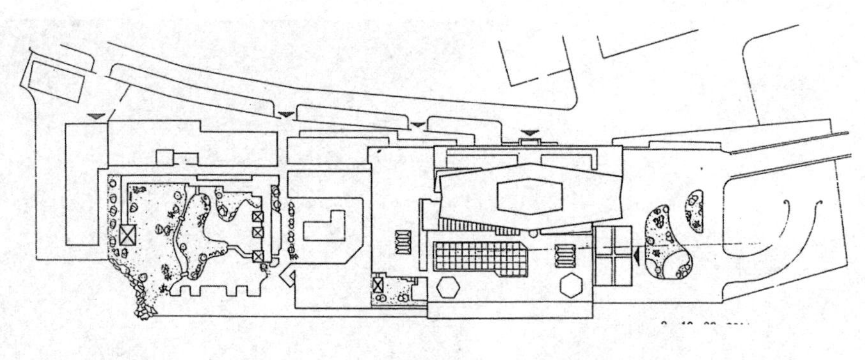

图2-58 白天鹅宾馆腰鼓形状标准层

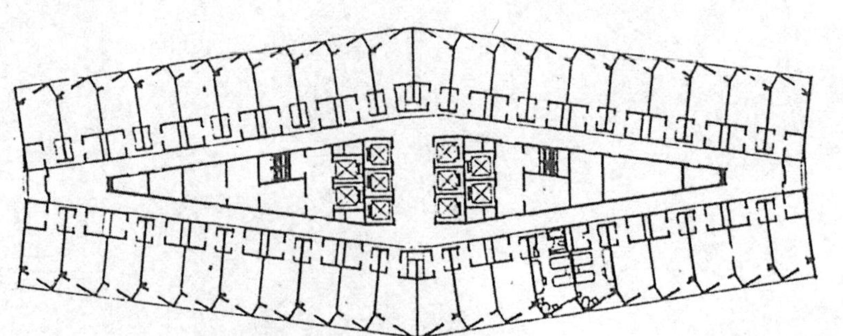

拔而又稳定，体型简练而有变化。裙房与塔楼以中庭作为衔接，自然过渡，在空间、功能及结构方面都更加合理。

裙房临江布置，形成舒展低矮的裙房，临江一面用长72米、高7.2米的倾斜玻璃围合，从室内向外望去，水天一色，无限江景尽收眼底。与吊挂玻璃幕相对的北墙上镶贴灰色镜面玻璃，白鹅潭江景的虚像出现在镜面上。具有岭南特色、中庭水石景与珠江的真假景象互相穿插交流，融为一体。

图2-59　白天鹅宾馆中庭

腰鼓形的标准层将电梯核心及辅助用房筒置于中心，压缩了长边长度，避开了设变形缝的要求，削弱了对北面建筑的遮挡。相比起原来面向江内凹的平面方案，腰鼓形平面向江面凸出，客房视野更为开阔。

白天鹅宾馆最具特色的是带有浓郁岭南特色以“故乡水”为主题的岭南山水中庭，中庭占地2000平方米，高3层，空间开阔，气势磅礴。中庭顶部为光棚，将天光引入室内，使园林更贴近自然。面向中庭开放的走廊形成不同深浅的平台，打破原本空间的方正，平台均以花草绿化装饰，形成立体园林与主景相衬。根据在矿泉别墅的庭院设计经验，中庭以自由形态组织空间，水池不囿于柱网的束缚，有序布置栈桥、摩崖、瀑布、亭子。曲折的栈桥将水面一分为二，水中游鱼嬉闹，曲岸边点缀着花草砂石。主景摩崖高两层，飞瀑倾泻而下，顶部设一六角亭，其形式从少数民族建筑风格中吸收灵感。摩崖怪石嶙峋，高高低低错落种有各式花草，瀑布左侧的巨石上刻有“故乡水”三字。故乡水的意境激起海外游子无限的归属感，也呼应了当时筹建白天鹅宾馆的初衷。

（六）南越王墓博物馆

南越王墓博物馆是建在公元前120多年的第二代南越王赵眜之墓遗址上的一座博物馆。建筑依山而建，由陈列馆、墓室、珍品馆三个序列组成。从主入口进入第一序列的门厅；从门厅的阶梯拾阶而上，走到方形院子，院子中的蹬道是整个馆的中轴，中轴上由回廊围绕一方台状玻璃墓室展馆，此为第二序列；第三序列为整个博物馆的终点——珍品馆。各序列结合地形与建筑形式，层层抬高，参观流线富于变化，设计注重结合绿化和环境，为建筑营造出一种神秘肃穆的气氛。

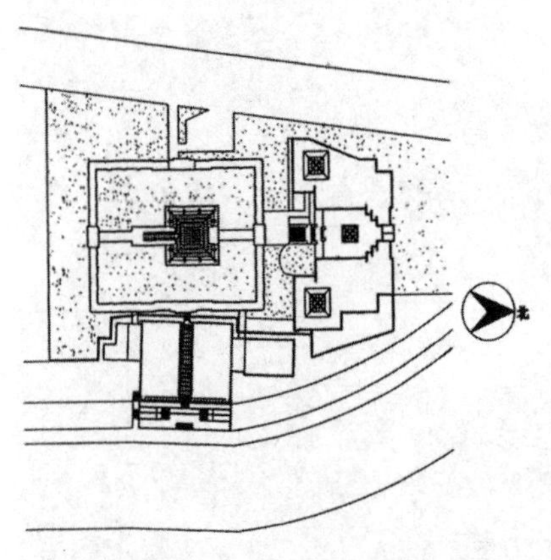

图2-60　南越王墓博物馆总平面

图2-61　南越王墓博物馆立面

因墓室遗址位置特殊，博物馆的建设场地不尽完美，主入口空间局促，设计结合建筑主题，以厚重对称的两个石阙示人，中间开一玻璃缝隙作为入口，有如尘封千年的历史石门中开。石阙前一对石虎象征着中国古代帝王古墓前的石像生。红砂岩的外墙形体简练，上刻有龙纹和虎纹的高浮雕，这一元素取材于墓中出土的大玉璧纹饰。入口两侧各立男女越人，象征百越祖先在岭南克服恶劣环境繁衍生息，取材于墓中越人持蛇的屏风托座。玻璃面上的圆形虎符显示出了墓主人的身份。厚重的石材与通透玻璃的虚实对比，热烈的红纱岩与沉寂的蓝色玻璃的冷暖对比，营造出震撼人心的肃穆感。厚重的石阙将现代城市的喧嚣隔绝在高墙之外，完成了内外的气氛转换，而弧形的玻璃顶棚又将天光引入室内，门厅空间通透开敞，消解了突变的紧张感。由于地形存在较大高差，门厅内正对采光顶棚的是一条高长的阶梯，通高三层，构成上下沟通的流通空间。设计者在从入口到台阶的过程中为参观者预设了先抑后扬的心理过程，从狭窄而神秘的门口进入后，台阶引导参观者抬头望向天空，瞬间豁然开朗。

上到方形院子的平台后，由回廊引导绕到方台进入墓室馆，方院简洁无多余修饰，以草坪及点缀的修葺规整的低矮绿篱映衬着墓室馆。从回廊观赏墓室馆勾起参观者的期待心理。方台形体象征墓冢，四面缓坡倒映天光，体量尺度适宜。珍品馆在中轴线延伸处，展馆入口前设大台阶，将参观者引入二层门厅，台阶两侧通过绿化和侧墙形成上升态势，视觉焦点为圭形门阙。门阙的尖顶指向天空，又将视线延伸至苍穹，在结束处引发参观者的无限遐想。

图2-62 南越王墓博物馆方形平台及墓室馆玻璃顶

南越王墓结合地形将三个空间有机连接，并根据参观路线为参观者预设了先抑后扬，一开一合的心理感受，同时采用了本土传统的红砂岩石作为材料，是岭南现代建筑中又一个高峰作品。

（七）岭南画派纪念馆

岭南画派纪念馆是1989年莫伯治先生受关山月和黎雄才两位大师的委托进行设计的。岭南画派是我国著名的艺术流派，主张艺术创新，没有固定模式。莫老先生根据岭南画派的特征，勇敢创新，采用新艺术运动的设计手法，来表现岭南画派的创新精神。在满足展览和收藏等现代建筑功能的同时，将画派的精神隐喻于建筑之中。

纪念馆分为主体馆和小型招待所两部分，建筑沿方塘而建，各抱地势，富于岭南庭院画意。建筑形体及楼梯间造型采用富有动态雕塑感的体型。主馆入口处采用架桥的方式，跨越方塘。门廊采用扭转的壳体形式与富有雕塑感的主题连成整体，富于抽象的画意，与岭南画派的精神相互吻合。在建筑材料使用白色墙面，较少的开窗，满足了展览建筑的功能要求，同时适应了当地气候条件。岭南画派纪念馆沟通中西文化，继承岭南传统，遵循现代建筑的设计原则，用建筑的语言表达了岭南画派的精神，同时受到建筑界和绘画艺术界的认同。

图2-63　岭南画派纪念馆入口

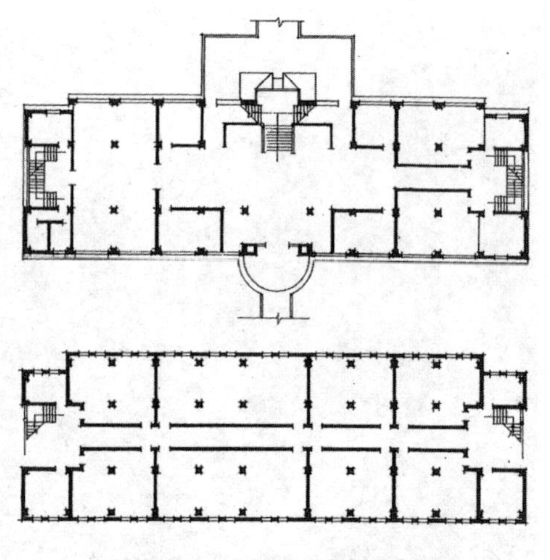

图2-64　岭南画派纪念馆平面

第四节　当代岭南建筑

一、当代岭南建筑发展概述

“当代岭南建筑”是指2000年以来，具有鲜明岭南地域文化特征的建筑物。“当代”作为一个时间概念，表明了我们正处在其中。

（一）沉寂

经历了大放异彩的现代时期，大约自20世纪90年代中期起，岭南地区建筑创作数量大，但系统的岭南建筑风格传承却渐渐沉寂。岭南建筑界的蔡德道和郑振纮分别以题为《岭南建筑是否已消失》和《不惑之年的困惑——评析岭南建筑的后劲》的文章，不约而同地指出了岭南建筑20世纪90年代中期以后趋于沉默的现象。[21]

随着改革开放的深入，特别是市场经济的深入发展，规划建设领域出现了“重实利而轻人文，重经验而轻精神，重眼前而轻长远，重通俗而轻经典”的倾向，在一定程度上忽视了对传统建筑文化的继承和创新，城市建设“千城一面、千楼一”，岭南特色逐渐消失，一些具有岭南特色的古建筑、古园林、古村落遭到不同程度的破坏。在激烈的市场竞争形势下，在利益的驱动下，一些设计、规划、科研单位受政府、时间以及其他各种因素的影响，导致学术界建筑文化理论研究严重不足，对建筑文化的整合重视不够，尤其是岭南建筑设计大师的成长环境也受到冲击。

（二）机遇与挑战

随着生产力的飞速发展和社会的激进变革，岭南地区的建筑乃至整个中国的建筑界均以史无前例的速度前进，接受现代化的强烈冲击。在这一现代化的过程中，传统一步步被野心勃勃的现代化所侵蚀与取代，传统与现代的二元对立现象此起彼伏。尤其21世纪开端前后，以国家大剧院、国家体育场、国家游泳中心、CCTV大楼等一大批“新、奇、特”的项目为标志，国内建筑设计主流市场呈现一派崇洋之风，处于改革风口浪尖的岭南地区亦难以阻挡这种全球化建筑浪潮的冲击，岭南建筑的地域特色黯然消退。

当代岭南建筑的发展是在当代中国的大背景下发生的。中国经济正以惊人的速度发展，吸引大量外资的同时，也使中国成为举世闻名的世界工地，拥有全球最大的工程建设量和建筑队伍。如此庞大的建设规模，使中国建筑师拥有了前所未有的实践机遇，也使中国成为世界建筑师争相竞争的市场和舞台，岭南建筑亦由此得到了更广阔的发展空间。进入2000年以后，全球化的影响更加深刻，数字化技术与建筑美学的结合，孵化出一大批前所未有的夸张建筑造型，强烈冲击着传统的建筑形式，岭南建筑界更是首当其冲。2000年以来广州率先完成的城市建设总体战略概念规划以及2010年举办亚运会的契机，为广州市城市建设发展带来空前的高潮，更给新的岭南建筑创作提供了广阔的空间，孕育出了大量优秀的建筑设计作品。

“当代中国，既回响着古代中国和近代中国的文化余音，又承受着来自不同国度的不同程度的文化影响；既激荡着整个社会的不断变革，又渲染着地方文化的斑斓色彩”。㉒

一方面，2000年以来，岭南地区新建筑的数量巨大，获奖的优秀作品颇丰，许多建筑已达到国际先进水平；另一方面，全球化的疾风暴雨呼啸而至，城市建设的勃勃野心频频可见，建筑越来越追求“高、新、奇、特”，传统特色的岭南新建筑似乎日渐式微。在外来建筑的影响下，在传统与现代的矛盾中，岭南建筑逐渐失去了昔日的辉煌，城市变得千篇一律。

（三）重视

然而可喜的是，经过较长时间对西方建筑思想的了解和解读，以及对岭南地域特色日渐衰退的反思，有责任感的建筑师和社会人士已经认识到全盘拷贝西方建筑思想与形式不仅漠视了丰富的岭南建筑文化遗产，也割断了建筑学发展的传承性，他们开始对当代岭南建筑的可持续发展进行更深层次的思考与探索。虽然这种探索需要漫长的时间，“新统”意义上的当代岭南建筑尚未明确界定，但一种新的岭南当代建筑气象正逐步形成，这将有利于岭南建筑创作回归理性，健康发展。

时至今日，越来越多的人开始关注岭南建筑的保护与创作。广东省住房和城乡建设厅从2012年开始，针对2000年以来广东省建成或修缮完成的规划与建筑设计项目组织开展了“岭南特色规划与建筑设计评优活动”，今年已经第二届，评选出广州市越秀区解放中路旧城改造项目一期工程、华南理工大学建筑设计研究院工作室在内的一批优秀岭南建筑作品。这一举措意义重大：其一，它很好地传承和弘扬了岭南特色建筑文化，调动了广大设计人员创作岭南特色建筑精品的积极性；其二，评选出的精品作为当代优秀岭南建筑的典范，为今后的岭南特色建筑创作提供了有效的指导意义。

2010年7月，广东省委汪洋书记强调指出：“不要让岭南文化在我们这一代手上断掉”。为贯穿落实这一知识以及省委省政府关于“文化强省”的战略部署，广州市委市政府联合广州市建委，组织召开了“传承与弘扬岭南建筑文化研讨会”，决定对岭南建筑文化做一个系统的研究，来推进岭南建筑文化的弘扬与发展。

（四）希望

21世纪伊始，以华南师范大学南海校区、华南理工大学逸夫人文馆、南京大屠杀纪念馆扩建工程、上海世博会中国馆等惊艳之作为标志，以何镜堂为代表的第三代岭南学派建筑师登上中国建筑舞台的最前沿，把岭南建筑带上一个新的高峰。当代岭南建筑学派在长久的实践探索当中，努力突破现代化和全球化的影响，超越地域性和传统性的约束，扎根岭南、立足创新，以特色鲜明的当代岭南建筑，为中国建筑的发展贡献了一种新的“岭南模式”。何镜堂院士带领的创作团队更是在长时期的创作实践基础上继承岭南前辈的优良传统，创造性地提出“两观三性”的建筑理论体系，将岭南建筑创作理论提升到一个新的高度。这一理论体系旨在寻求一种地域性和时代性的约束统一，实现富于生命力和创造力的建筑文化表达。

当代岭南建筑要走向复兴，是一个非常艰辛而漫长的过程。在这一过程中，我们或许走了一些弯路，也交过一些学费，但与所得到的收益相比，这些付出是值得的。在现代建筑同质化的今天，越来越多具有国际水准、现代风格、岭南特色的当代优秀岭南建筑出现在人们的视野。例如广州亚运城组团式布局体现了岭南水乡空间布局特征，沿河规划有岭南风情文化街，运动员村设计运用了蜗耳山墙等岭南传统建筑符号；广州大学城建筑与自然相结合，呈现出南方清新明亮、简洁轻盈的感觉，区域内保留了一些历史建筑和自然村落，将岭南传统文化结合到现代生活中来。有理由相信，在一代一代岭南人的努力探索下，岭南文化传统的精髓将在新建筑中得以不断发扬和延续。

二、当代岭南建筑创作分析

（一）基于自然气候的当代岭南建筑创作

1．适应气候的空间布局

1）总平面布局

为获得利于自然通风的建筑形式，根据气流运动规律，建筑单体和总体布局上应当做到以下几个方面：（1）基地选址尽量避开空气污染源的常年主导风的下风向；充分利用基地周边的生态环境因素，如江河、湖泊、湿地、公园、森林、绿化隔离带等，引导其环境新风入小区。（2）主导上风向留出风口，做到开放式布局，避免阻挡风源，建筑单体设计上可采用退层、局部挖空等处理手法。（3）平面布局上，建筑物尽量朝南（尤其是居住建筑），在夏季主导风向上宜采用前疏后密、前短后长的形式，既可疏导夏日凉风而能又阻挡冬季寒流；为增大建筑的迎风面，建筑设计尽量考虑锯齿形群体布局。（4）竖向布局上，在夏季主导风向上宜采取前低后高、步步高升的形式，以利于气流的上升和穿透。（5）岭南地区宜采用行列式、错开式和斜列式几种总平布置方式。（6）上风向建筑适当采用架空的形式，对于小区内部院落的通风效果有明显的改善。(7)可借鉴传统岭南建筑中的“梳式布局”或“密集式布局”等总体布局形式，利用天井、廊道、“冷巷”等组成通风系统。例如广州解放中路旧城改造一期工程以传统岭南建筑中的“梳状布局”为原型，形成各种廊道和巷道，从而实现“冷巷”通风效应，以适应当地湿热气候(图2-65)。

2)平、剖面设计

从物理原理来分析，自然通风是由风压和热压共同作用下合力实现的。岭南传统建筑在考虑风压通风的同时，着重热压通风的组织，其在通风系统组织上有着非常宝贵的经验，值得当代岭南建筑学习借鉴。

平面通风设计上，当代建筑中门、窗是建筑主要的通风口，其平面位置和竖向高度直接影响通风效果，应尽可能加大进风口与出风口的距离，延长气流流动路线，这样有利于房间空气流通，消除通风死角。另外，平面通风设计亦可充分借鉴传统岭南民居的通风经验，采用开敞通透的平面，利用院子、天井、楼井、敞厅、巷道等组织通风，组成由进风口—风道—出风口构成的通风系统。例如，广州地区传统建筑的典型代表——“竹筒屋”，带有纵深狭长的“冷巷”，在建筑形式、空间布局上与地域气候特点密切关联，有效适应了当地炎热的亚热带气候，通风顺畅，创造了相对凉爽舒适的室内环境，值得当代岭南建筑借鉴。

剖面通风设计上，风压与热压在竖向上都能产生作用，在传统和当代岭南建筑中均有广泛应用。风压可引起文丘里效应，气流的流动会伴随空间的收缩而形成加速，于是在空间收缩段形成负压区；热压通风则因为不同高度的气流温度差引起室内空气热量交换，从而导致空气流动，主要在竖向上起作用。研究表明，合理的剖面设计，可利于竖向通风效果。例如：利用不同楼层、楼井的不同层高进行通风——像传统的“竹筒屋”，加大出气口与进气口之间的垂直距离——像传统的老虎窗、高侧窗、气兜，可使通风路线更加通畅；大型公共建筑，可引入中庭空间模式，在中庭天窗基部设排风口；或单独设置通风塔，加大风口的高度，从而加强热压通风效果。

2. 遮阳设计

岭南地处亚热带地区，夏季强烈的阳光直射，是造成室内温度过高的重要原因。因此，能够有效阻挡光线直射室内的遮阳，成为该地区建筑防热的重要手段之一。相关研究表明，“当窗口的遮阳形式符合窗口朝向所要求的形式时，遮阳后同没有遮阳之前所透进的太阳辐射热量的百分比(叫作遮阳的太阳辐射透过系数)，由实测得知：西向窗口用挡板式遮阳时的太阳辐射透过系数约为17%；西南向用

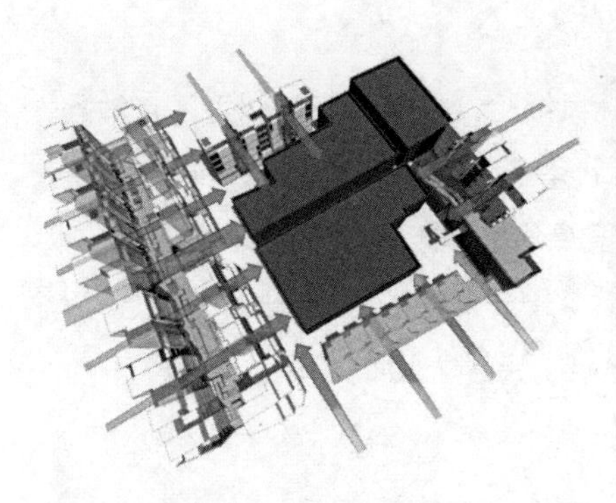
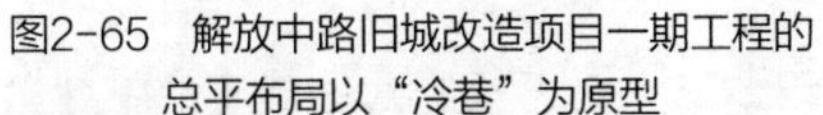

图2-65　解放中路旧城改造项目一期工程的总平布局以“冷巷”为原型

图2-66　万科中心的立面遮阳

综合式遮阳时，约为26％；南向用水平式遮阳时，约为35％”[23]。一般而言，在通风顺畅而风速较小的情况下，有遮阳的房间的室温，比没有遮阳的低1℃左右。由此可见，遮阳设计在遮挡太阳辐射热、降低室内气温方面的成效是非常大的。

遮阳的设计需考虑采光和自然通风问题，针对不同朝向的窗户和墙面采取不同的遮阳形式。

外遮阳的基本形式：有水平式、垂直式、综合式和挡板式。（1）水平式遮阳。这种形式能够遮挡从窗口上方照射进来的阳光。所以，它适用于南向和接近此朝向的窗口，也适用于北回归线以南的低纬度地区的北向和接近北向的窗口遮阳。（2）垂直式遮阳。这种形式能够遮挡从窗口两侧斜射来的阳光。适用于北回归线以南的低纬度地区的北向和接近北向的窗口遮阳。（3）综合式遮阳。这种形式是水平式同垂直式组合起来的形式，所以能遮挡从窗口上方和左、右两侧射来的阳光。适用于南向、东南向、西南向和接近此朝向的窗口遮阳。同时，也适用于北回归线以南的低纬度地区的北向及接近此朝向的窗口遮阳。（4）挡板式遮阳。这种形式能够遮挡平射到窗口来的阳光。适用于东向、西向和接近这两个朝向的窗口遮阳[24]。

设计时，应根据所处位置的气流流动特点，灵活采用以上不同的遮阳形式，或者结合使用，衍生出活动式遮阳、遮阳百叶等其他形式。随着科技的日新月异，建筑遮阳的自动化、智能化必将是未来发展的趋势，既可根据天气感应或室内环境需要等自动调节遮阳系统，又可与建筑造型巧妙结合形成独特风格。例如深圳万科中心以条状的穿孔透光铝板作为立面遮阳与造型元素，每个墙面的百叶开关和角度都经过量化计算，使万科中心成为一栋“会呼吸”的节能建筑（图2-66）。

另外，亦可运用高大乔木夏季遮阴、冬季透射阳光的特点，实现自然生态的季节性遮阳效果。

3．与岭南相适应的新型节能措施

借鉴传统岭南建筑适应自然环境特点的优良经验，采用适应广州地区自然条件的新型节能措施，如节能构造、节能墙体、新型空调设备、太阳能建筑一体化技术、外遮阳、隔热保温技术、屋顶绿化和垂直绿化等建筑节能与新能源应用技术。广州烟草大厦、广东科学中心、广东发展大厦等建筑采用了一些遮阳、通风、隔热节能措施和新型节能设备，发挥了示范引导作用，受到社会的好评。

（二）基于形式的当代岭南建筑创作

1．不对称的体型体量

当代岭南建筑极少采用对称形式，喜欢利用体形大小、横竖对比或者高低错落的方法，营造活泼、不对称的体量造型；即使建筑本身是对称的，也时常在对称中加入不对称的手法或元素，使建筑变得更加轻巧。典型案例有华南理工大学逸夫人文馆（图2-67）、中国龙门农民画博物馆。

2．淡雅的色彩

在色彩感觉中，亮度高的色彩会让人感觉轻盈，亮度低的色彩则显沉重。岭南建筑的审美倾向于前者。岭南建筑常采用亮度比较高的淡色浅色，如纯白、米黄、浅灰、红棕等，使建筑显得轻巧明快，与北方建筑物的沉重厚实形成鲜明对比；同时经常利用青山绿水、蓝天白云等作为背景，用青、蓝、绿等的纯色烘托出浅色的纯净明快，更增添建筑的轻盈感。

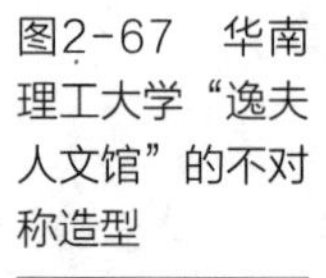

图2-67　华南理工大学“逸夫人文馆”的不对称造型

图2-68　深圳大学师范学院教学实验楼的浅色运用

（三）基于空间建构的当代岭南建筑创作

开敞通透

岭南地区由于气候炎热温和，人们活动空间往室外推移，室内外联系得以加强；加之为了获得良好的自然通风条件，建筑在平面布局中往往充分考虑建筑的朝向，并且大多采用开敞的布局方式。如果说传统岭南建筑还处在“外封闭内开敞”的阶段，那么到了现代岭南建筑时期，建筑已经走向了全面的自由、流畅、开敞，当代岭南建筑更是将这一特点表达得淋漓尽致。

通透的空间，包括室内外空间过渡和结合的敞廊、敞窗、敞门以及室内的敞厅、敞梯、架空等，具体分析如下：

1）敞廊：当代岭南建筑中的挑廊、檐廊、回廊、连廊、庭院廊道通常采用开敞式，既可作交通使用，又能作为休憩、洽谈、赏景之用，与室外环境亲密接触。若设在庭园中可以观赏周围景色，若临近水面则颇具岭南风情（图2-69）。

2）敞厅：在当代岭南建筑中，特别是公共建筑中，大厅通常设计成一层或者数层高的敞厅，其实就是现代建筑中的“共享空间”。通高的敞厅朝室内空间开放，大厅周围或者顶棚采用大面积玻璃窗，室内空旷开敞、光线明亮，既可解决大量人流的聚集疏散，又能作为活动休憩空间，极具人气。有时将敞厅与室外空间直接相连，使之成为通透开放的灰空间；也有时在敞厅中布置一些富有南国风情的景观小品、绿化装饰，使建筑更具岭南特色（图2-69）。

3）架空：把建筑物的某层全部或者部分打开，使之不封闭，称为“架空”。它能加强建筑物与户外的直接联系，在架空层形成空气对流，是岭南建筑中惯常的设计手法。当代岭南建筑中的架空通常分为底部架空和空中架空两种：底部架空位于建筑底层，能有效防潮、促进自然通风，提供更多公共空间；空中架空则位于建筑底层以上部位，即通常所称的“空中花园”，在高层日益泛滥的今天尤其受到广泛关注。架空空间通常布置以绿化植物或景观小品，既能加强建筑的通风采光，又可美化环境，还能作为活动、休息场所，形成建筑丰富的空间层次（图2-69）。

4）平台：指底层以上的供使用者活动的块状室外空间，包括屋顶平台和建筑中间平台（图2-69）。

5）敞梯：把楼梯的围合墙体打开达到室内外的沟通，或直接将楼梯置于室外露天，是当代岭南建筑惯常采用的空间通透手法之一。

6）敞门、敞窗、敞墙：相较于北方建筑，岭南建筑可开启的门窗洞口面积大很多，很多时候还采取通透的门窗形式，这是把室内引向室外，增加室内外通透量

图2-69 广州大学城建筑中的敞廊、敞厅、架空、平台

的一种有效措施。当代建筑物常在外墙开窗时直开到地面，成为落地窗，是敞窗的一种形式；有时候甚至将整面墙设为通透增强室内外的联系。

（四）基于技术与材料的当代岭南建筑创作

为了加强和控制自然通风，通过适当的构造设计可以达到一定的效果。例如：传统岭南建筑常在屋面上采取一些有效的通风措施，如气窗、风兜、通风屋面等，也有的在檐下或山墙尖下做出风口。利用通透的门窗和室内隔断通风，能取得良好的迎风口、出风口，加速空气对流，如木栅门、"堂栊"、满周窗、开敞式槛窗、孔洞围墙、活动式屏门等。这些传统的细部构造被运用到当代建筑设计上，既能充分体现地域特点，又能对促进自然通风做出积极贡献。典型案例有广州大学城华南理工大学体育馆：建筑将传统南方民居中使用的小型拔风构件运用到现代大空间建筑上，借助机械辅助浮力通风系统，以浮力通风原理达到室内持续通风换气的目标。

细部装饰

传统岭南建筑的细部装饰，如挑檐、脊饰、门窗、室内隔断、家具、屏罩、隔扇等，能鲜明地体现建筑的地域性和民族性。在当代建筑设计中提取这些传统的细部装饰元素，并使之抽象化、符号化，都能产生岭南传统意向和地域色彩。典型案例如广州亚运城运动员村、广州城市规划展览中心（图2-70）。

图2-70 广州亚运村运动员村建筑上的传统岭南建筑符号

在提取传统细部处理和装饰装修元素的时候，关键在于题材内容和建筑材料的更新。铲除封建的落后题材，提倡新颖的、富有朝气、创新的内容，是当代岭南建筑设计的发展方向。

（五）基于历史传承的当代岭南建筑创作

1．与环境文脉相结合

岭南地区河流纵横，丘陵众多，自古以来，传统建筑就注重与环境景观的结合。岭南建筑学派的建筑师们继承和创新了这一建筑思想，并一直延续到当代的建筑创作中，使建筑与基地环境的融合成为岭南建筑设计的一个重要方面。

当代岭南建筑与环境的结合在具体的处理上包括两个方面：建筑与自然环境的结合以及建筑与城市环境的结合。

1）建筑与自然环境的结合

建筑与自然环境的结合又体现在两方面：

一方面，建筑与自然风光的结合，如建筑以高山、流水、湖泊、草原、石崖、峭壁等作为背景，拥自然山水，与大自然融为一体。岭南地区河流纵横，山地、丘陵、台地、平原交错，部分山地海拔较高，山崖峭壁，景色挺拔优美，而平地的江湖水面开阔。大自然的山水与建筑物的布局相结合，更加突显了建筑物的风光特色。例如位于南昆山国家森林公园内的惠州十字水生态度假村采用低密度、独立建造的规划模式，用传统的夯土墙结合天然的竹子，采用架空或吊脚楼工艺，把人工对周围生态系统的破坏减少到最小；所有建筑依山临溪而建，天然、生态、低矮的建筑群掩映在茫茫苍苍的原始丛林中，建筑与自然在这里充分和谐（图2-71）。

另一方面，建筑与园林的结合。岭南庭园是岭南地区极富特色的建筑元素，往往由建筑围绕，具有丰富的室内外渗透性空间，并引入绿化古树、水体园景，小巧玲珑、曲折萦绕。布局时把具有中国南方特色的亭、廊、榭、桥引入建筑，既使建筑与自然环境相互渗透融合，又使建筑具有岭南庭园特征。当代岭南建筑通常将岭南庭园结合到建筑设计当中并进行创新发展：例如将传统岭南园林中“外封闭、内开敞”的空间布局演变得更加开放，或在庭园中加入现代建筑和景观元素使之更具时代气息；又或者将庭园引入室内，形成变异的岭南园林空间，具体做法有把庭园引入大厅、房间内、屋顶层、空中花园、架空层等。例如广州棋院建筑群采用园林式布局，与山坡地形融为一体，建筑入口广场沿山边大台阶的带状开放园林到达上部广场庭院空间，可以体验到中国传统园林空间“起承转合”的节奏感和“庭院深深”的层次感，既尊重自然，又提升了自然环境品质。

2）建筑与城市环境的结合

当代岭南建筑往往置身于城市大背景下，其创作在当代所遭遇的城市问题是前所未有的。早期岭南建筑的现代化过程，还不曾有城市设计层面的突出问题，仅限于建筑创作思想的传统与现代的纷争。中期现代岭南建筑的辉煌，得益于建筑园景化的创作境界，但当时的城市化建设仅处于初期阶段，城市环境依然纯朴单一，岭南建筑的创作并未强调与城市的关系。然而，随着城市化进程的推进，到了现代岭南建筑发展的中后期，城市问题日益显现，建筑越来越脱离不了城市环境的大背景。到了当代，岭南地区的城市已经发展到城市群的巨系统问题层面，如何从城市问题层面把握建筑设计，已经成为建筑创作成败的关键因素之一。因此，当代岭南建筑的设计应当具有城市环境意识和城市设计观念，充分考虑与城市环境的有机结合。具体表现在两方面：

其一，涉及城市文脉的延续问题。当代岭南建筑的设计必须回答基地特殊地形问题和城市关系问题，使建筑合理地契合于城市的肌理和文脉中，合理利用基地周边的环境要素，实现建筑的城市相容性理念。尤其在老城区或者历史保护区域，建筑设计应当充分尊重原有城市环境和基地条件，与城市和谐共生（图2-72）。

其二，涉及城市发展的时代创新问题。城市发展是一个不断变化的动态过程，当代岭南建筑的设计既要融入当时的城市环境，又要充分考虑与时俱进、与城市共

图2-71　与自然环境结合的惠州十字水生态度假村

图2-72　广州市越秀区解放中路旧城改造项目一期工程与周边旧城的肌理关系

同发展，这就涉及建筑的创新和可持续性。因此，当代岭南建筑的设计既要具有传统文化特性，又要展现鲜明的时代性特征。

2. 时代性

传统建筑的现代继承、地域特色的不懈追求、时代精神的刻意表现。时代精神的建筑表达，作为一种创作道路，贯穿于现代中国建筑的整个发展历程；作为一种价值取向，融会在现代中国凡代建筑师的思想深处；作为一种形式追求，体现在现代中国的大量建筑作品中“时代精神的建筑表达概括了借时代精神开拓现代中国建筑的发展道路，实现现代中国建筑创新的思潮”。

三、当代岭南建筑经典案例分析

当代岭南建筑设计手法不一，表现形式多样，融合了传统岭南建筑和现代建筑的优秀特点。有的以保留更新为特色，如广州市越秀区解放中路旧城改造项目、华南理工大学建筑设计研究院工作室和佛山岭南天地，即在保留原有传统建筑的基础上进行适当改造更新，延续原有历史文脉；有的以修复模仿为主，例如十香园建筑与景观修复工程以及广州岭南印象园，以还原传统岭南建筑与风貌为目的。有的建筑以传统符号、材质和细部等，表现出浓厚的乡土风情，如北滘镇文化活动中心；也有建筑完全呈现出现代主义的样貌，却以象征、变异等手法传达传统岭南建筑情怀。

以下选取5个典型的优秀岭南建筑案例进行详细分析。

（一）华南理工大学“逸夫人文馆”

华南理工大学逸夫人文馆是华南理工大学校庆50周年的重点工程，它位于校园东湖、西湖之间，连接校园南、北两区，地理位置十分重要。这一设计作品综合运用了“两观三性”的建筑理论体系，在适应亚热带气候和环境、体现当代岭南建筑空间、技术和美学特色等方面具有优秀表现，被建筑界公认为当代岭南新建筑的一大力作（图2-73）。

1. 契合环境的整体布局

岭南建筑巧于利用自然环境，或结合山水，或绕庭而建，在充分尊重自然的基础上与环境融为一体。人文馆的总体布局，便来源于对其所处环境的理性分析（图2-74）。

人文馆位于校园总体规划的南北中轴线与东西校园生态走廊的中心节点，两套系统的叠合，衍生出人文馆的总体有机布局。东侧的东湖形状几何规整，西侧的西湖则湖岸自由曲折。为了呼应这种从几何向自然、从有序到混沌的节奏转换，设计

图2-73 华南理工大学逸夫人文馆全景

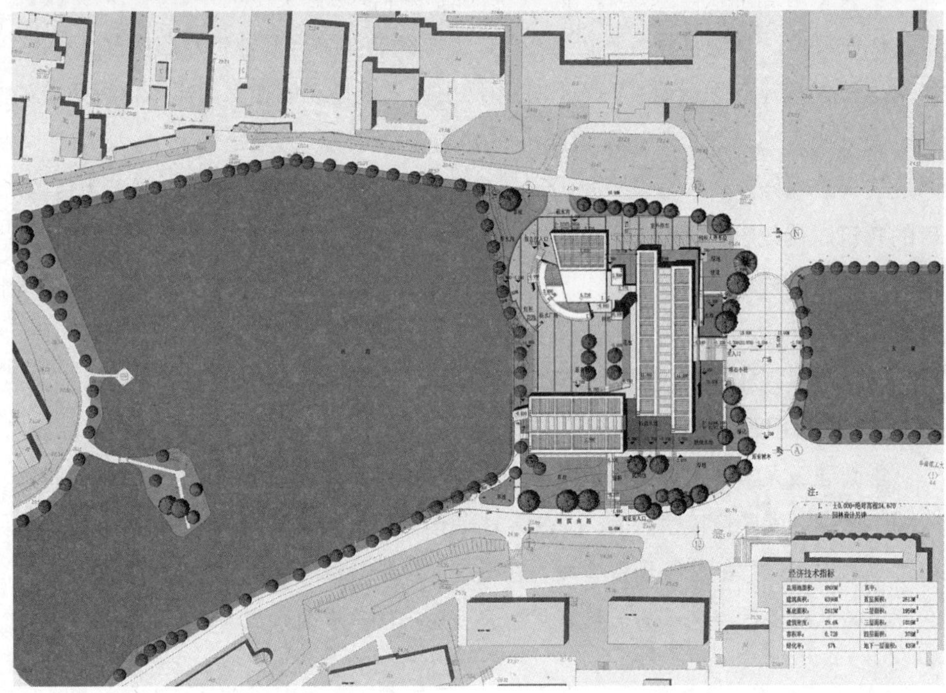

图2-74 人文馆总平面

师在建筑东侧采用规整的平面形式，和西侧较为自由的平面构成以及较小体量的园林和亲水设计形成鲜明对比，做到建筑与自然的和谐共鸣。

同时，设计完全保留基地内的原有树木，以院落为中心，既延续了原有建筑的空间格局，又表现出通透明快的地域特色，唤起华工人心中“庭院深深”、“绿树成荫”的怀旧情绪。

2．开敞通透的空间格局

在设计时，设计师便确定了“少一些、空一些、透一些、低一些”的设计思想，以实现人、自然与建筑的共生[25]。

建筑以谦逊而通透的体量实现了两湖之间在视线、功能和景观上的衔接。多个方向的廊道、桥梁组成人文馆中开放的交通体系，人们可以自由穿行；三大功能空间通过开敞式的连廊融合在一起；而随处可见的内向庭院、开放外廊、架空平台、叠级水池等则引人驻足，营造出开敞通透的空间形态；大面积的透明玻璃和通透构架，则实现室内外的相互渗透和多元化的人文交流。间断性的开口伴随着时隐时现的景致，让人不禁感受到一种似曾相识的岭南传统园林步移景异的意境（图1-75）。

3．轻巧淡雅的外观造型

逸夫人文馆的外观造型充分体现出岭南建筑的“轻”与“透”的特点。

形体设计上，建筑采用化整为零的手法，各个体块错落有致、清澈通透。只见一个2~3层的低层建筑在绿树丛中横向伸展开来，方形、平行四边形、椭圆等各体量统一于四层高的轻盈混凝土框架之下，洒下极富韵律的斑驳光影。

材料运用上，大面积的水色透明玻璃与浅米色大理石、浅灰色铝板搭配组合，突显出建筑的通透性以及简单、透明、轻巧、淡雅的外观形态。玻璃与砖墙的虚实对比，使人文馆更具内敛明快的气质（图2-76）。

4．适应气候的技术措施

1）布局与通风

在总图设计时，建筑师将主要功能用房沿南北布置，建筑东面设计成主入口，西面围合出一个开敞的小庭院。东西轴线的打通实现了视线和通风的贯通，庭院、连廊等开敞空间的加入更加强化这种自然通风效果。

2）绿化水体调节

在岭南建筑中，绿化和水体对于调节建筑的小气候起着十分重要的作用。人文馆保留了基地内的高大树木，同时在建筑东、南两侧设置水池，烘托出浓郁的人文气息。当岭南地区的东南季风徐徐吹过，这些绿化、水体有效降低了进入室内空间的温度，达到环境被动降温的效果（图2-77）。

3）遮阳系统

遮阳是岭南地区节能的一个重要方面。逸夫人文馆在屋顶设置遮阳百叶，利用柱廊与脱开的墙体阻挡太阳光的直接照射；百叶角度是通过精确地研究和计算得来，对遮阳的控制更加精准有效；同时采用低辐射玻璃以及浅色挂石降低太阳辐射热。这些措施不仅在一定程度上提高了建筑的环境适应性，达到节能的效果，也为

图2-75 开放通透的空间体系

图2-76 草坡映衬下的轻盈建筑实体

当代岭南建筑的气候适应性研究迈出实验性的一步（图2-78）。

（二）广州市气象监测预警中心

广州市气象监测预警中心位于广州市番禺区新光快速路，2012年建成。建筑规模不大，但却是极具典型意义的当代优秀岭南建筑范例。设计在研究城市、区域和场地关系的基础上，利用土方平衡还原自然地貌，采用地景建筑的方式有力地回应了坡地的地形特征，并通过一系列的内外联系取得建筑与环境的融合。设计最大的特色是借鉴了传统岭南建筑的空间元素和气候适应性技术，通过现代建筑语言的演绎，营造出一系列富于岭南特色的建筑空间和文化意境，以低技、乡土、低成本的设计手法实现绿色、生态、环保的目的（图2-79）。

图2-77　宁静的水池与建筑相映成趣

图2-78　可调式屋顶遮阳体现岭南地域性

图2-79　广州市气象监测中心鸟瞰

1．传统岭南空间的现代演绎

敞厅、冷巷、天井与庭院是传统岭南建筑中极为常见的空间手法，具有开敞通透、层次丰富、低技节能等特点。气象监测预警中心的设计将这些传统岭南空间充分运用到现代建筑设计中，形成一系列相互穿插、内外融合的空间序列，有效屏蔽外围不利因素的影响，创造出步移景异舒适宜人的办公环境以及安静优美可供休憩交流的公共空间；并结合传统岭南建筑中惯用的白色主调和框景墙等元素，营造出静逸和富于岭南特色的文化意境。

1）敞厅

入口门厅借鉴传统岭南建筑中敞厅的做法，结合观景鱼池以及蔓延而下的草坡直接与室外相连。在这一方通透的灰空间之内，拥一眼绿意、闻潺潺流水、赏一池游鱼，体会到一股浓浓的岭南意境之美，真乃人间赏心悦事（图2-80）。

2）冷巷

设计采用化整为零的手法，利用楼梯、庭院、片墙、廊道等元素与建筑空间相互穿插，形成多个大大小小的狭长冷巷。冷巷空间将室外环境与内部的敞厅、天井、庭院联系起来，将冷却的空气置换到室内，既诱导通风，同时又成为建筑的景观庭院（图2-81）。

3）庭院

设计中导入庭院这一要素，使起串联起整个建筑群体。建筑依山层叠，一个个大小、形状不一的庭院穿插散落于建筑群之中，与拾级而上的楼梯、巷道有机组合，辅以片墙、镂空等处理手法，建立起一系列由建筑内部逐渐向外部渗透和过渡的层次丰富的庭院空间。建筑、庭院互为对映，空间、尺度相得益彰。人们徜徉其中，能拥有步移景异、富于变化的丰富视觉体验，以及百转千回、诗情画意的强烈心灵感受（图2-82）。

4）天井

建筑中庭借鉴岭南传统建筑的天井手法，采用单内廊环绕天井的布局形式，加强了建筑内部的自然通风和采光；并诱导从冷巷进入的空气经过敞厅等半开敞空间，从中庭的顶部流出；同时亦加强了不同楼层的交流联系（图2-83、图2-84）。

2．低技派岭南绿色建筑

设计借鉴的敞厅、冷巷、天井与庭院等既是一项空间策略，同时也是一种基于前人经验智慧的被动式气候适应技术。为了达到自然通风的目的，在设计中结合岭南地区的气候特点，运用风压通风和热压通风的原理，以组合的方式形成序列，在建筑处理上灵活运用不同类型的开敞空间。例如，设计利用立面上的片墙（借鉴岭南建筑的景墙手法），形成办公室外的庭院空间，既起到遮阳的作用又能诱导通风；入口处的敞厅、水池和冷巷，能有效冷却空气，调节建筑内部环境的微气候（图2-85）；地

图2-80　入口门厅结合鱼池的“敞厅”做法

图2-81　楼梯形成的“冷巷”

图2-82　入口敞厅处结合草坡形成的庭院

图2-83　入口天井处的檐廊

图2-84　中庭借鉴“天井”手法通风采光

图2-85　庭院与片墙的结合形成丰富的层次

下室利用下沉式庭院及天井自然采光通风，获得良好的舒适性。这一系列低技、乡土、低成本的被动技术，实现了“在建筑的全寿命周期内，最大限度地节约资源，包括节能、节地、节水、节材，做到保护环境和减少污染，为人们提供高效、适用、健康且与自然共生的建筑”的绿色建筑目标。

（三）北滘镇文化活动中心

北滘镇文化活动中心位于佛山顺德——一个珠江三角洲经济发达的城镇。基于对佛山北滘这样的城镇在城市化快速发展中逐渐丧失了独特的传统风貌的哀叹和反思，设计师在该项目中尝试将传统本土文化的精粹阐释在这一现代建筑当中，以简洁的线条和丰富的空间层次为基体，以当地循环再造建筑物料为原料，使中心融入四周环境，形成一个朴素恬静、极具岭南风格的建筑群。

1．岭南化的空间层次

北滘镇文化活动中心位于北滘镇新城区，周边用地包括北滘公园、文化广场、特色商业街、行政服务中心等一系列开放的城市公共设施。因此，文化中心在设计时，就更注重于打造一个与城市空间相连的开放式建筑群，以开放、包容、谦和、环保的建筑理念，鼓励人们走进建筑。

不同于大多数当代地标性建筑，该项目以低矮的组团形式来组织各项功能，囊括了图书阅览室、小型剧院、青少年培训及展览厅等四种功能，形成动、静两大部分。每一项功能都被策略性地放置，三个主要的功能体块围合出中央广场，在这个具有传统乡土气息的广场中，融入庭院、宽街、窄巷等传统岭南空间元素，做到现代与传统并存（图2-86）。

建筑单体空间设计同样具有浓厚的岭南乡土文化特色。建筑尺度亲切宜人，体现以人为本的精神；建筑实体和天井院落有机穿插，维持虚实相间的错落序列（图2-87）；露天廊道连接每一栋建筑，带来自然采光和通风（图2-88）；大小不一的绿色空间与建筑群紧扣，传承与环境共生的传统岭南精神，带来丰富的空间层次；建筑围合出的中央庭院，布置以丰富的绿化水体、景观小品，形成一个尺度宜人、充满情趣的岭南庭院空间（图2-89）。

2．岭南化的建筑元素

在北滘镇文化活动中心的设计中，传统的建筑语言符号以及材料技术的运用，是其设计的一大亮点（图2-90）。建筑并没有刻意采用坡屋面等传统岭南建筑形式，而是在现代简洁的规划布局和建筑体量的基础上，以当地循环再造建筑物料为原料，以多孔砖墙、青砖黛瓦、镂空花窗、木雕等传统建筑元素，默默地传达出深远的岭南传统建筑的意蕴，让人不觉间陷入一种恬静的乡土怀念之中（图2-91）。

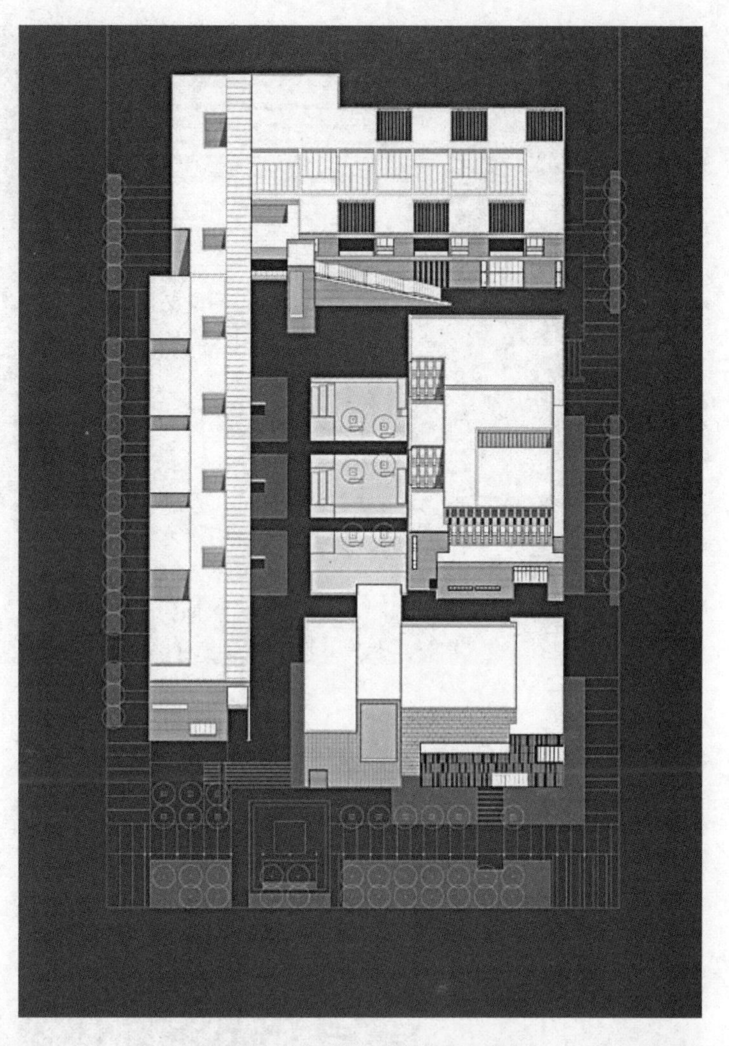

图2-86　北滘镇文化活动中心体块空间关系

图2-87　天井给建筑带来更好的采光通风

图2-88　屋顶遮阳与开放外廊、青砖花窗的组合

图2-89　建筑群的中央庭院

图2-90　北滘镇文化活动中心带有岭南化建筑元素的立面

图2-91　北滘镇文化活动中心立面的多孔砖墙

多孔砖墙利用了镂空花窗以及青砖黛瓦，运用现代的手法去重新演绎，不但加强了空间的流动感，而且提升了建筑的通透性；带给人一种亲切、熟悉却又焕然一新的感受；古朴的砖墙、木雕，传达出建筑的沧桑感和历史感。大至整面砖墙或整块铺地，小至一座花池、一个灯座，设计师精心地处理每处空间细节，以呼应的设计手法充分彰显建筑的地域特征。

整个项目从规划到空间设计，从材料技术到建筑语言符号，处处渗透着本土文化，引起人们保护当地历史的意识，为探讨建筑在全球化时代如何承载本土价值，提供了一个优秀的范例。

（四）南越王宫博物馆

南越王宫博物馆是处于广州闹市区内，是依托南越国宫署遗址而建立的大型博物馆。一期项目包括博物馆“曲流石渠”遗址保护主楼、陈列展示楼、服务中心及设备楼共三栋建筑。

1．保护更新

南越国宫署遗址是南越国遗迹的重要组成部分，现地处广州市老城区繁华的商业中心。通过对周边城市状态的研究，设计者认为南越王宫博物馆及遗址公园的建立，将提升这一片区的历史和文化价值，改善旧城的核心公共空间质量，为旧城更新提供动力。

投标之时，对于这部分区域的遗址，各个设计团队提出了大相径庭的保护方案，大致分为三类：第一类是“建筑的最大化”倾向。此类方案采用建筑维护的方式遮蔽整个遗址区域，形成长500米宽200米的巨大建筑。这一措施的目的在于将遗址完整地展现出来，以最直接的方式呈现不同时期、不同性质的历史文物。第二类是“建筑与外部空间均衡”倾向。此类方案试图在公共空间与遗址展示之间取得一种平衡。除了博物馆之外，建筑师仍选定部分具有较高展示价值的遗址以建筑维护方式覆盖，从而在场地上形成建筑与公园交错的形态。第三类是“场地最大化”倾向。此类方案的遗址公园中仅有博物馆一座建筑，其他遗址以覆土回填和露明覆罩方式保护和展示。在这种倾向中，分享的意图大大超过了珍藏。[26]

最后，“建筑与外部空间均衡”的方案中标。设计以保护为前提，主要建设工程尽量避开遗址开挖区域和重要遗址区域。为了最大限度地不破坏遗址的历史环境，中央遗址公园作为遗址回填保护展示区由建筑围合出来（图2-92）。

2．城市肌理

博物馆的设计表达出对古代及现有城市的尊重，通过对城市古代和现代肌理的深入分析，并将两者结合起来，以达到能反映城市随着时代的不断变迁而带来的巨大改变。设计融合了两千年前古城的建筑分布的主轴线及近现代都市留下的限定的城市脉络，使整个城市与建筑更加和谐。两种城市轴线和肌理虽呈现出一定夹角，却自然地交汇在一起，给这块土地留下跨越两千年的城市变迁烙印（图2-93）。

博物馆位于骑楼历史风貌保护区，因此主体建筑采用“化整为零”的分散式布局布置在基地周边；并在西翼做了跌级处理，首层设计成大跨度的架空空间，以减小对骑楼环境和城市的压迫感。

在整个设计中，建筑在原有的特定环境基础上，使得建筑在空间尺度以及建筑布局的方面融合了遗址所反映的广州古代城市肌理以及现代城市环境，从而使得建筑的历史文化特质与老城区的商业文化氛围更加和谐统一。

3．传统材质的运用与表达

为与现代城市相协调，建筑采用了现代风格的简洁造型，主体主要是由两个“L”形的大斜坡体量相结合而成，外形古朴粗犷。

建筑外墙采用了本土的传统材料红砂岩，表面人工打凿出斑驳的肌理，并处理成不规则的层跌形，意指遗址中蕴含的朝代更迭和历史沉淀，富于沧桑感和光影立体效果（图2-94）。建筑局部——如建筑和景观的装饰细部，采用诸如“万岁”瓦当等典型遗址文化符号，借此建立建筑与遗址的文化关系，突出文化主题（图2-95）。

图2-92 南越王宫博物馆鸟瞰

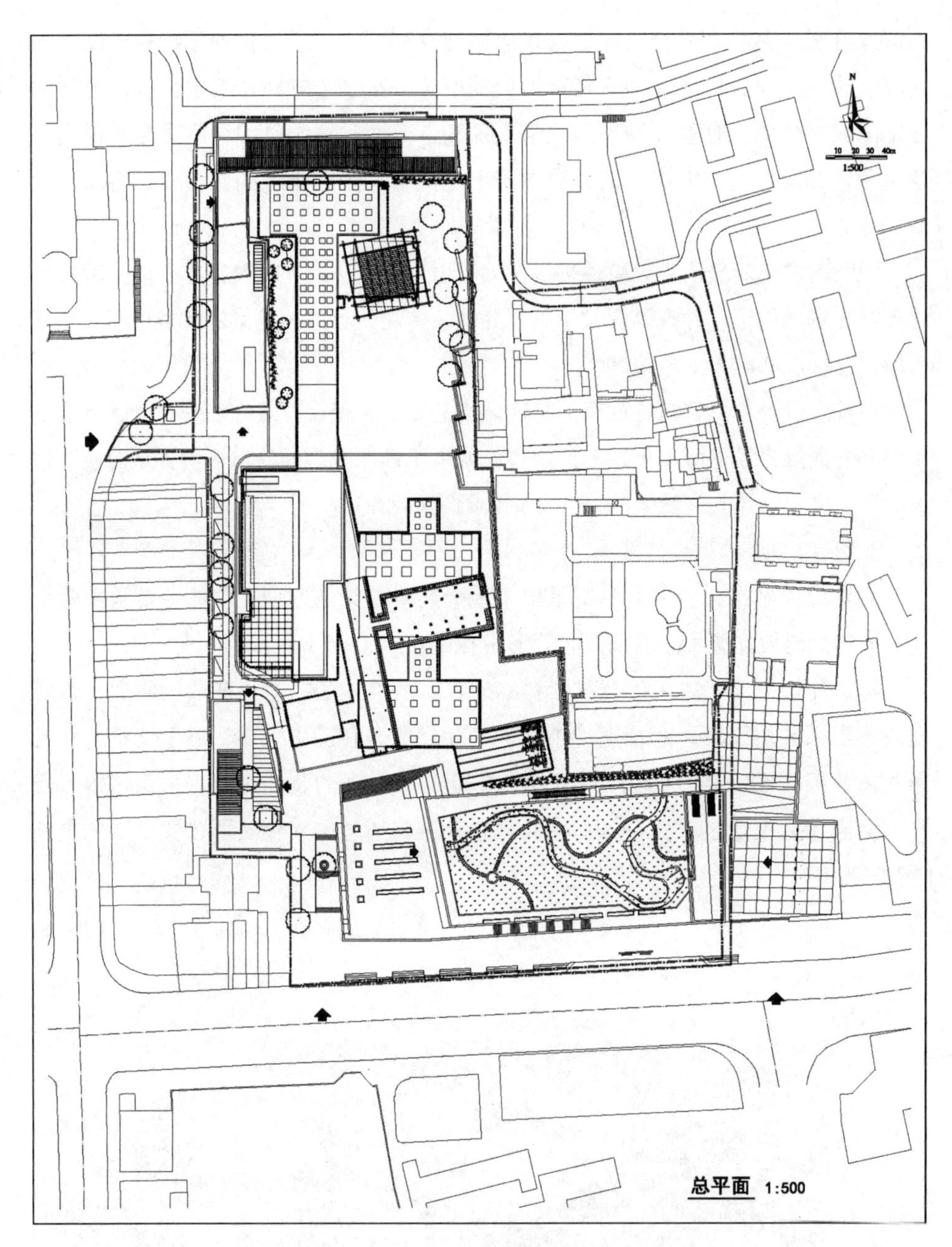

图2-93　南越王宫博物馆总平图

（五）华南理工大学建筑设计研究院工作室

该项目是在原中山大学时期的教授住宅群的基础上改造建成。原建筑群由于年久失修，破败脏乱。经过华南理工大学建筑设计研究院三个阶段的重新设计，该建筑群被逐步改造成设计院工作室。建成后的建筑用地面积约5100平方米，总建筑面积约2600平方米，成为极具地域特色、充满朝气活力的历史建筑更新与利用的佳作（图2-96）。

图2-94　博物馆的红砂岩立面

图2-95“万岁”瓦当符号在建筑中的运用

1．赋予历史建筑新生命

历史建筑承载着人类历史与文化发展的深厚内涵，其不可再生性使它的保护与利用成为当今时代的共识。在本项目中，设计师坚持保留与延续原有街区的完整性和旧建筑的独特风貌，在保持10栋主要老建筑空间格局和形态特征不变的前提下，拆除后期无序临时加建部分；通过改造内部空间布局、加入新材料与新元素，以及结构加固等，使之符合新时期的使用功能和特点（图2-97）；同时适度加建，在关键部位嵌入新的建筑体量，加强原有各单体之间的空间联系，并优化庭园空间（图2-98、图2-99）。改造之后的建筑以开放的连廊、光棚以及平台相连，并嵌入门厅、报告厅、讨论室等新的功能空间和共享平台，以连续的路径贯通，“在建筑之间、不同标高之间、室内与室外之间建立了微妙的视线和心理联系”。“设计珍视其原有建筑上的抽象价值和形式特征，保留了较多的岭南传统建筑的材料、构造与细节，既保护了珍贵的历史遗产，又赋予

图2-96 华南理工大学建筑设计研究院工作室整体鸟瞰

其新的生命和活力[27]”。

2. 营造新时代岭南庭院

在整组历史建筑的改造更新中，设计在尊重原始地形、环境的基础上，通过“园林化”将原本各自独立的老建筑联系在一起，中心围合出一个颇具地域特色的当代岭南庭院（图2-100、图2-101）。

整个庭院尺度宜人，以外围建筑作为围合界面，中央增加新的建筑模块强化庭园的纵深感和层次感，并形成丰富的视觉焦点，体现岭南园林小巧精致、开敞通透的特点。黄墙红瓦的老建筑与新的玻璃模块、钢制连廊、屋顶绿化以及木质平台融为一体、相得益彰。

景观设计中，保留原有高大乔木，点缀各类廊桥亭舍、果树花卉营造出层次丰富的园林绿化；借鉴传统岭南庭园的做法，利用几处大小不一的水景作为点睛之笔，并结合设置木质平台，与绿化、水景交错共生。“精心配置的植栽、轻轻晃动的水面和池底的游鱼赋予庭园以生机，连缀的庭园与连廊使建筑整体上浑然一体，创造了空间上的流动感和景观的纵深层次，呈现出令人激赏的独特风致与岭南神韵，令人流连忘返”。[28]

图2-97 在保留建筑主体结构不变的基础上按功能进行室内改造

图2-98 改造后的别墅和加建的玻璃屋

图2-99 新旧建筑以虚空间过渡

图2-100 建筑与庭园交融

图2-101 富于岭南园林韵味的庭园空间

2012年岭南特色建筑设计奖 **表1**

区位	建筑名称	设计者	奖项
广州	广州市越秀区解放中路旧城改造项目一期工程	华南理工大学建筑设计研究院	金奖
广州	华南理工大学建筑设计研究院工作室	华南理工大学建筑设计研究院	金奖
深圳	深圳大学师范学院教学实验楼	QL建筑工作室	银奖
惠州	惠州市中心体育场	CCDI（中建国际设计顾问有限公司）	银奖
广州	华南理工大学“逸夫人文馆”	华南理工大学建筑设计研究院	银奖
广州	十香园建筑与景观修复工程	广东省建筑设计研究院&广州市城市规划勘测设计研究院	银奖
广州	广州大学城赛时管理中心	广东省建筑设计研究院	银奖
广州	广州鹿鸣酒家改造工程	广州中恒信德建筑设计院有限公司	铜奖
深圳	美伦酒店＆公寓	广东省建筑设计研究院、深圳市都市实践设计有限公司	铜奖
广州	广州美国人学校——科学城校区中学部	广州城建开发设计院有限公司	铜奖
广州	凯云楼（萝岗中心区会议及公共服务中心-D1组团）	广州珠江外资建筑设计院有限公司	铜奖
佛山	佛山时代依云小镇	广州瀚华建筑设计有限公司	铜奖
惠州	中国龙门农民画博物馆	深圳大学建筑设计研究院	铜奖
潮州	饶宗颐学术馆扩建工程	广东中人工程设计有限公司	铜奖
广州	广州科学城综合研发孵化区A1～A6栋	广州市设计院	铜奖
惠州	明丰东江府	广州瀚华建筑设计有限公司	铜奖
广州	广州大学城华工大二期体育场馆	华南理工大学建筑设计研究院	铜奖
鹤山	方圆鹤山项目1期商业（销售中心）	深圳市筑博工程设计有限公司	铜奖
佛山	华南师范大学南海学院	华南理工大学建筑设计研究院	铜奖

2013年岭南特色建筑设计奖　表2

区位	建筑名称	设计者	竣工时间（年）	奖项
广州	广州市气象监测预警中心	广州珠江外资建筑设计院有限公司		金奖
广州	广州太古汇	广州市设计院	2010	银奖
佛山	北滘镇文化活动中心	广州市建工设计院有限公司&嘉柏建筑师事务所	2012	银奖
广州	广州市国家档案馆新馆一期工程	广东省建筑设计研究院	2010	银奖
佛山	广东纺织职业技术学院新校区一期工程	广东省建筑设计研究院		铜奖
广州	珠江城大厦	广州市设计院		铜奖
广州	越秀财富天地	广州瀚华建筑设计有限公司		铜奖
广州	方圆从化明月山溪花园商务中心项目	广州市方圆建筑设计有限公司		铜奖
佛山	佛山市高明区职业技术学校新校区工程设计	佛山市顺德建筑设计院有限公司		铜奖
佛山	叶问纪念馆	佛山市房屋建筑设计院有限公司		铜奖
东莞	东莞职业技术学院图书馆	华南理工大学建筑设计研究院		铜奖

本章小结

在历史的长河中，岭南建筑不断融合变通，经历了一个漫长的发展演化。其发展过程既有鲜明的差异性，亦有某些共通性，一些文化传统的精髓不断发扬和延续，传承至今。

由于古代生产力水平有限，古代岭南建筑主要处于一个“自我调适”的阶段，建筑营造基本顺应自然，自发而生，刻上深深的地域主义烙印。因此，一些典型的“传统岭南特色”应运而生，例如架空楼居、天井巷道、三间两廊、镬耳山墙、梳式布局的村落、精细装饰的雕刻和彩绘等。这些“传统岭南特色”既是传统岭南建筑区别于同时期其他地域建筑之处，也成为日后岭南建筑不断发展的根基和创作源泉。这一时期的岭南建筑相较于其他的地域建筑，已具有强烈的求真务实、经世致用、兼容并蓄、择善而从的特点，成为岭南建筑不断发展变化中不变的精神之魂。

近代的岭南在当时的历史中具有特殊的地位，率先接触西方文化的角色使得近代岭南建筑中体现的“开拓创新”的海洋文化精神更加放大。西方建筑文化的强烈冲击，导致当时岭南建筑的传统突变，在大量西洋式、古典式与民族式、传统式的斗争过程中，岭南建筑经历了一个中西融合的过程，诸如竹筒屋、骑楼、满洲窗等近代岭南形制相应出现。虽然这一融合过程并不非常成熟完美，甚至带有拿来主义的意味，但这种短时间内的突变和融合无不体现了贯穿于岭南文化中的“兼容并蓄、开拓创新”的特点，其影响持续至今。

到了现代，在一片“中国固有式”和“苏联模式”盲目照搬的风潮中，岭南建筑传承了经世致用、求真务实、不唯上不随众的特点，在这一时期的国内建筑领域独树一帜，占据举足轻重的一席之地。传承近代岭南建筑中西融合的精神特点，现代岭南建筑继续将现代主义和传统岭南主义有机结合，创作出水产馆、北园酒家、白云宾馆、岭南画派纪念馆等经典之作，其大量的建筑实践将岭南传统和现代主义完美融合，将岭南建筑提升到一个新的高度。在这一时期，虽然建筑形式已与传统岭南建筑区别较大，但其中所蕴含的岭南精神一直传承不变。

当代全球化的强烈冲击对于岭南建筑既是一次挑战，也是一次机遇。这一时期的岭南建筑是现代岭南建筑的发展和延续，但却面临着更强大的现代化的侵蚀和颠覆。在不断的反省和尝试中，当代岭南建筑曲折前行。保持着岭南建筑一贯的顺应气候、尊重自然、自由开放的特点，延续着传统岭南建筑轻盈简洁、返璞归真之审美情趣，当代优秀岭南建筑尝试以更加多元化、现代化的手法探寻一种新的“岭南模式”。虽然前路漫漫，但值得庆幸的是，在追求“高、新、奇、特”的今天，不少岭南建筑依然不忘初衷，表现出一种谦逊低调、求真务实的状态。有理由相信，岭南传统文化的精髓将在新建筑中得以不断发扬和延续。

[注释]

① 唐孝详．近代岭南建筑文化总体特征．小城镇建设，2001（11）．

② 王河．岭南建筑学派研究．华南理工大学博士论文，2011，9，15．

③ 唐孝祥．近代岭南建筑文化总体特征．小城镇建设，2001-11-15．

④ 刘虹．林克明建筑设计手法研究（1926～1949年）．华中建筑，2013-01-10．

⑤ 谢浩，刘晓帆．富有岭南地方特色的骑楼建筑．上海建材，2003-08-28．
⑥ 彭长歆．广州近代建筑结构技术的发展概况．建筑科学，2008-03-20．
⑦ 唐孝祥．近代岭南建筑文化总体特征．小城镇建设，2001-11-15．
⑧ 彭长歆．规范化或地方化：中国近代教会建筑的适应性策略——以岭南为中心的考察．南方建筑，2011-04-30．
⑨ 董黎．岭南大学的创建过程及建筑形态之评析．南方建筑，2008-06-15．
⑩ 林克明．广州市政建设几项重点工程忆述．南天岁月——陈济棠主粤时期见闻实录．广州文史资料第三十七辑专辑：210．
⑪ 广州市立中山图书馆特刊．广东省立中山图书馆藏．
⑫ 同上．
⑬ 广州市立中山图书馆特刊．广东省立中山图书馆藏．
⑭ 广州市政府．广州市政府合署征求图案条例，1929年7月．广州市档案馆藏．
⑮ 广州市政府．广州市政府新署落成纪念专刊．1934：2-3．
⑯ 林克明．建筑教育、建筑创造实践六十二年．南方建筑，1995（2）：47．
⑰ 艾定增．神似之路——岭南建筑学派四十年．建筑学报，1989（10）．
⑱ 艾定增．神似之路——岭南建筑学派四十年．建筑学报，1989（10）．
⑲ 袁培煌．怀念陈伯齐、夏昌世、谭天宋、龙庆忠四位恩师．新建筑，2002(5)：48-49．
⑳ 夏昌世．亚热带建筑的降温问题——遮阳·隔热·通风[J]．建筑学报，1958（10）．
㉑ 刘源，陈翀，肖大威．从传播学角度解读岭南建筑现象[J]．华中建筑，2011,（10）：5-7．
㉒ 郝曙光．当代中国建筑思潮研究[D]．东南大学博士论文．2006．
㉓ 华南工学院亚热带建筑研究室．建筑防热设计．北京：中国建筑工业出版社，1978，1：134．
㉔ 夏桂平．基于现代性理念的岭南建筑适应性研究[D]．华南理工大学博士论文，2010．
㉕ 倪阳，何镜堂．环境·人文·建筑——华南理工大学逸夫人文馆设计[J]．建筑学报，2004，（5）：46-51．
㉖ 吴中平．珍藏或分享——公共建筑公共性的困境与机遇[J]．南方建筑，2009，（6）：25-32．
㉗ 引自2012“岭南特色建筑设计奖”专家评语．
㉘ 引自2012“岭南特色建筑设计奖”专家评语．

第三章
岭南建筑的“真、实、美”创作观

对于岭南建筑的定义，不同学者都持有不同的见解，从理论层面上说，关于“岭南建筑”的自觉理论研究始于1958年由时任华南工学院建筑学系夏昌世教授在《建筑学报》第十期上发表的《亚热带建筑的降温问题——遮阳、隔热、通风》一文。文中指出：“岭南建筑应有自己的特点，满足通风隔热、遮阳的要求。首次论述了岭南建筑（广东新建筑）的特点。从此便开启了岭南建筑理论研究的先河，使岭南建筑逐渐地为人们所知晓、接受和承认。”[①]伴随着岭南建筑（广东新建筑）的繁荣创作和成功实践，国内建筑界一方面对岭南建筑风格创作的经验开始进行总结和学习，另一方面就岭南建筑的地域性、时代性和文化性的观点上开展了一场理论争鸣。

本书尝试从创作主体的角度剖析岭南建筑创作过程，结合岭南地区的自然气候特征、地域特色、人文文化等多重因素，阐述岭南建筑的创作观。所谓“观”，是指观点、观念，如价值观和世界观。创作观应该存在于岭南建筑创作的整体发展过程中，是一切岭南建筑创作中最为核心的内在动力，是指导和推动岭南建筑创作不断前进的观念和思想。岭南建筑创作观根源于岭南文化，是岭南价值取向、社会心理、思维方式和审美标准的表现；同时，岭南建筑创作观并不是一成不变，它亦随着岭南文化的变化而发展。以下用“真”、“实”、“美”三个词语分别论述岭南建筑创作思想、创作手法和审美标准。

第一节 “真”——务实求真、开拓创新

真，是指独立思考、不从众、不唯上的创作精神；是指实事求是的开放态度，减少思想理论束缚，从本源需求出发。

一、岭南文化的特性

（一）本土海洋文化——灵活、变通

珠江流域与黄河流域、长江流域一样，是中华民族文明的发祥地。岭南地处亚热带的五岭之南，依山傍海，河汉纵横，在这片土地上生活的古百越族先民，从早期的捕鱼文明、稻作文明到后期的商贸文明，都与江海水运密切相关。这种喜流动，不保守的精神，便是区别于内陆文明与河谷文明的南越土著文化——海洋文化（图3-1）。

南越先民为了能够在海洋自由航行，不断提高技术，致力于舟船的制造。从各种历史痕迹可以发现，早在秦统一前南越人已制造特殊形态的船了。海洋是沿海岭南渔民生产作业的基地。出海时有险象，渔民只有迎风破浪、斗争拼搏，才有生存的可能性。长期以来，海洋已经将南越人锻炼成敢冲敢干、勇敢大胆、迎难而上的人，他们具有胸襟开阔，性格豪放、崇尚自由和无拘无束的品质，这就是海洋文化的特色和岭南人土生土长的性格。海洋文化在气候地理上展现的特点是开放、开朗和开敞，与大自然相融合的性格特点。海洋文化形成了交往、开拓、贸易多的市场环境，同时促使岭南人有机会接触、学习、吸取和传统其他多样文化。因此，海洋文化特征是灵活、变通的。

洗尽事物外在装饰的铅华，追寻事物最根本最原始的需求是岭南求真思想的核心。在唐朝，六组慧能改革佛门开创“心性本静，佛性本有，烦恼本无，主张舍离文字、直指人心，由定发慧，定慧为本，见性成佛，提倡直接觉性，便是顿

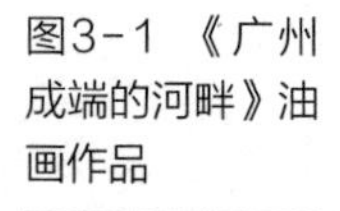
图3-1 《广州成端的河畔》油画作品

（来源：网络图片）

悟”的南禅顿悟法门；张九龄开创了诗歌的清雅之风，一洗六朝与初唐的脂粉之气；在明代，丘睿对明理学为主导的思想进行革命，首先推出“经济理学，兼而有之”的政治经济学术方向；到了近代，更有洪秀全领导的太平天国农民运动，以康、梁为首的资产阶级改良运动，孙中山的民国资产阶级革命等，大都彰显岭南文化中的敢于求真、勇于创新或实事求是的精神思想。

图3-2 五羊图
（来源：网络图片）

（二）外来多元文化——兼容、接纳

从屠睢带领五十万军垦南下开荒，中原人带着鞭子和花束南下，将岭南这片土地纳入进整个华夏的历史。纵观1600年的历史，中原华夏汉民大规模的移民，使岭南人口结构产生了影响深远的变化。这些移民同时中原文化带进了岭南，随着时间的流逝，中原文化已逐步渗透入古南越文化，使岭南在吸收了外来文化后，形成独特的多元的岭南文化。

这种多元文化使岭南人养成一种兼容和接纳的品质。又如岭南中心城市——广州，其“羊城”名号是在说五位仙人骑着羊，带着稻种和耕种技术来到岭南，岭南人以其谦卑、兼容、进取的态度接纳各种新技术、新思想以及新文化（图3-2）。

从距今四五千年的新石器时期开始，广州有建城前的百越文化、建城后的汉越文化融合和中西文化交融，一直通过绵延不断地糅合各方面的先进文化，再创造形成了具有独特风格和鲜明色彩的地域文化。陆元鼎先生曾说过：“岭南文化的成熟，是在中原文化直接进入后，与古南越文化交汇而成的多元文化，又在海洋文化的催化的作用下，不断更新、完善、使其具有与其他地区不同的特征，形成了岭南文化鲜明的特性。[②]”

岭南见证过市舶司制度的腐败与阴暗，见证过十三行从富甲一方到举步维艰；见证过耻辱的鸦片战争，残酷的辛亥革命、北伐战争；见证过葛洪避世炼丹，达摩登岸北上，六祖禅宗兴盛；见证过第一个华人基督教传教士梁发孤独的奔走，孕育过洪秀全、孙中山等影响深远的革命家，也贡献出冼星海、詹天佑、李小龙等等文化界工程界的杰出人物。

多元文化带来吸取外来先进技术和优秀文化、皆为我用的兼容性文化特征，也形成岭南人宽容随和的性格。岭南地区的商业文化因长期对外交往贸易的影响，产生了两性的竞争和务实的风格。拼搏创新的思想和行为在岭南人的性格中逐步而形成了这新的风尚。

（三）传统商业文化——务实、求真

岭南自古以来就重视海外贸易，从在3世纪30年代起，具有“中国南大门”之称的岭南地区商业贸易堪称发达，位于岭南中心的广州城更是中国最为古老的港口城市，是“海上丝绸之路”的重要城镇。这个时候的海洋文化从古代的船文化亦开始转变为海上贸易的物质和精神媒介。随着唐朝张九龄对粤北通道的重建和广州港口的崛起，广州的海上贸易进入了发展高潮，在唐宋时期成为中国第一大港；在明初、清初海禁期间，广州长时间处于“一口通商”局面，在海上丝绸之路两千多年的历史中，与其他沿海港口相比，广州被认为是唯一一个长盛不衰的港口。“一口通商”，经济发达，促进文化的延伸与继承（图3-3）。

岭南处于五岭之南，自然形成的地势环境隔绝中原的战乱和政治斗争的干扰，逐渐形成了重利实惠的社会风气。海上贸易的发达与繁荣，使岭南人清楚地认识到经济对国家命脉的重要性，“民以食为天”，乃苍生之所依，国计民生两者之间的紧密关系。

自明朝以来，广州因外贸的刺激和商品经济的发展，商品意识不断得到强化，

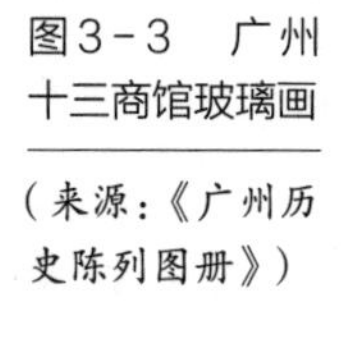

图3-3　广州十三商馆玻璃画

（来源：《广州历史陈列图册》）

重商、求利的价值取向显得尤为突出，同时西方列强通过对华输入商业和生产方式，进一步助长了岭南人经世致用、务实求利的商贾文化观念。唐孝祥教授曾提到：“这一特征不仅反映在近代岭南思想家们的思想体系具有明显的实用主义倾向之中，而且也更集中地表现在近代岭南的经济思想之中[③]”。所以，在中国近代经济史上，不难找出发源于岭南地区的经济思想家，如洪秀全、康有为、梁启超，一直至孙中山，在其政治纲领中都有创新经济体制改革的具体措施，并希望通过经济改革为其革命道路进行铺垫。

陆元鼎先生曾说过：“商业文化，其特点是有经济头脑，带来竞争意识，但也带来公里主义、崇商崇利。处理好‘利义’关系是关键，即经济效益和社会效益之关系上。在我国现代社会新的价值，两者应该是同义的，但必须要强调社会效益。”岭南的海洋文化带来的重商求利的思想观念，有人认为这是反映岭南缺少文化底蕴，过分追求金钱与利益，忽略人文关怀，但这样的观点明显是片面的和不客观的，务实求利本来就是岭南地区所独有的文化精神。

二、“真”在岭南建筑创作上的表现

岭南建筑的创作思想根植于岭南文化，同时将岭南文化中的实事求是、勇于创新的精神思想表现得淋漓尽致。“真”，指事物的本原。本书用“真”概括岭南建筑的创作精神，指在岭南建筑创作的过程中，建筑师从建筑本身所处地的自然条件、社会发展趋向需求和人文历史等因素出发，不求标新立异、不猎奇求怪，而是依自然气候、地貌地势而建，因社会发展需求而建，顺应时代而建，并从中求和而不同、创新不守旧的创作精神。建筑创作思想是贯穿于整个建筑创作过程，是统领和指引着建筑创作的方向，是建筑创作中至关重要的要素。建筑创作思想所指引的方向正确与否，直接影响这一个建筑是否能满足自然、社会和人文需求，符合人类发展规律，拥有真挚建筑品格和成为经典案例的首要因素。

（一）顺应自然条件

顺应自然条件，是指建筑对所处自然条件顺服和适应，如地理、气候、材质。黑格尔曾说过：“要使建筑结构适合这种环境，要注意到气候、地位和四周的自然风景，再结合目的来考虑这一切因素，创造出一个自由的统一的整体，这就是建筑的普遍课题，建筑师的才智就要在对这个课题的完满解决上显示出。[④]”在岭南建筑的发展史中，不难发现当中不同时期、不同类型的建筑反映着对自然的适应性。建筑创作从顺应自然条件出发，择优而从，所创作出来的建筑能经历漫长岁月之后仍被保留下来，并为后人传承和发扬。

岭南地处亚热带，其气候主要特点是炎热、潮湿、多雨，特别是春季，室内湿度大，甚至达到饱和状态。所以，在岭南地区建筑首要考虑的是通风和隔热的特性。

乡村民居的梳式布局和三间两廊的平面性形制，其创作出发点是顺应南方的地理气候而生。陆元鼎教授在《广东民居》中提到："梳式系统布局的村落虽然密度高，间距小，每家又有围墙，独立成户，封闭性很强，但因户内天井小院起着空间组织作用，故具有外封闭、内开敞的明显特色。同时，这种布局通风良好，用地紧凑，很适应南方的地理气候条件，是我国南方的一种独特的村落布局系统。⑤"传统民居的"三间两廊"布局，以厅堂为中心，以天井为枢纽，以廊道为交通联系，其通过不同大小空间、不同风压变化而形成的自然通风系统，是三间两廊这种民居单元平面能被不断复制的原因之一（图3-4）。

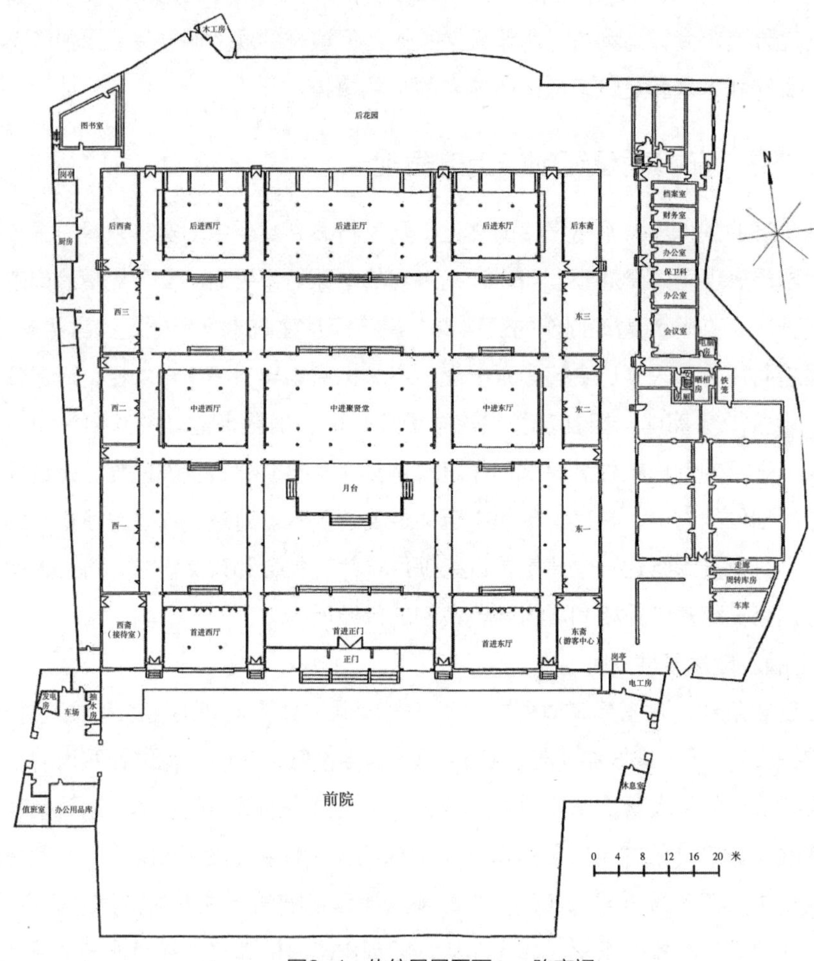

图3-4　传统民居平面——陈家祠

（来源：《广东省岭南近现代建筑图集——广州分册》）

图3-5 广州骑楼建筑

（来源：《广东省岭南近现代建筑图集——广州分册》）

骑楼建筑是近代岭南地区的一种城市临街商业建筑。其借鉴西方建筑的外廊结构和拱券的形式，结合岭南传统竹筒屋建筑平面，前跨人行道而建，在马路两边形成自由步行廊道，有防晒挡雨的作用，适合岭南地区高温、多雨的亚热带气候特征。因此，这种城市街屋模式从新加坡、中国香港等地传入广州，并迅速在岭南地区其他城市，如汕头、梅州等地都得到推广和应用（图3-5）。

另外一种因适应岭南地区气候温暖、四季如春的环境气候特征而被不断使用的建筑形式是建筑内的庭园空间，如车站，空港（旧白云机场的休息室），剧院［友谊剧院（图3-6）、南方戏院］，餐厅［泮溪酒家、北园（图3-7）、南园］，旅馆［东方宾馆新馆、白云宾馆、山庄旅舍（图3-8）、矿泉旅舍等］……建筑内的庭园空间有利于保持建筑内空气畅通流动，有利于增加建筑采光面，有利于形成节能绿色建筑，是一种具有岭南特色的宜居宜人的建筑空间。

如近代的民居竹筒屋在窄长的平面中预留天井，以解决通风采光的基本问题；林克明在“中国固有式”的创作探索中引入庭院元素，中山图书馆的三角形天井、广州市府合署的合院，都是岭南庭院的演变；而现代岭南建筑则将庭院这一元素演绎得更加精彩，如北园酒家的总体布局沿用了岭南园林手法，楼堂临池而筑，以廊桥划分庭院，空间相互渗透，构成统一整体；白天鹅宾馆的“故乡水”中庭不但将庭院与建筑完美的结合，更是意境深远，让人动容。庭院从近代的解决建筑的实际问题到形成意境，是岭南建筑从顺应自然条件出发到创造美的过程（图3-9）。

图3-6 友谊剧院

（来源：广州市城市建设档案馆）

图3-7 园林酒家-北园酒家
（来源：自摄）

图3-8 山庄旅舍
（来源：《莫伯治选集》）

图3-9 白天鹅故乡水
（来源：《岭南优秀建筑》）

（二）满足社会发展需求

建筑是人造且为人的社会产物，所以建筑的变化和发展与人类社会的经济、政治息息相关，是随人类生活方式的变化发展而导致的必然结果。

纵观从古至今的岭南建筑，都充分表现出其满足社会发展需求、符合社会生产力发展的特点。

20世纪70年代末、80年代初的中国经济调整是中华人民共和国经济发展史上一个重要转折点。自1978年12月，十一届三中全会起中国开始实行的对内改革、对外开放的政策。自古以来作为海上贸易中心的广州，无疑成为改革开放道路上第一批开放的港口城市。为了满足当时广州地区日益频繁的外贸活动，特别是广交会接待的需要而迅速建成不少宾馆、陈列馆等大型公共建筑。如广州白云宾馆（图3-10）、广州宾馆（图3-11）、流花宾馆和中国出口商品交易会等为代表的一批建筑，其落成是从满足我国当时为了发展经济和对外贸易的需求而出发的表现，其中1968年落成的广州宾馆和1976年建成的白云宾馆更是当时被誉为我国高层建筑风气之先的代表作。

2010年广州市承接举办世界瞩目的第16届亚运会，为满足亚运会的开闭幕式的场地需求，选址广州市珠江内江心沙洲建设一座能容纳2.4万人的亚运会开闭幕式场馆。海心沙整体造型犹如一艘巨轮，在珠江上扬帆起航，充分体现了亚运之舟

图3-10　白云宾馆

（来源：广州市城市建设档案馆）

图3-11　广州宾馆

（来源：广州市规划局官方微博）

图3-12 海心沙鸟瞰图

（来源：作者自摄）

的设计理念，有借着广州亚运会，希望广州扬帆起航、走向世界的寓意。设计突出体现当地悠久的地域文化特点及高科技时代建筑发展的最新成就，采用先进建筑科技和构造技术及理性造型，塑造现代视觉新效果，成为当地的标志性建筑（图3-12）。

这些从满足社会需求出发而创作的建筑，都肩负着一段时代历史的责任，让人们在鉴赏它们的同时，能深深感受到建筑所传达的历史厚重感，沉浸在建筑创作当年的历史追忆之中。

（三）传承人文关怀

如果说顺应自然条件是建筑创作的前提和基础，满足社会发展需求则是建筑变化和发展的动力，那么传承和发扬人文历史则是建筑发展的追求和目标。“建筑作为一种人为产品，是人为了自己的生存和生活而创造的环境，它的风格渗透着当时、当地的文化特征。建筑的形成不过是这种文化特征在建筑领域中外化了的表现[⑥]。”岭南建筑通过建筑布局、风格造型、空间组合和细部处理等建筑形象要素所表现出来的艺术哲理、设计思维、文化精神和审美特征都具有其独特的民族性、时代性和地域性的人文关怀，并通过象征和隐喻等手法来传达。

1925年，为纪念伟大的民主革命家孙中山先生，广州市政府筹募资金兴建中山纪念堂，并进行了一系列的纪念活动，其中包括兴建中山图书馆等；1991年建成的岭南画派纪念馆通过运用新艺术运动的建筑风格语言来隐喻岭南画派反对临摹仿古，注重写生并吸收一些外来画法的创新精神，与新艺术运动有异曲同工之妙；1998年建成的红线女艺术中心为提高粤剧在岭南地区的影响力，纪念一代名伶红线女，以“水袖”为母体所设计动态建筑空间，将建筑表现为一首真正的“凝固的音乐”，向人们展示了“轻歌曼舞”的美好瞬间，让人们仿如置身于红线女美妙的歌声之中。

要创作具有岭南特色的当代建筑，必须对岭南的人文历史有所了解，总结传统岭南建筑的设计经验和手法并深入理解，还要继承其中适于当代生活的做法，以改进因社会生产力发展水平限制和社会风俗习惯影响而存在的不足，使新建筑既反映岭南地区的自然条件和人文条件，又体现现代社会的文化性和时代性。只有当建筑具有鲜明的岭南“传统”特征和神韵，才能称其为真正的“岭南建筑”。

三、“真”对岭南建筑创作的启发

（一）独立思考、直指人心

慧能主张“心性本静，佛性本有，烦恼本无，主张舍离文字、直指人心，由定发慧，定慧为本，见性成佛，提倡直接觉性，便是顿悟。”当中的“顿悟”是指顿悟成佛，佛的境界是当下觉悟就可达到，与之相反则是神秀主张的“渐悟”，需要经过长期修行才可达到。“迷来经累劫，悟则刹那间”，只要一念与教义一致，就可成佛。

“顿悟”与建筑创作的思考方式是有相通之处。神秀主张的“渐悟”，可以理解为“时时勤拂拭”，即通过不断积累工作经验，总结而成的一套工作方式，并运用这套工作方式解决实际中的问题。显然，这种工作方式是适用于社会上大部分的工种。但如果放在建筑创作上，则是不足的。建筑创作与其他专业的区别是，它不仅是光靠经验就能做出优秀的建筑作品，而是需要一定悟性。在建筑的创作过程中，建筑是从“无”到“有”的一个过程，因此，建筑方案的诞生要充分发挥建筑师的主观能动性，由“心”而发，做到“心中有建筑”的境界。未经“顿悟”的建筑师其创作过程可能是生搬硬套、东拼西凑、脱离实际，创作出来的建筑会乏而无味、毫无生气。当然，这里说的“顿悟”并不是说不用学习和积累的突发奇想，将建筑师的创作生涯比喻为缓慢上升的过程，这种上升是需要不断学习和积累的，而“顿悟”则可能是当中的一个点，加速或升华这个过程的发展。

“顿悟”的产生需要自由开放的条件，这条件可能是人的本身，亦可能是环境。之所以“顿悟”这一学说源于岭南，这跟岭南人思想开放、活泼开朗、崇尚自由的、无拘束的性格和岭南所特具的灵活变通、兼容接纳的特质是离不开的。

舍离权威、摆脱束缚，回归建筑的自然条件、社会需求和人文关怀的本身，独立思考而创作的建筑，才能最终成为“直指人心”的建筑。

这种“直指人心”思考方式可以在近现代的岭南建筑中体现，近现代的岭南建筑师对于建筑创作的思考并不是随波逐流，不受外界大时代潮流的影响，而是根据实际情况对建筑进行独立的思维，追求和向往一种对建筑与自然、环境和景观相结合的整体考虑。广东科学馆在风格选择上采用了坡屋顶与平顶相结合，与东侧中山纪念堂形成和谐的呼应关系（图3-13），在当时来说，这是一个“冒着被批评为复古主义的风险”。林克明先生则在回忆时提到：“科学馆位于中山纪念堂西侧，根据周围的环境，应起配成烘托作用，它与纪念堂、市府合署等形成一个完整和谐的建筑组群。”⑦无独有偶，莫伯治先生在1957年欲采用传统岭南建筑元素设计北园酒家，亦遭到当时反复古主义者们的反对。北园酒家是在原云泉山馆的废址上重新设计的，莫老当时的方案设想是采用传统的材料和手法，建造一座建筑与园林环境融为一体的园林酒家。但有人认为它太古老、太浪费，甚至有人要将当时即将完工的北园酒家拆除，庆幸的是当时的市领导顶住各方面的压力，使北园酒家这座极具“地方风格”的园林酒家才得以面世。根据这些岭南建筑的例子都彰显出岭南建筑不唯上、不随众的独立思考的创作思维。

图3-13 广东科学馆

（来源：广州市规划局官方微博）

（二）大胆创新、兼容融合

岭南地处中国改革开放的先锋，具有大胆创新、兼容并济的性格特点。西方的先进技术、材料和文化，不断给当今岭南建筑注入与众不同的生机和活力。岭南建筑更是中西文化的交流与碰撞的最为直观的表现，众多外来文化和技术被广泛地融入了当代岭南建筑之中。

当代岭南建筑的“融”包括两方面。一是中西融合，即大胆吸收现代建筑理论和国外先进设计理念，尤其是借鉴西方适用于岭南地区的设计经验，尽量采用新材料、新结构和新形式。二是古今融合，即将传统文化中的精髓进行吸收改进，并与现代性结合起来，使之适应现代生活的需求。例如，广州国际会议展览中心是广州市政府采用国际招标方式征集方案的一个重大项目，日本佐藤综合计画株式会社的方案最终被确定为中标实施方案，后由华南理工大学建筑设计研究院深化设计，是中外设计师的共同合作，碰撞出更多创作火花，使方案既带来一股国际清新之风，又适合本土的气候特点和环境特征，具有当代岭南特色（图3-14）。

较之传统岭南建筑和现代岭南建筑，当代岭南建筑在建筑类型、功能布局、形式结构、材料构造等各方面都更加现代化、国际化。但是，无论建筑材料和技术如何变化，只有符合岭南特定地势、地质、气象和建筑环境等条件的建筑，才是真正意义上的岭南建筑。

图3-14 广州国际会议展览中心

（来源：《何镜堂1999-2008年作品选》）

当代岭南建筑另一个特点是“变”，即突破创新。这个变就是根据建筑发展规律和潮流随时变化：当代岭南建筑风格的形成是随着地域、时间层面的一种变化，岭南学派的发展也是一个持续演化的变化过程，这种变化可以使当代岭南建筑保持它旺盛的生命力。

回顾当代岭南建筑创作思想发展历程，“它始终强调技术理性和问题分析的方法，吸收了西方现代主义建筑思想；关注中国历史文化，钻研地域文化，研究传统建筑、民居、园林；关注中国社会现实，针对地域性气候、环境，在不断的探索变化中寻求综合解决问题的建筑创作方法。”⑧

（三）宁变勿仿，宁今勿古

岭南建筑自古以来就讲究包容开放、开拓创新，在很多地方都引入了当时外国流行的元素作为装饰，并使岭南的传统建筑住得更为舒适。在生活日新月异的今天，岭南建筑更是注重“变”。许多设计师已经意识到，某些旧事物或许很辉煌，某些地区或许很美好，但不断地仿造过去就没有了当代的特色，直接搬来使用也许会水土不服；时代在不断前进，科技物质也在不断进步，让现代的技术为设计服务来达到设计的意境，会更值得我们去研究，更值得我们去欣赏。

华南理工大学建筑设计研究院工作室的建筑设计营造了一个具有岭南传统意韵的庭院空间，但这个庭院空间并未完全照搬传统岭南庭园几何形，而是通过以现代的钢、木板、玻璃等材料代替中国传统的砖石材质，创造出一个代表当今时代的岭南庭园。

这种宁今勿古的精神，使岭南建筑被标签上“全球化”与“时代性”的形象特点，表现出“岭南性”的创新文化内涵，展现出当代岭南建筑学派“文化现实主义”的独特魅力，是岭南建筑艺术和建筑成就成长的关键所在，也是岭南建筑特色有别于江南地区建筑的原因之一。

然而，值得一提的是，现在岭南地区乃至全国范围，仍存在一些盲目照抄照搬传统建筑的“假古董”。之前对传统古迹大规模的摧毁破坏，意识到传统文化的价值以后又造假复制，我们应该杜绝这种风气。

（四）团体精神，推陈出新

注重团队合作是岭南建筑创作的一个重要特点。

从长时期来看，岭南建筑取得的成就不是某人或某几个人的贡献，而是几代人共同努力的结果。岭南学派经过几十年的努力，薪火相传，从老一辈的创作与探索，到今天第三代岭南学派的优秀作品，都是一脉相承的，最终在建筑文化和建筑创作的统一关系上做出了非常有价值的贡献。

从短时期来看，任何时候的岭南建筑的创作、任何优秀的岭南建筑作品，都是经团体岭南建筑人的共同努力所得，从老一辈建筑师如夏昌世团队到今天的岭南派代表何镜堂团队，无一不是。例如，岭南现代建筑的经典之作——西汉南越王墓博物馆就是由莫伯治、何镜堂等建筑师团队通力合作的成果。现在，岭南各设计研究院和学术研究机构均形成自己的工作团队，对当代岭南建筑的创作作出不可磨灭的贡献。以何镜堂工作室为例，依托高校特色和人才优势，长期坚持产学研相结合的建设模式，在实践中摸索出一条以“团队合作”为核心的独特运作机制和工作方法，形成了敢于、乐于参加投标竞争的团队精神，创作出中国世博会中国馆（图3-15）、南京大屠杀纪念馆（图3-16）、广州城市规划展览中心（图3-17）等经典项目。

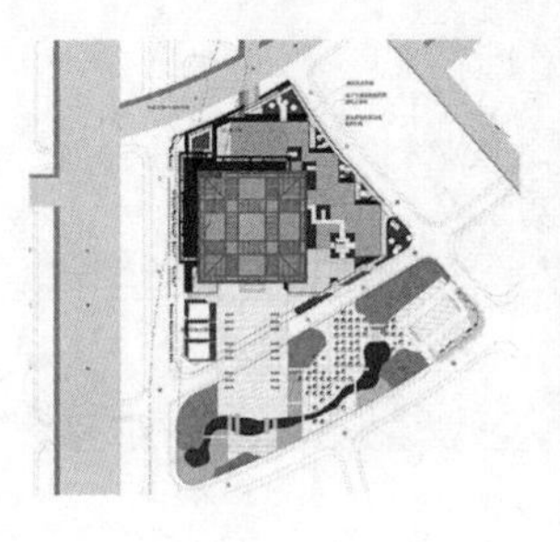

图3-15 中国馆

（来源：《何镜堂1999-2008年作品选》）

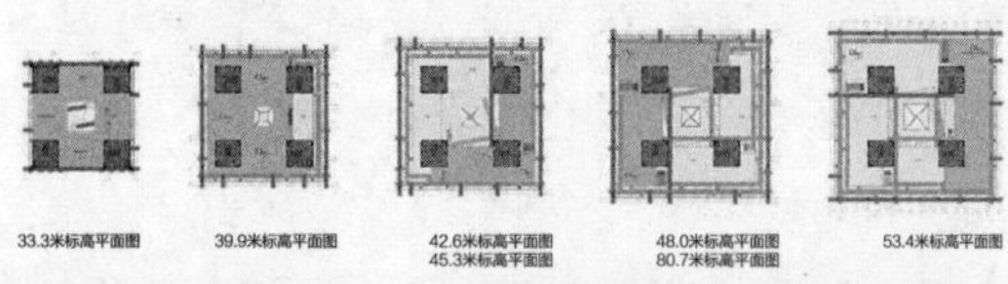

图3-16 南京大屠杀纪念馆

（来源：《何镜堂1999-2008年作品选》）

图3-17 广州市城市规划展览中心

（来源：《何镜堂1999-2008年作品选》）

第二节 “实”——开放通融、巧于因借

实，是指实用主义，以务实的态度，善于学习、引用先进观念和技术，通过融合和再创作等手段，转化为一种适合当地气候条件、重视功能性的一种创作手法。从善如流的功能意识、方法手段，坚持实用性标准、善于因借创新，参考先进的观念与技术。兼容并蓄，择善而从，甚至直接进行文化嫁接，拿来为我所用。

一、属于岭南特色的“拿来主义”文化

“拿来主义”一词源自鲁迅先生杂文《拿来主义》，文章主旨意在勉励20世纪20年代积贫积弱的国人，打破一边被列强欺凌，一边还要装作“主动送去”维护脸面的坏习惯。鲁迅所提倡的“拿来”有针对性，但并不局限与那个时代，在“全球化”尤其明显的当代社会，主动“拿来”是生存的必须，也是进步的必须。

拿来不等于低人一等地盲目跟随，甚至郑人学步，画虎不成反类犬。二战后日本人利用工业积累，瞄准国际家用汽车市场，在“拿来”德国，美国先进汽车技术的同时，没有照搬欧美汽车高规格，主动降低汽车各项配置适应中低端市场。敢于“拿来”，善于“拿来”再消化，让日本汽车工业在世界汽车工业中占据了重要位置。

古语有云，“巧妇难为无米之炊。”岭南原始文明根基薄弱，能创造今天灿烂的

文化大多并非来自原创。欢迎外来先进的文化，拿来外来文化，本土化成为岭南自己文化有机组成部分。近年考古发现，远从屠睢南下军垦，岭南便学习中原作物种植，陶器烧制，丧葬礼仪等各方面的文化技术，汉朝开始岭南出现城市雏形，本土百越文化借鉴汉文化，融合创造了汉越文化；当陆上丝绸之路被阿拉伯世界阻隔，海上丝绸之路兴起，广州作为海上丝绸路东亚门户，吸收着来自东南亚、印度、阿拉伯甚至东非海岸的不同文化，尊重各方的习俗与信仰，在整个国家仍然被封建王权辖制的时代，尊重契约精神，创造属于自己岭南特色海港商业文化；随着近代中国被侵略，开始接纳世界的历史进程，岭南文化积极与世界文明对接，率先“看眼看世界”，拉开了岭南人进入中国近代历史主板图的序幕。岭南人儒学根基不如中原江南，但在鸦片战争后乘改革先机，延续岭南文化勇于“拿来”的精神，岭南出现留学第一人容闳；在洋务运动兴起之时派遣幼童留学团里广东籍占去大半数，其中有影响近代工程的詹天佑；20世纪岭南出现中国飞机第一人冯如，也是在美国观摩莱特兄弟试飞后，巧于“拿来”美国技术，回国报效国家空防；当代电影，武术大师李小龙，原籍广东，成长于美国，李小龙既练岭南咏春，思考老庄哲学，又大胆“拿来”，吸收拳击，格斗健身等各国技术，让李小龙创立超越招式局限的“截拳道”，对现代综合搏击、跑酷等运动产生深远影响，也助推华人电影进入世界电影圈。

岭南人以其谦卑、兼容、进取的态度接纳各种新技术、新思想以及新文化，相对薄弱的中原传统文化根基，在需要“拿来”时来自保守派的阻力也相对小。岭南文化一直通过绵延不断地糅合各方面的先进文化，再创造形成了具有独特风格和鲜明色彩的地域文化。

二、“拿来主义”在建筑创作的灵活运用

（一）古代岭南建筑

在文化根源薄弱的岭南，面对来自中原与海外的文化入侵，既能固守本心、不卑不亢地“拿来”，又独辟蹊径，创造出属于自己的风格，岭南建筑，可谓是“拿来主义”表现突出的一例。

岭南人随性得可爱，见着合用便可拿来，将自己的东西与别人的东西掺杂着用。建于清朝末年的陈家祠，明显地受到了当时西风东渐的影响。建造陈家祠的民间匠人把西式的铁柱用到柱廊上，替代了传统的木柱与石柱。铸铁柱的使用，有效地减少了柱身的体积，营造出纤巧通透的柱廊，更能促进景物的相互渗透。在聚贤堂前的月台上，有石雕栏杆，中嵌铸铁双面镂空栏板。中国传统白石深雕的沉实与来自西方黑铁透雕的精致，两种材质来自不同文化、使用不同工艺，相互搭配，中

西交融。少了传统石栏杆的笨气，多了独妙的匠气，别具一格（图3-18）。

余荫山房之原主，为清代举人邬彬。邬彬在外为官时，早有归隐建园的意向，本对各种园林风格皆有耳闻目睹，更请苏杭画师绘制图纸，又得在京贝勒所赠园林水粉画一幅。待归故里，邬彬便借助所知所得，将各式园林融入三亩之地内。几何形的水池，脱胎于西方的几何艺术与规则园林布局；以小见大，缩龙成寸的手法，源于苏州园林的造园艺术；隐于郊野，融于自然，让亭台楼榭与山石桥池相映成趣的设计，得益于对“海山仙馆”等岭南本土园林的参考借鉴。古今中外，皆可为我所用，余荫山房展露出开放、多元、务实的岭南精神。

岭南近海，海外贸易络绎不绝，对岸国家的丰饶吸引了大量民众移民海外。不少华侨衣锦还乡，在故土建造了精美奇巧的住宅与商铺。这些侨乡建筑脱离不了立根之本的传统文化，却又不加修饰地拿来了他们所耳濡目染的西方建筑形式。既保留了传统殿堂式的民居风格，又创作出形如别墅的庐与仿若堡垒的碉楼（图3-19）。既有岭南本土的审美情趣，又讲究西式立面构图的比例与韵律。既有传统的悬山、硬山、攒尖顶，又总能看见伊斯兰式的拱顶或是意大利式的穹隆。既结合灰塑、涂金木雕等手法在建筑上纹饰山水花鸟，又搭配优雅的罗马柱式与希腊山花雕梁画栋。各种风格与流派，只按主人意愿，皆可拿来，元素糅合，中西互融。

（二）近代岭南建筑

中山纪念堂是近代中国重要纪念性公共建筑，1926年建筑师吕彦直大胆“拿来”西方大礼堂的建筑形制，满足现代公共礼堂建筑人流集中疏散的功能要求，外形结合蓝瓦中式大屋顶，显出鲜明的地域时代特色。由于当年设计，施工严谨，资金充裕，建成后的中山纪念堂屹立至今仍然正常开放对外提供公共服务，深受广州市民喜爱。但在20世纪60年代一次国家级建筑讨论会上，与会者梁思成批评中山纪念堂从中式传统角度形制混乱，但事实上就算太和殿这样顶级木构公共建筑，依然无法解决大空间无柱干扰的问题，传统木构的确有其功能局限性，如果凡事都要完全遵古法，如果总是不愿意“拿来”，那么也许就没有中山纪念堂，这样突破形制满足新功能需求的新建筑了（图3-20）。

除了纪念性公共建筑，商业骑楼也是岭南建筑民间代表。商业骑楼分间而建，虽然当时有政府建筑规范指导，但今日广州存留如此大面积的商业骑楼，当初如果仅仅靠一纸规范限令，怕民众难以自发建设与保护至今。商业骑楼这一岭南人大胆“拿来”的建筑形制，创新性地用前店后仓模式，一体化解决了当时广州作为商业中心的居住、交通、交易展示需求。无须集合大量的资金，因为每户只要联通“骑楼”，就可享受骑楼带来商业人流利好，至于自身建筑可以丰俭由人。这样“拿来”的建筑，在当时既亲切，又有竞争力。

图3-18　陈家祠的铁柱与柱廊的结合

（来源：自摄）

图3-19　可园碉堡

（来源：自摄）

图3-20　中山纪念堂

来源：《广东省岭南近现代建筑图集——广州分册》

（三）现代岭南建筑

现代岭南建筑在岭南建筑的发展中是最具代表性的一个阶段，这一代的建筑师抓住时代机遇，开风气之先，创作了大量优秀的作品，将岭南建筑从创作实践和理论研究都推到了一个新的高度。这批建筑师大多有留学的经历，接受过西方古典建筑理论的学习，也亲历了现代主义建筑运动，这两方面形成了他们较为全面的建筑理论认识。回国后，相对开放的岭南地区给了他们自由创作的空间。在许多的建筑作品中都可窥见他们运用中西方建筑或古典主义或现代主义元素的熟练技巧。

如在南越王墓博物馆的总体布局中，就借鉴了雅典卫城的前庭结构及ELEUSIS的大门和二门的层次关系（图3-21）。南越王墓博物馆的大门用厚重的石阙将临街的喧嚣隔离在外，将参观者浮躁的心情调节到平静。“空间结合地形，设一蹬道解决高差，同时通过蹬道引导视线关注二门。空间‘上下沟通，左右流畅，里外渗透’，轴线导向明确而空间有机流动。二门既是第一段的结束，也作为第二段的序厅。由二门可见玻璃方形棱台的顶部，沿两侧梯级上升，观者被引导至岗顶的平地，院内覆以绿茵，衬托庭院中心的玻璃墓室。”⑨

建于1989年的岭南画派纪念馆，将岭南画派的画意融入建筑造型当中，是莫伯治在建筑艺术创作上一次创新大胆的具象与抽象结合的作品。“岭南画派创立于19世纪末期，反对临摹仿古，注重写生并吸收一些外来画法；而在建筑领域，新艺术运动提倡反古典主义，力求创立新的建筑风格，是现代风格的先驱。莫伯治认为，岭南画派之于传统画派如同新艺术运动之于现代主义，前者对后者有着功不可没的影响力。莫伯治在两者之间建立起内涵联系，希望取新艺术运动对现代主义起着催生作用来隐喻岭南画派的革新主张和历史作用。以此为构思起点，设计引用新艺术运动建筑的一些手法和片断，如流畅的外轮廓曲线、壳体、壁画、旋梯、瓷片贴面和弧形铁花等。岭南画派纪念馆的内涵表达跨越了地域和领域的界限，出乎意

图3-21　雅典卫城与南越王墓的对比

（来源：左图：雅典卫城　www.cnr.cn；右图：南越王墓　广州市城市建设档案馆）

表的同时也造成了含义的隐晦和解读的困难。而这一极具个人色彩的文化隐喻，暗示了莫伯治晚期的新表现主义建筑的开端。”

（四）当代岭南建筑

岭南建筑发展至今，已经没有固定的创作模式，其设计手法更加多元，常常兼容并蓄地吸收各种流派和思潮。可以说，“拿来主义”在当代岭南建筑中已经进入融合运用的阶段，不拘一格却又极富个性。

华南理工大学“逸夫人文馆”运用完全现代主义的设计手法，以及石材、玻璃、混凝土等现代材料，却通过空间布局、遮阳构架和立面造型体现出对于岭南气候环境的适应性以及轻盈、通透、精致的岭南审美情趣。一方面，建筑既包含明显的时代特征，甚至隐约透露出一点迈耶等现代主义大师的影子；另一方面又无可置辩地拥有岭南建筑的鲜明特质（图3-22）。

图3-22　迈耶建筑与逸夫人文馆的对比

（左图来源：《Richard Meier Architect》；右图来源：《何镜堂1999-2008年作品选》）

图3-23　南越王博物馆与南越王宫博物馆均采用红砂岩为立面主要装饰材料

（来源：左图－广州市城市建设档案馆；右图－南越王宫博物馆官方）

南越王宫博物馆直接将南越王墓博物馆的外墙材料——当地传统的红砂岩拿来运用，意在传达处于同一城市中的两座遗址博物馆之间的深层历史联系。同时，设计将遗址出土的“万岁”瓦图案用于建筑和景观装饰细部，将遗址模拟运用于主楼屋面的环境营造，是一种典型的对本土元素和符号的“拿来主义”，意在通过具体形态表达岭南传统文化的象征意义（图3-23）。

在深圳万科第五园的设计中，“拿来主义”更是发挥得淋漓尽致。这个“岭南四园”之后的岭南第五园，采用了多种中国传统民居的建筑符号，有广东本地的“竹筒屋”、“冷巷”，有安徽的“马头墙”，有北京四合院的“垂花门”，还有江南园林的造园水景。设计师并非将这些不同的传统元素简单地模仿和杂糅在一起，而是将传统与现代、中式与西式很好地结合，打造出一个兼具岭南与江南特色的居住环境，演绎出中国古典居住文化的精髓。

三、“拿来主义”对建筑创作的启发

（一）学习新技术、新材料的运用

在当代建筑创作中，学习新技术、新材料的运用是“拿来主义”的主要方式之一。伴随着我国经济建设的高速发展，建筑业进入百花齐放的时期，国内外建筑技术和建筑材料都有所发展，岭南建筑在建筑技术和材料的选择上都应与时俱进。

广州会展中心建筑采用闪亮的不锈钢屋面板和大片通透的玻璃幕墙，给人以强烈的现代感。站在刚劲有力、绵延起伏的大跨度中央车站的钢结构罩篷下，或是站在卡车通道那充满韵律感的曲线型钢梁的下面，或是进入二层展厅看着那跨过126米空间的钢桁架，都会被钢的力度和结构的气势所震撼——建筑设计高科技的魅力给人带来强烈的视觉冲击。

岭南当代建筑材料选择中，除了接受新材料的出现外，更应注重在建筑材料选择上的新观念。建筑材料的选择不再仅停留在不断接受新材料，而是发掘最合适材料的途径。如北园酒家、鹿鸣酒家、岭南印象园和岭南新天地等修复性建筑，都尝试重构旧材料的新形态，结合当代建筑的新材料，营造一种深远文化与新时代的碰撞。

以麓鸣酒家为例，原有建筑多为钢筋混凝土结构，改建部分的结构形式为钢筋混凝土和钢的混合结构，在这种结构中，使得每种材料在场地中都试图找寻自身独特的气质，包括木、石、玻璃和钢等，建造的目的是体现材料之间真实的关系，因而不作任何虚假的掩饰。麓鸣酒家的餐厅部是位于湖边的用玻璃做成的盒子，玻璃盒子其通透、轻巧的特性，使其与坡地山体形成一种自然过渡的结合，其中一系列的淡灰色石材片墙的大理石材材质，则是经过多方找寻和比较，最终确定选用了产于广西的品种。生长于山体上的石墙与盒子若即若离，不经意地围合或半围合成一系列山水庭园，用玻璃和石材围合成的空间塑造一种山水田园般的风光，给用餐客人营造一种轻松愉悦的氛围。

（二）善于糅合、敢于再创作

无论是“继承传统”说，还是“中西合璧”说，都符合文化发展学、传播学的原理原则。吸收外来文化因素本身也是一个消化、互融、传承的过程；继承传统本身也是一个提高优化过程、创新发展过程。但是真正的、本质的“源”，还是社会功能需要。只有尊重大众文化需求，自创也好，拿来也好，发挥传统也好，引进外来形制也好，都会成为当地人的精神与物质文化财富。

第三节　“美”——因借融合、无法之法

一、岭南文化艺术与建筑的共同性

岭南建筑之美，与岭南文化息息相关，更与岭南其他艺术有着异曲同工的审美特征。为进一步分析岭南建筑的审美特点，我们尝试在岭南地区其他艺术领域寻找规律和特点。

岭南文化包含多元文化、海洋文化和商业文化，拥有灵活变通、兼容接纳和务实求真的性格。岭南地区从古代开始，不断接纳从中原、西方国家传入的文化，属于一个多元文化的融合期。直到近现代，从海上丝绸之路到“一口通商”，广州成为全国对外开放的大门，多元文化碰撞的局面，促进了岭南艺术文化的发展，形成极具地域特征的艺术流派。

（一）岭南音乐与岭南建筑的共同性

岭南音乐在旋律、节奏、配器上进行了一系列革新，银色清脆明亮，曲调流畅活泼、银色华美、清脆明亮、雅俗共赏、题材多样和内容丰富。《雨打芭蕉》、《饿马摇铃》、《赛龙夺锦》、《七星伴月》等都是在传统小曲的基础上改变成的完整器乐曲，其旋律、调式、调性、曲式结构以及律制等方面，具有独特的风格而形成“粤乐”，明显区别于中原古曲音乐古板凝重的格调。

岭南音乐最大的特色是勇于革新，善于接纳西方音乐，丰富岭南音乐的音色和表现力，加上粤语“九音六调”的独特本土语言，体现出岭南人灵动和变通的特质，其中最为代表的是广州番禺沙湾“何氏三杰”——何柳堂、何与年、何少霞，是岭南音乐改革的领军人物，从民间生活汲取营养，整理、创作《赛龙夺锦》等乐曲。岭南音乐的创新主要表现：在乐器上，选出小提琴、萨克斯管、电吉他、木琴等几种西式乐器与中式民族乐器合奏，音色变化更丰富，表现力更强；在演奏手法上，创造“滑指”演奏手法，通过不同的弦式用以表现不同的情绪；在编曲手法上，通过改编传统乐曲的基础上，创作大量民间乐曲，旋法、节奏、调式、结构、演奏特点等方面得到进一步的发展和完备。

虽说建筑主要属于空间艺术，音乐则属于时间艺术，但将音乐与建筑相连作比，几乎成为人们对艺术审美的共识。建筑与音乐艺术的共通性在于建筑所具有的音乐般的韵律和节奏感，这种韵律可以通过建筑的平面布局、立面造型、内外部空间结构的处理、门窗柱子的式样等造型来表达，还可以从建筑与音乐共同的隐喻内容中得到体现。如果说音乐是空间上流动的韵律，那么建筑则是凝固的音乐，通过三维空间表达出来。

人们对岭南音乐的审美态度，事实上是从侧面映射人们对岭南建筑的审美意识。山庄旅舍轻巧灵活的廊道，起伏跌宕，层层推进，犹如岭南音乐清脆活泼的旋律；余荫山房的几何形水池平面布局、陈家祠的铁铸艺术和五彩玻璃装饰等西方建筑元素，体现着与岭南音乐一样的“因借”之美；岭南传统民居的锅耳墙，如山峦起伏，仿如岭南音乐中丰富的音色变化，错落有致的韵律。

岭南建筑与岭南音乐还有一个共同点——雅俗共赏。岭南音乐源于民间，源于生活艺术。从孕育生成之初的“野草闲花”发展到独立乐种经历了三百多年，其旋律和音色早已深入民心。20世纪70~80年代，香港流行乐坛顾嘉辉、黄霑、许冠杰等音乐才子，将西方流行音乐融合广东传统音乐，更是创作出耳熟能详的流行音乐。这种雅俗共赏，因借得宜的特点在岭南建筑上也是得到充分表现。

（二）岭南画与岭南建筑的共同性

建筑与乐理相连、也与画理相通，尤其传统园林，更是如此。中国画的传统以线造型，以形写神，注重白描、散点透视、虚实相映，以有限之景寓意无限之情。

清末居巢、居廉兄弟二人的绘画称雄广东画坛，在传统的没骨法基础上创造了撞水、撞粉的激发，注意实地实物写生，追求形象逼真自然的花鸟画法（图3-24）；其门生高剑父借留日学习的日本画、西洋画，举起“艺术革命”的旗帜，创立新国画派，被后人称为“岭南画派”。“岭南画派注重写生，融汇中西绘画之长，以革命的精神和强烈的时代责任感改造中国画，并保持了传统中国画的笔墨特色，创制出有时代精神、有地方特色、气氛酣畅热烈、笔墨劲爽豪纵、色彩鲜艳明亮、水分淋漓、晕染柔和匀净的现代绘画新格局。”[10]高剑父的门生关山月先生和高剑父先生进一步发扬岭南画派的创新精神。关山月先生秉承“笔墨当随时代”和“折中中西，融汇古今”的艺术主张，创作出《绿色长城》、《江山如此多娇》等与时代形势相结合的气势恢宏名作，不仅表现了壮丽的祖国河山，表现了我国社会主义建设一派欣欣向荣的新气象，寓意劳动人民改天换地的精神。黎雄才先生善融汇古今，自成一格，尤以焦墨、渴笔写生独胜，风格老辣、雄劲。“岭南画派”的产生和发展，体现了一种革命、时代、兼容和创新的文化精神。

图3-24　居巢观蟀图
（来源：www.gmw.cn）

然而，就在岭南画派高速发展的顶峰时期，即20世纪60~80年代，岭南建筑圈子内同样充斥着这一股顺应时代的创新创作精神。以莫伯治、佘峻南为代表的岭南建筑学派的第二代建筑师在探索和弘扬岭南建筑传统风格的基础上，找到“大型公共建筑结合园林的手法”[11]的创新突破口。这种自然朴实的风韵与现代的结构、功能、技术结合，彰显时代精神，形成了独树一帜的“新岭南派建筑”。

二、“美”在岭南建筑创作上的表现

从岭南传统建筑、岭南近代建筑到岭南现代及当代建筑，其中每个时代中的建筑美和建筑审美观都有着千丝万缕的关系，亦有着明显的区别，然而贯穿其中的无疑是岭南人独有的个性特点。这里，对于岭南建筑的“美”，我们认为是指一种世俗、重商、创新与传统兼具的审美情趣与表达，全方位体验市井生活、文化底蕴、自然情趣，具有多层次特点，明朗活跃，不拘一格，求变创新，富于个性特点，善于整合不同风格元素成为整体，再创作，不拘泥于正统，包容引用，自成一格，不稳定固化，深受岭南画派和音乐等其他艺术领域影响，充分体现本土化的审美情趣。

（一）空间序列之“美”

建筑是三维的艺术，其展现出来的不同空间感是人们最直观的感受。梁思成先生曾说过：“在艺术创作中，往往有一个重复和变化的问题：只有重复而无变化，作品就必然单调枯燥；只有变化而无重复，就容易限于散漫零乱。在有‘持续性’的作品中，这一问题特别重要。我所谓‘持续性’，有些是由于作品或者观赏者由一个空间逐步转入另一空间，所以同时也具有时间的持续性，城市时间、空间的综合的持续。”这里提出就是一种空间的序列性，一个建筑由各种不同功能、不同形态的空间组成，空间与空间之间的联系是否连贯持续，则是直接影响着人们对游览这个建筑的审美感受。

空间序列的体现，最为代表的是岭南庭园建筑。岭南庭园反映的是一种积极出世，鼓励竞争的社会心态，在商业经济发达的社会背景下，岭南庭园更偏向对建筑使用功能上的追求，对新事物、新元素的追求，充斥着一种雅俗共享的审美情趣。如果将岭南庭园与江南园林的直观感受做比较，江南园林的空间序列喜采用“先抑后扬，豁然开朗”的处理方式。入口曲折、狭长、压抑，进入景区后空间顿时放大，视野开阔，产生明显的空间对比感。景致的内容也是从入口的单纯逐步扩展到景区的丰富，用这种变化来产生对比。岭南庭园则多采用“开门见山，层层收缩”的空间序列，入口的处理相当直接，不做过多的蜿蜒曲折，入门即见大面积水塘，再进入建筑主体部分，通过穿插小庭园、游廊、道路等各种形式的空间，形成序列性强，丰富多变的空间组织。

尝试从静态和动态的观赏角度去对比江南园林和岭南庭园，静态比如为游人用照相机拍照，江南园林“师法于自然”的造诣已是到达高峰，移步换景，每个角度都能自成一幅美丽的山水画，与之相比，岭南庭园所构成山水画则感觉稍有偏差，层次不清显得造景手法不够成熟和精湛。但如果选用录像机将两者的游览过程录下，岭南庭园则呈现一种意想不到的动态空间序列感。因岭南庭园园小、建筑紧凑的布局，所呈现的视觉空间虽然不够开阔，但建筑与建筑、建筑与庭园、建筑与水池的空间关系却呈现紧凑多变、灵动活泼的空间变化，使得整个庭园的空间序列更为生动。视线的组织除在三维层面被控制外仿佛还增加了一条时间上的控制轴，何时看，何时不看，前后均有精确的安排。与江南园林相比，岭南庭园更为接近现代建筑空间的审美特点。

（二）中西融合之“美”

近代岭南在中国历史上具有独特而非凡的意义。它是近代中国政治变革的主战场和变法维新的策源地，它是中国对外贸易的桥头堡，是中西文化交流的第一活力之地……这独特而沧桑的历史一一烙印于近代岭南建筑之上，铸塑了近代岭南建筑的文化地域性格，成为了近代岭南建筑的灵魂和精神。“岭南近代建筑审美文化的发展经历了三个逻辑阶段：理性选择、自我调适和融汇创新。在经过艰难而长期的自我调适之后，岭南近代建筑审美文化便面临着矛盾而复杂的理性抉择，其内容和目标非常明确，即调和民族性和科学性的矛盾，以使中国传统建筑审美文化与西方建筑审美文化相互融合。岭南近代建筑审美文化的整合从当时的现实表现看主要有三个方面：一是传统平面布局与西洋立面样式的结合，二是洋人建筑设计和国人建造施工的结合，三是装饰内容和题材上的中西结合以及中西建筑文化符号的创造性借用。正是这种整合有力地推动了近代岭南建筑文化的快速显著发展，促成了近代岭南建筑的融汇创新，从而实现了近代岭南建筑体系的文化转型。”[12]

（三）寓情于景之“美”

梁思成、林徽因曾在1932年在《平郊建筑杂录》中对“建筑意”的论述：“这些没的存在，在建筑审美者的眼里，都能引起特异的感觉，在‘诗意’和‘画意’之外，还使他感到一种‘建筑意’的愉快。这也许是个狂妄的说法——但是，什么叫作‘建筑意’？我们很可以找出一个比较近理的含义或解析来……天然的材料经人的聪明建造，再受时间的洗礼，成美术和历史、地理之和，使它不能不引起赏鉴者一种特殊的性灵的融合、神智的感通，这话或者可以算是说得通。无论哪一个巍峨的古城楼或一角倾颓的殿基的灵魂里，无形中都在诉说，乃至于歌唱，时间上漫不可信地变迁，由温雅的儿女佳话，到流血成渠的杀戮。他们所给的‘意’的确是‘诗’与‘画’的，但是建筑师要郑重地声明，那里面还有超出这‘诗’、‘画’以外的‘意’存在。⑬”

建筑意境一般是通过建筑空间组合的环境气氛、规划布局的时空流线、细部处理的象征手法来表现。

建筑环境的氛围营造——以可园为例，其布局旨在居幽览远，寓意屋主追求“水流云自还，适意偶成筑，拼偿百万钱，买邻依水竹”的愿景。通过布置一楼五亭、六阁、十九厅、十五房，整个布局虚实有度，随曲合方，小中见大，曲径通幽。全园以“连房广厦”的手法将东南和西北两大建筑群用曲廊链接，各种建筑间又用前轩、檐廊、套间、过厅、敞廊等过度空间连成群组，构成一个外闭内敞的大庭院空间，形成具有岭南味道、雅俗共赏、玲珑通透的宜人雅筑。

建筑造型的隐喻形态——惠州市中心体育场以“客家围屋”为母体而进行设计，结合体育场的功能需要，简洁的“圆形”表达出很强烈的力量感和体积感，代表着围屋所具备的家族生活氛围和客家人历史上寻求的安全感。为满足体育场功能和形态的需求，在“围屋”的基础上加入客家妇女头戴的凉帽的元素。“凉帽以竹篾编成圆形帽笪，帽外沿缝制柔软绸布，既遮挡炎炎烈日又不致遮挡视线，极具客家韵味，形成既有空间分隔，又有一定的开放性的建筑美感。”⑭

规划布局的时空流线——南越王博物馆通过古典原则与现代手法的相互糅合，结合山冈环境地形特征，人性化地设计人流参观路线，通过因势利导，依山建筑，拾级而上，的手法，将展馆、墓室及扩建展室连成一个有序的整体，突出古墓博物馆的庄严神圣的建筑意境。

细部处理的象征手法——红线女艺术中心平面布局采用自由流畅的线条组合，立面造型以空间体量为构图要素，通过错位、扭转、组合为构图手法，表达一种婉转回旋的动感，使戏曲艺术和建筑艺术在观感和意念上达到融合和升华。“包含丰富的隐喻手法，正立面半圆形的斜向玻璃及入口形式是乐器与乐声的象征。舒卷开合、高低错落的白色墙体和位于端部的螺旋楼梯是对中国戏曲表演中飘动的服饰和水袖的模仿。”⑮

三、“美”对岭南建筑创作审美文化的影响

（一）因借融合，不拘一格

岭南建筑“拿来主义”的创作手法，吸收了中外各地的建筑文化、建筑语言、

建筑风格和建筑技术，经过大众长时间磨合、再创作的建筑，所呈现出来的建筑“美”，是一种属于岭南自有特色的“因借之美”。

骑楼的装饰艺术体现出岭南人“不拘一格，自成一派”的审美特征。广州骑楼各种中西建筑装饰要素，呈现百花齐放的局面。就算在同一条马路，几乎找不同两栋立面装饰相同的骑楼。石雕、砖雕、灰塑、彩画、彩色玻璃、彩色水磨石等装饰各有不同，然而每栋骑楼互相之间却有着之中和而不同的美感，具有统一风格、统一尺度感、统一色彩明度、统一格调款式，不存在任何突兀之感。骑楼借用了许多来自西方建筑的语言，如屋顶的西式小箭塔、小穹隆顶；立面有仿希腊柱廊阵列式、罗马券廊式、哥特垂直提拔式、巴洛克装饰式等不同西方时期的建筑符号和风格，但这些来自西方的建筑元素却能与岭南传统建筑的平面布局、材料和装饰配合得悠然自得（图3-25）。

岭南画派纪念馆是莫伯治先生在岭南建筑创作上的一次借用新艺术运动的建筑语言与岭南画派精神融合，极具现代美感的作品。齐康先生曾这样评说：“岭南画派纪念馆是莫老在建筑艺术创作上大胆从具象的建筑形象转变到抽象与具象相结合的作品，使建筑造型与画派的画意相吻合。这是一座新作，使人仰慕，它反映了展览建筑的性格，又反映了抽象建筑造型的诗意。从艺术上讲，做到了源于岭南画派的创作生涯，又高于这生涯。⑯”建筑主体外部轮廓，由三组流畅的曲线、壳体及壁面构图组成有机的整体，这三组壳体墙面形似借用西班牙高迪建筑师设计的米拉之家屋顶流线型的烟囱和通风管道造型，但其借用的妙处在于一对舒徐旋转而上的弧形的楼梯结合得宜，结合立面树冠轮廓描画出建筑墙顶的曲线，形成一幅森林的画作，墙顶曲线由中央向两端倾泻而下，直至消失于两端转角处，将自然中的“树”与人为的“建筑”进行有机的结合，同时也是对高迪“洞穴式”建筑的一种新的解析，其意境使人觉得是那么迷离而不稳定。这是一个利用新艺术运动的建筑词汇，赋予岭南山水画

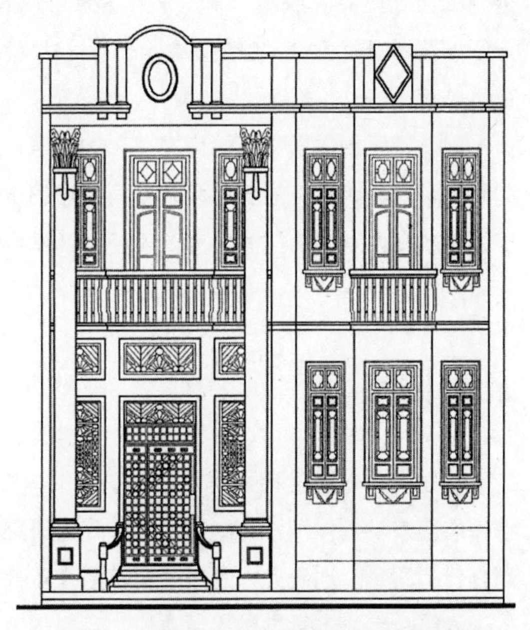

图3-25　骑楼——耀华大街30号立面修葺设计图
（来源：《广东省岭南近现代建筑图集——广州分册》）

的抽象意境，隐喻岭南画派的艺术成就和创作理念的优秀建筑作品。

（二）无法之法，乃为至法

清朝画家、中国画一代宗师石涛曾提出“无法之法，乃为至法”一说法。“无法之法”是一种艺术创作的最高境界，不受传统精神束缚，反对墨守成规，敢于破旧立新，不拘一格、率性而为、浑然天成、如出水芙蓉一般，天然去雕饰。但反观这种创作态度，自身就是一种创作道路上的至高之法。

岭南建筑的开放通融、善于因借、大胆创新的创作态度，与历史悠久、文化深厚、形制严格的北方宫殿建筑相比，显得羽翼未丰；与江南园林建筑的师法自然、意境深远、天工巧匠相比，又略显博而不专。但羽翼未丰或博而不专的岭南建筑风格，却形成了一种不成熟的美，使岭南建筑充满灵动、活力和不畏惧权威、勇于创新的精神，一次又一次吸引世人的目光，成为其他地方借鉴学习的对象。岭南建筑的“无法之法”的美，是指它没有严谨固守的审美标准，对于岭南人来说，新颖活泼、实用合理、的建筑就是建筑“美”。

北宋著名文学家、书法家黄庭坚认为“无法之法”并非无法，技法锻炼，学书时要知法，不知法则无以学。“无法”并不是真的无法，这里我们必须回归到岭南建筑创作观当中的“真”，虽然岭南建筑的美是“无法”之美，没有严谨的审美度量标准，但这“美”的建筑理应是在顺应自然、满足社会需求和继承人文历史之下达到的至高境界。脱离“真”就不是属于岭南之“美”，如果只是通过胡乱拼凑、无章抄袭而忽略建筑本身的功能、布局和环境，这种“无法”绝对谈不上为岭南建筑之“美”。

因此，所创作出具有岭南“美”的建筑，建筑师们必须对岭南的风土人情有深刻研究，对岭南建筑的发展和内涵有足够的认识。否则，其在岭南地区所创作的建筑即使放在大众面前具有优秀的美感和艺术素养，但也不能说是具有岭南“美”。

本章小结

创作观是建筑设计过程中最为核心的内在动力，要探讨岭南建筑的创作方式、创作态度以及创作精神，就需以创作观为研究切入点。从前一章对岭南建筑从古代到当代的四个时期研究，通过研究其所在年代的地区文化、人文精神以及外来文化的进入等特点，本章尝试用“真”、“实”、“美”三个词语分别论述岭南建筑创作思想、创作手法和审美标准。

“务实求真、开拓创新”的“求真”创作思想，在岭南建筑创作的过程中，建筑师从建筑本身所处地的自然条件、社会发展趋向需求和人文历史等因素出发，不求标新立异、不猎奇求怪，而是依自然气候、地貌地势而建，因社会发展需求而建，顺应时代而建，并从中求和而不同、创新不守旧的创作精神。建筑创作思想贯穿于整个建筑创作过程，统领和指引着建筑创作的方向，是建筑创作中至关重要的要素。“真”溯源于岭南独特的地域文化和历史发展，从本土海洋文化、传统商业文化和外来多元文化中发展而来，形成岭南人灵活、变通、兼容和务实的鲜明民族个性。乡村民居的梳式布局、骑楼建筑、建筑内的庭园空间都无不体现出岭南建筑顺应自然的建筑精神；白云宾馆、广州宾馆、流花宾馆、中国出口商品交易会和海心沙等一批近现代优秀岭南建筑，肩负着一段时代历史的责任，是从满足社会需求出发而创作的建筑；从中山纪念堂、中山图书馆等近代岭南建筑到当今岭南画派纪念馆、红线女艺术中心等一批岭南纪念性建筑，都是依据和遵从历史人文的需求而设计，体现出岭南建筑鲜明的“岭南人情味”。“独立思考、直指人心，大胆创新、兼容融合，宁变勿仿，宁今勿古，团体精神，推陈出新”是通过“真”对岭南建筑创作的启发。

“开放通融、巧于因借”的“求实”创作手法，是指实用主义，以务实的态度，善于学习、引用先进观念和技术，通过融合和再创作等手段，转化为一种适合当地气候条件、重视功能性的一种创作手法。当中最为具有岭南文化特色的是兼容并蓄，择善而从，甚至直接进行文化嫁接，“拿来为我所用”的建筑创作手法。“拿来主义”的运用在纵观整个岭南建筑的发展中，亦可略见一斑：岭南古典园林的规则几何水池的设计参考了西方的几何艺术与规则园林布局；骑楼这一岭南人大胆“拿来”的建筑形制，创新性地用前店后仓模式，一体化解决了当时广州作为商业中心的居住、交通、交易展示需求；南越王墓博物馆的总体布局中，就借鉴了雅典卫城的前庭结构和ELEUSIS的大门和二门的层次关系。岭南画派纪念馆则借鉴新艺术运动的建筑风格，其中最为代表的高迪米拉公寓的屋顶造型，以表达岭南画派与新艺术运动之间的共通特征；华南理工大学的逸夫人文馆隐约透露出一点迈耶等现代主义大师的影子，同时又无可置辩地拥有岭南建筑的鲜明特质。在当代建筑创作中，通过学习新技术、新材料的运用也是“拿来主义”的具体表现，近年来在岭南地区北园酒家、鹿鸣酒家、岭南印象园和岭南新天地等修复性建筑，都尝试重构旧材料的新形态。

“因借融合、无法之法”的“求美”的设计审美标准。人们对岭南音乐的审美态度，事实上是从侧面映射人们对岭南建筑的审美意识。山庄旅舍轻巧灵活的廊道，起伏跌宕，层层推进，犹如岭南音乐清脆活泼的旋律；余荫山房的几何形水池平面布局、陈家祠的铁铸艺术和五彩玻璃装饰等西方建筑元素，体现着与岭南音乐一样的"因借"之美；岭南传统民居的镬耳墙，如山峦起伏，仿如岭南音乐中丰富的音色变化，错落有致的韵律。不论从空间序列、外形轮廓还是建筑意境表达，洋溢着岭南独特的审美特点。

"无法之法，乃为至法"中的"无"，则是岭南建筑创作精神的最高境界，如何正确解读，如何在设计上运用得体，如何创作出优秀的当代岭南建筑，则需要我们建筑师在设计道路上不断探求、创新和验证。

[注释]

① 唐孝祥．试论岭南建筑及其人文品格．新建筑，2001-12-10．

② 陆元鼎．岭南人文·性格·建筑．北京：中国建筑工业出版社，2005，6．

③ 唐孝祥．岭南近代建筑文化与美学．

④（德）黑格尔．美学．朱光潜译．北京：中国建筑工业出版社，1979．

⑤ 陆元鼎．广东民居．北京：中国建筑工业出版社，1990．

⑥ 罗小未．上海建筑风格与上海文化．体验建筑．上海：同济大学出版社，2000:211．

⑦ 唐孝祥．试论岭南建筑及其人文品格．新建筑．2001-12-10．

⑧ 何镜堂．岭南建筑创作思想——60年回顾与展望．建筑学报．2009-10-20．

⑨ 庄少庞．莫伯治建筑创作历程及思想研究．华南理工大学博士论文．2011-10-31．

⑩ 黄振伟．地域文化特色与现代陶艺教学．美术大观．2009-08-08．

⑪ 赖瑛，郦伟．当代岭南建筑学派关于岭南地域特色的探索．惠州学院学报（自然科学版）．2013-06-28．

⑫ 唐孝祥．论建筑审美的文化机制．华南理工大学学报（社会科学版）．2004-08-30．

⑬ 梁思成文集．北京：中国建筑工业出版社，1982．

⑭ 商宏．客家情缘的归属——惠州奥林匹克体育场．建筑技艺，2011-04-20．

⑮ 莫伯治，莫京．广州红线女艺术中心．建筑学报，1999-04-20．

⑯ 侯幼彬．中国建筑美学．哈尔滨：黑龙江科学技术出版社，1997．

第四章
岭南建筑创作探索

笔者从在华南理工大学就读开始，就深受岭南建筑文化熏陶教育，在探究岭南建筑创作特征与创作方法过程中，作为建筑师参加了相当数量的具体建设项目设计实践。其中在自觉与不自觉之间，对自己所理解、向往的岭南建筑设计在工作中予以摸索与践行。众所周知，在实际建设项目实施过程当中，设计创作往往受建设过程中诸如投资控制、基地条件、进度催促、决策者思路、城市法规报审等因素制约。创作者必须游刃其中，综合平衡。有时甚至曲折求进，妥协求成，才能尽量按初衷将设计付诸建设。这个过程当中，既有对工程建设实务工作的精力付出，又有对岭南建筑创作目标的期盼与执拗。一路走来，由于个人能力与认知的局限，觉得探索之路走得艰辛。在本章，选取笔者担任负责主创人的九个项目进行介绍，以归纳自己在岭南建筑创作过程中的经历得失。其中既有建成案例，也有没能实现的创意，有基本体现创作思路的成果，也有在实施过程中受到影响而改变的项目。作为实践的客观结果，以下列举出来，通过公诸同行，希望得到指正提点，以利于未来在创作路上，得到更多推动和纠正。

海心沙项目独创之处在于世界上首次在城市空间举办国际运动会开幕式，把城市背景通过现代技术手段与舞台美术、体育运营完美结合，完成一场举世瞩目，影响深远的重大庆典，很好地实现了项目建设的初始目标，体现岭南人敢为人先的精神。通过设计努力，很好地解决了流线组织疏散、安全保卫、工期紧迫、功能复杂、场地微气候营造等技术问题，在技术实施上是非常成功的。在岭南文化体现上，充分结合表演导向，充分发掘水文化主题，让演出和建筑成为岭南文化历史上的闪光点。建筑设计对赛后利用作了充分预留，对困扰体育界的赛后利用问题作了有益的尝试。当然，由于当时建设周期紧迫和决策过程制约等原因，项目在建筑形式等方面尚有遗憾，但海心沙作为宝贵的亚运遗产，已成为值得珍惜与铭记的岭南城市建筑。

广州市妇女儿童中心和中山大学附属第三医院岭南医院项目是两项专业要求较

高的医院项目。在创作过程中，结合项目特点与岭南地区气候特征，力求有所创新，针对广州市妇女儿童中心位于广州珠江新城核心区，项目建设强度大，在充分满足形体日照、通风换气条件下，合理布置一所新建综合三甲医院的功能，设计难度很大，在设计过程中率先提出医院建筑形态采取“梳”形布局，充分适应广州地区采光通风条件，并满足复杂功能灵活规整布置的需求。梳形整体顶板起到隔热、美化第五立面、形成色彩鲜明、标志性强的街道立面，成为融入城市，并深受妇幼患者欢迎的建筑作品。岭南医院在设计上采用了多层立体绿化交通廊作为建筑群体的连系主脊，在医院地形不规整条件下，把不同建筑功能板块有机高效组织起来，充分利用南方朝向的景观与日照通风条件，营造健康宜人的院区公共空间，同时也为医院未来扩建提供了发展基础。

在中欧中心设计构思过程中，从广州民居中的竹筒屋的形式中汲取传统智慧，在大规模公共建筑中引用民居布局特点，形成秩序明晰，庭院与半开放空间丰富，夏季主导风引导顺畅的建筑群体布局。在城市规划的角度，充分考虑区域主干道——岭南大道两翼的岭南水乡景观与标志性建筑物“世纪莲”体育场。城市层次的轮廓肌理，引入传统“印鉴”的文化元素，结合建筑立面、屋顶一体化处理，让建筑群建成后呈现出凝练隽永的大地景观效果与传统文化韵味。与在建的城市核心区超高层建筑群相互映衬，成为一道亮丽的城市风景。

三水行政中心设计中，思路与中欧中心相近，结合三水区的三江交汇的山川地理特点，把大地景观和建筑形体自然风组织分析相结合，设计出形态舒展，简约大气，能体现地域文化渊源与气候适应的成果。

广州市第三少年宫设计采用了室内庭院组织空间，体现岭南地区建筑特点，在室内设计细节与景观处理时，充分借用岭南儿戏等传统元素，让少年儿童在少年宫空间中，能对传统岭南文化建立充分的体验，从而起到传承岭南文化的设计目标。

中德中心方案设计，西翼主楼采用高层建筑形体错落的方法，组织丰富的空中庭院空间，与东翼主楼形成对比，而又浑然一体。通过差异化，表达出中德文化差异与交流合作的设计主题。

广州美术馆投标方案设计构思中，引入岭南文化代表性传统工艺产品——端砚作为建筑形象的主体造型创意，以流动交合的展览流线为功能组织创意，以同城市环境相互连通的檐下空间与屋顶展场为空间创意，以求从多层次、多角度来展现岭南建筑特点。

广州一馆一园投标方案构思，以传统建筑构件“瓦片”作为建筑造型核心创意，在海珠湖大片湖面与绿地密林背景下，以明晰的正方形平面及大尺度出挑的屋顶造型在城市视角下，让建筑物显现出传统城市意象，希望能切合城市中轴线南延段核心建筑的城市定位，起到强化城市轴线的作用。在主体建筑周边构建亲水空间和布置具有近代与现代岭南建筑特点的小尺度建筑群落，同园区环境相结合，以在另一层次体现岭南文化主题。

第一节　“亚运之舟”

——第16届广州亚洲运动会开闭幕式场馆

地点：广州市海心沙

设计：2019~2010年

竣工：2011年

业主：广州新中轴建设有限公司

基地面积：39.3万平方米

总建筑面积：11.8万平方米

图4-1　海心沙岛整体鸟瞰

第16届广州亚运会的成功举办，作为亚运会开闭幕式场馆的海心沙地下空间及公园工程（以下简称海心沙工程）给世人留下了深刻的印象。它与历届亚运会和奥运会的开闭幕式相比，最突出的特点就是开放式的设计。以城市作为背景，珠江作为舞台，所展现的是“一江欢歌，全城欢腾”的景象。时间、空间无限延续所带来的象征意义极其深远。在规划及建筑设计上较其他场馆有以下几方面的特点：

1．建筑设计与舞美设计的一次完美结合的实践。与过往先有场馆后有舞美创意不同，本次场馆在规划设计阶段就融入了许多舞美表现的元素，如大型的喷泉、巨型的LED风帆及升降水舞台等。并使之与场地及主看台区紧密结合，浑然一体。

2．在开放式的城市空间内建造一个开放式的场馆，极具创意和特色，同时也给规划设计带来了许多新的挑战。如交通流线的合理组织，主要是观众人流、演员人流、运动员人流、要人及贵宾人流和后勤保障人流的组织，还有安保措施等。

3．建筑选址在珠江与广州新城市中轴线的交汇处，是城市景观的一个聚焦点，建筑的外部景观的营造尤为重要。

海心沙工程正是一个在极具创意和大胆的选址上，在极为有限的时间和场地范围里，综合解决特定的功能要求，使建筑的功能、形式与开闭幕式的表演完美结合。体现岭南人开拓创新，敢为人先的精神，展现广州作为国家区域中心城市在改革开放以来的巨大成就，突出全民参与的体育精神，海心沙工程无疑是一个成功的尝试。

图4-2　海心沙西侧

一、选址

海心沙工程选址在珠江上一个美丽的小岛——海心沙岛上，毗邻珠江新城和二沙岛。与新落成的广州塔隔江相望，是广州新中轴线与珠江的交汇点。海心沙随同广州塔、花城广场、中信广场等标志性建筑而成为新中轴线上的一颗颗明珠，是广州新城市建设的标志，也是广州自改革开放以来城市建设取得辉煌成就的最好展现。

实际上，选址海心沙除了其特定的地理位置以外，还有更深一层的含义。从空中俯瞰海心沙，就如一艘向东航行的巨轮，在浩瀚的珠江上扬帆，与岭南文化的重要内涵——海洋文化、海上丝绸之路文化相呼应，在一个超大尺度空间上充分表现出南粤先民漂洋过海、自信无畏的精神气质。也有借广州亚运会，希望广州和中国扬帆起航走向世界的含义。

二、总图

1. 总平面布置

海心沙岛沿东西轴线大致分为三个区：东区位于岛的东侧，树木茂盛，景色宜人，原有一些多层宿舍和办公用房，经修葺后予以保留，作为本项目的后勤配套用房；中区位于岛的中部，是本项目的表演辅助区，布置有大型喷泉区和星光大道，是运动员进场仪式的主要通道。西区位于岛的西侧，是本项目的核心区域，包括看台及表演舞台区。为了满足开闭幕式人员进场和疏散的要求，本项目在规划设计时增设了4座桥，共5座桥。其中1号、2号、3号桥连接珠江新城，4号和5号桥连接二沙岛。岛内设置有一条10米宽的环岛路，连接看台与各座桥梁，是岛内的交通干道。珠江新城沿江大道南侧，毗邻海心沙岛的部分，设置有7000座的临时看台，2个大型停车场和两个可供8000名运动员使用的集结区，在二沙岛东侧，4号、5号桥旁，同样设置有大型生态停车场，供贵宾和要人车辆停靠。开、闭幕式期间，除消防车以外，其余一切车辆均不得停泊在岛内。普通观众按要求乘坐公交车辆到达，少量自驾车辆也要求停放在安保区域以外的社会停车场。

2. 交通流线

开闭幕式期间，海心沙岛内主要的人群种类有：现场普通观众、国内外要人（包括亚奥理事会的成员）、国内外的嘉宾、媒体记者、参赛各国运动员、演员、安保人员、后勤保障人员等八大类人员，合计共约58800人。其中观众33000人（含临时看台观众7000人）。由于海心沙岛范围的局限，特别是看台表演区南北宽度较窄，给场地的交通组织带来了相当大的困难。为此，在规划设计中增设了四座桥（2号、3号、4号和5号桥），并对原有的1号桥进行了拓宽，以满足要求。其中1号桥供运动员及演员使用。2号、3号桥供普通观众、媒体记者、后勤保障人员使用。4号、5号桥供要人及贵宾使用。针对开闭幕式期间同一通道多种人流使用的情况，我们对其使用的全过程进行了运行设计。通过合理有效的组织，利用时间差和立体式的人流组织，合理地区分开每股人流的进出，避免相互交叉。

图4-3 海心沙西立面夜景

图4-4 海心沙看台

主看台

主看台是海心沙的重要标志性建筑，其造型设计独具匠心，它与海心沙舞台和喷泉区共同形成了船的造型，构筑了海心沙的独特景观。主看台包括地上九层，地下二层。建筑面积总计117957平方米。主看台分为三层，总共设有座席26916座。其中上层看台13071座，中层看台6638座，下层看台7207座。

1．平面功能

首层：贵宾出入口（包括贵宾接待大厅及贵宾停车场），亚运团队运营用房，前线安保指挥用房等。

二层：媒体接待厅及媒体工作间，舞美导演及工作室等。

三层：观众集散平台、普通观众入口大厅、亚运商品专卖店及餐饮售卖点等。

四层：要人接待区、贵宾临时休息大厅、随员休息室等。

五层：嘉宾集散大厅及医疗配套用房等。

六层：舞美导演及办公配套用房等。

七层：普通观众集散大厅及配套用房等。

八层：普通观众集散大厅及配套用房等。

九层：现场安保、灯光、音响等控制用房。

负一层：设备用房、安保用房、演员等候区、停车库。

负二层：广州城建历史文化馆、地铁接驳口、设备用房、停车库。

2．观众集散大厅

结合南方地区的气候特点，大厅采用半开敞的空间设计，在把自然光、清新的空气引入室内的同时，力图把户外的景色、开阔的观江视野引入室内，并使之与建筑物相互呼应，情景交融。如繁星闪烁的带形天花，宛若天河。楼梯两侧的船桨造型，取“同舟共济、奋勇拼搏”之意。观众集散大厅室内空间简洁、实用且带有故事性，以最简练的装饰语言为建筑添彩，以极其写意的手法织绘美妙的传说——“龙之舟、天之河”。

3．顶篷、结构

主会场看台钢结构顶篷悬挑跨度达68米，该雨篷出挑的跨度目前为亚洲之最。雨篷采用单榀桁架悬挑构成主要受力体系。结合建筑造型的要求，屋面设置水平支撑和垂直支撑腹杆，使整个屋面形成稳定的整体结构。每榀主受力桁架设置预应力斜拉索以减少主受力桁架高度，使主桁架结构的受力更合理，整体结构轻巧美观，完美地诠释了建筑造型要求。主看台雨篷采用钢结构和膜结构相结合，优良的织物辅以柔性或刚性支撑，可绷成一个曲率互反，有一定刚度和张力的结构体系。这种形式集建筑美学、结构力学、材料学与精细化工、计算机技术为一体，具有整体感强、工期快、质量好、易维护等特点。

4．外观

本工程外观设计上首先考虑的几个因素是：1）环境因素：处在江中，四周开阔无遮挡，主看台相对于周边其他建筑而言相对较矮，因此五个立面都要兼顾。2）地域及气候的因素：应简洁、轻巧、通透，体现南方建筑的特点。3）项目自身使用性质的特点：作为亚运会开闭幕式的场馆，应具有大气、庄重，兼顾白天、晚上的视觉效果。同时还要体现体育建筑所应具有的热情、激情特点。4）满足安保的需求。5）工期短，满足取材易，施工快的要求。从最后确定实施的方案来看，完全达到了以上方面的要求。它已成为了珠江上的一颗明珠，通过亚运会，也给世人留下了深刻的印象。

三、表演创意与舞美技术

亚运开幕式表演突出以"水"为中心的创意，表演舞台作为亚运最直接的展示区，紧扣珠江岭南水文化的主题，配合演出而设的水舞台、火炬、桅杆上的风帆、喷泉等四大舞台美术设计，最大限度地呈现了艺术表演之美。

1．升降水舞台和火炬

舞台南北长145米，东西长400米，场地面积约58000平方米，由东侧LED风帆、西侧水上表演区及核心舞台三部分组成。舞台区水质达到泳池水质标准，舞台下部蓄水池总蓄水量约为2000立方米。舞台西侧为可升降水舞台部分，最大水深8.5米，根据跳水、花样游泳、摩托艇等表演创意设置了5块水下可升降的表演平台，舞台核心区为可自动注水、放水的水上表演区，根据表演进程在35秒内舞台面9000平方米水面排空，瞬间完成水舞台和旱地舞台的快速变换。在转换为旱

图4-5 表演风帆

图4-6　表演喷泉

图4-7　五层观众集散平台

舞台之后，火炬盆从舞台下部缓缓升起，“惊艳”天下。

2．风帆桅杆

舞台东侧设置的四座LED风帆，风帆桅杆高84米，上设两层平台和尺寸较小的冠顶，两层平台上装有可升降的合计面积达1100平方米的LED屏幕，4组共八面，总面积为4400平方米的LED屏可在90秒完全张开。当LED屏随着音乐升起表演时，犹如巨轮扬帆起航，气势宏大，演出效果震撼人心。LED风帆是集合了特定研发制造的具有特定表演效果的机械机构、卷扬装置和其他具有舞美表演效果的设备。八面帆屏总重量240吨，升起高度20余米，在演出时还作为威亚支架使用。可升降水舞台和巨型LED风帆屏幕均采用了最先进的设计技术和工艺，开运动会表演之先河，成为本次亚运开闭幕式会场独特的亮点。

3．喷泉

舞台东侧水池景观区，隐喻着“亚运之舟”前行的方向，是表演舞台的展示背景，包括了船形的喷泉水池、水上星光大道和花海广场。喷泉区水池呈船形，水池南北长170米，东西宽270米，面积约29200平方米，两边共有240个迎宾喷泉；宽20米，长270米的星光大道从船首延伸至舞台，在开闭幕式时作为运动员的进场通道；水池两侧为满布鲜花的花海广场。表演至高潮时，最高可喷38米高巨船造型喷泉水柱的216个喷泉和70个火龙喷泉交相呼应。喷泉表演配合音响和灯光控制，形成各式跳动的彩色水帘，充分与演出内容互动，随演出节奏变化万千，紧扣“花”、“海”、“船”的主题，奏出气势磅礴的喷泉水舞乐章。

喷泉水系统采用当前最先进的自动水处理设备作为水处理的核心设备，达到节水、节电，大幅度减少废物排放量等环保要求。在控制技术上首次把工业冗余控制系统应用到喷泉水景表演系统上。系统采用的冗余配置和诊断至模块级的自诊断功能，具有高度的可靠性。

四、小结

海心沙工程是一项时间紧、综合性强的工程。在城市中心区一个开放式的空间里建设一个开放式的场馆，作为一项大型的国际赛事的开闭幕式场地是一项大胆的尝试同时，在一个相当有限的时间里，把建筑艺术和舞美的设计紧密地结合在一起，综合性地解决技术问题，满足赛时运营和安保等方面的要求，无疑是一次具有挑战性的设计实践。

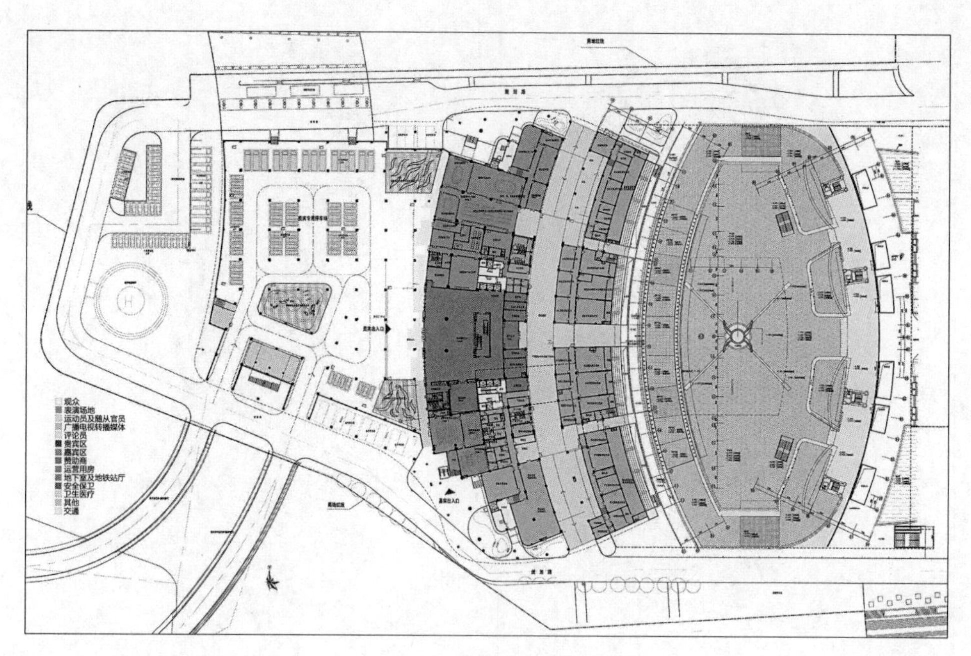

图4-8　首层平面图

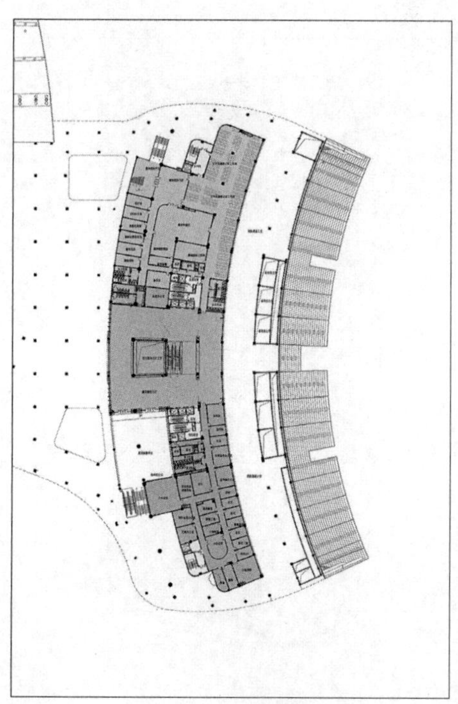

图4-9　二层平面图

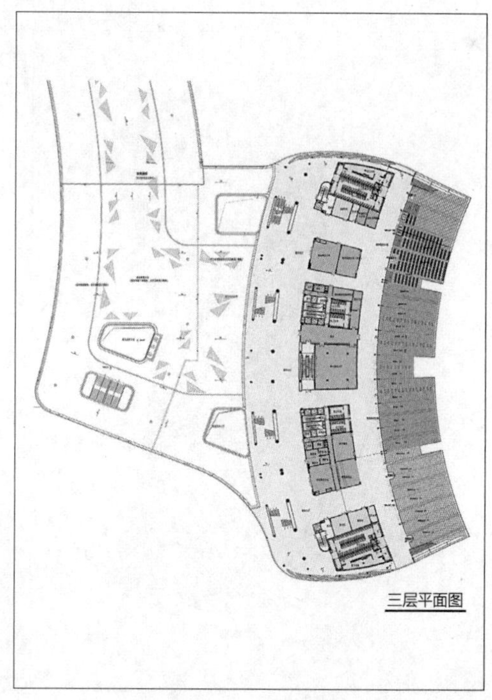

图4-10　三层平面图

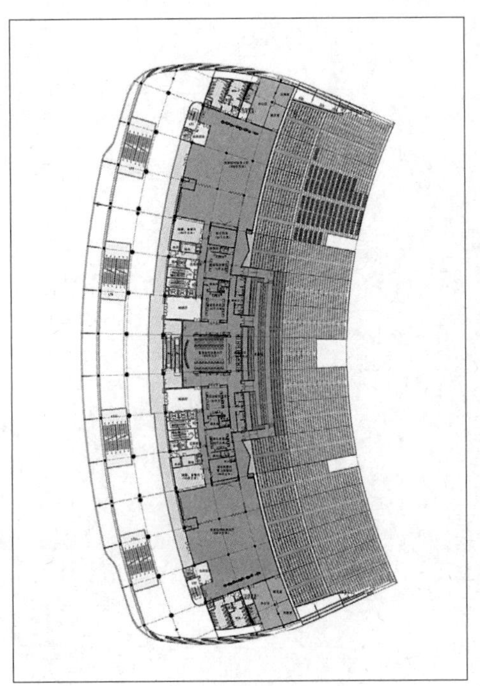

图4-11 四层平面图

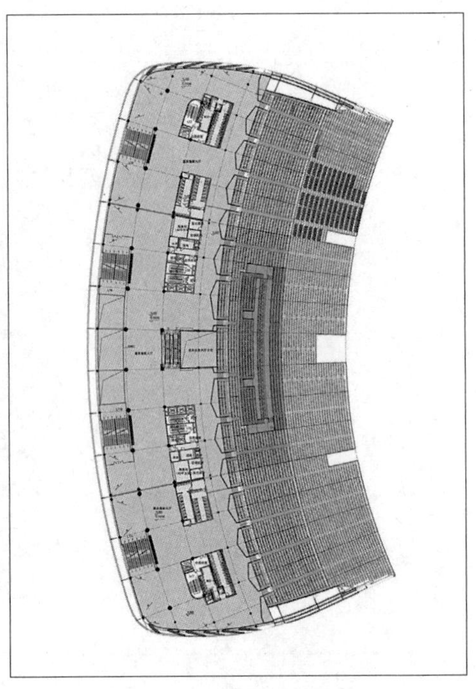

图4-12 五层平面图

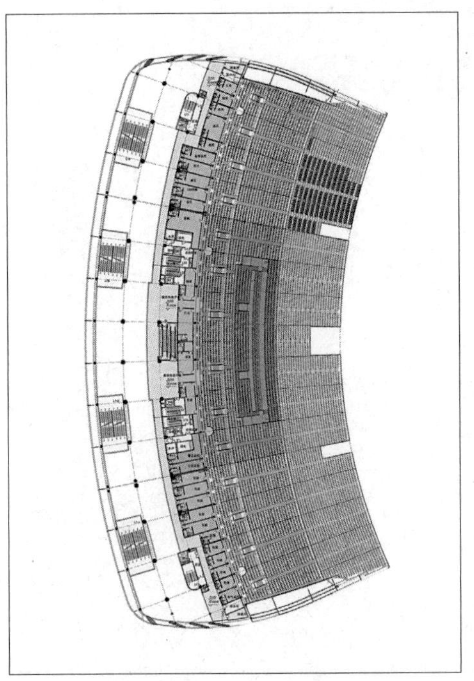

图4-13 六层平面图

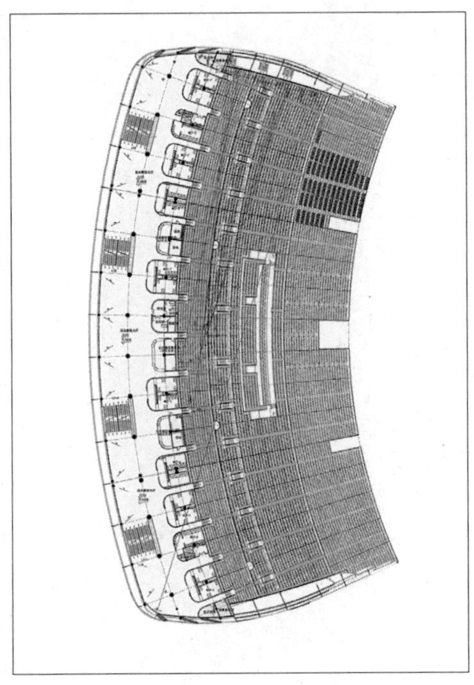

图4-14 七层平面图

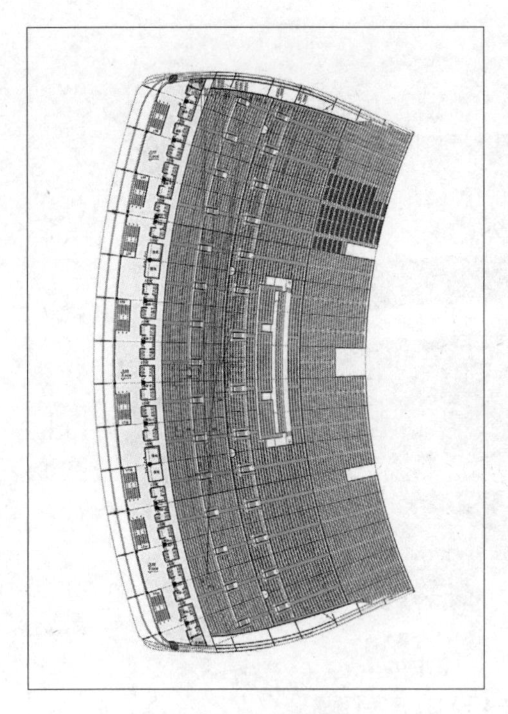

图4-15　八层平面图

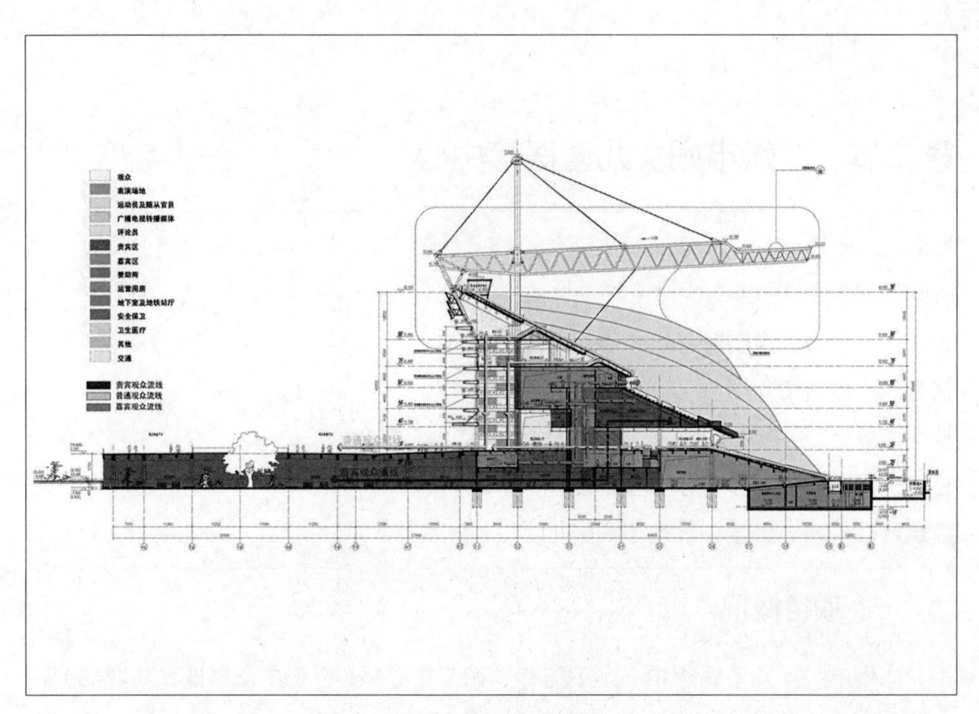

图4-16　看台剖面图

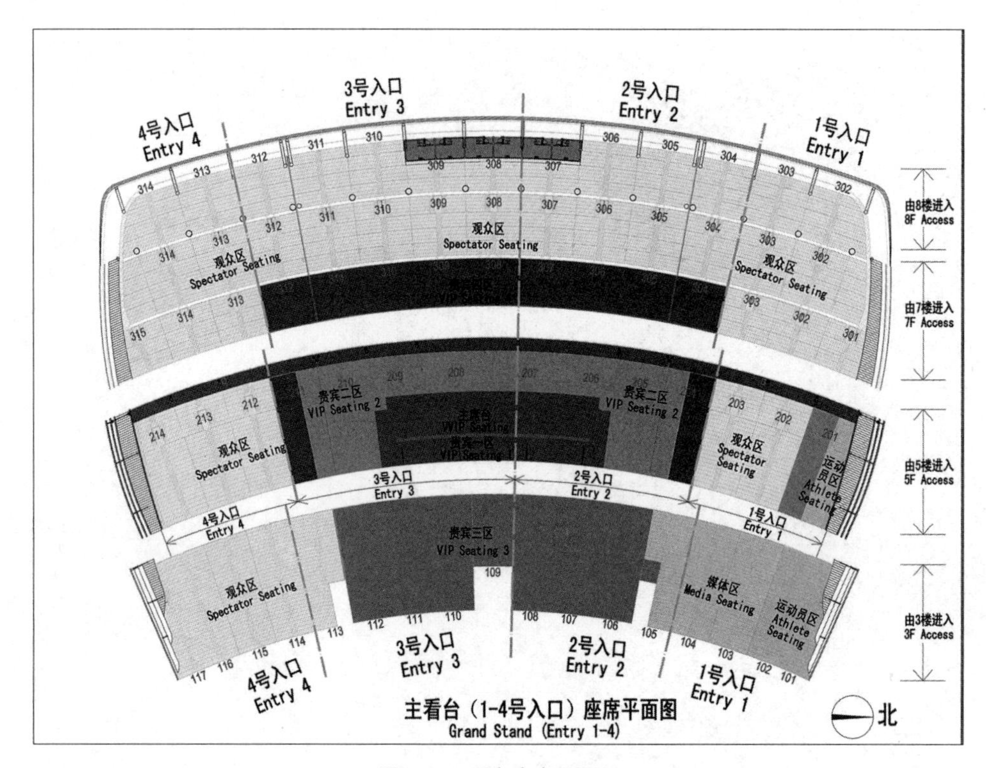

图4-17 看台座席层平面

第二节 广州市妇女儿童医疗中心

地点：广州市

时间：2005~2010年

业主：广州市儿童医院、广州市妇幼保健院

状态：已建成使用

基地面积：2.76万平方米

总建筑面积：8.85万平方米

建筑层数：地上十五层，地下一层

一、项目概况

广州市妇女儿童医疗中心（下简称“妇儿中心”）位于广州市珠江新城CBD区，紧邻城市新中轴线，是一家集医疗、保健、预防、康复为一体，医、教、研并重

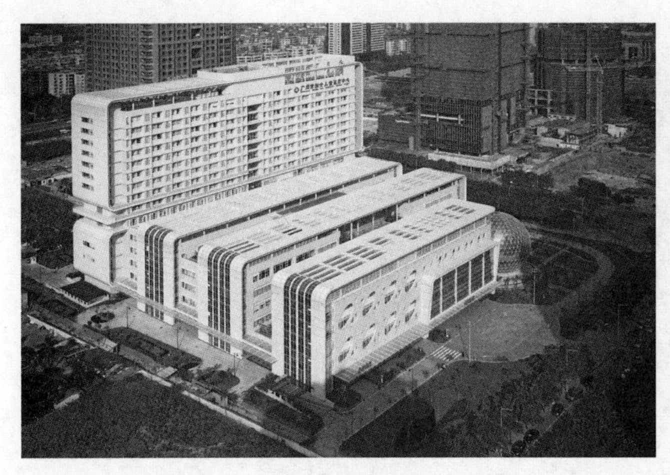

图4-18　鸟瞰图

图4-19　区位图

的三级甲等专科医院。项目设计规模为700床，含16间手术室，日门诊量约5000人次。占地面积27600平方米，总建筑面积88532平方米，地上建筑高15层（其中裙楼5层），地下1层，总投资6.4亿元。

二、方案设计特点

妇儿中心建设于崭新的21世纪，且位于广州市CBD区，新中轴线旁。这种时间、地理上的因素，都决定了妇儿中心必须采用全新的设计思路，以符合其在“其时”、“其地”上的要求。

医疗建筑最大的特色便在于其以功能性为主导，建筑的空间、布局、材料的选用都必须以医疗流程及要求为依归，因此，“实事求是”的创作观在医院设计项目上显得尤为重要。

（一）总体规划构思——适应岭南气候特点及医院发展模式的“梳型”枝状空间布局

基于对周边城市肌理、岭南气候特点、医院长期运营成本的分析，项目最终选择了“梳型”枝状空间布局的发展模式。住院部集中布置在末端，门诊各科室作为分枝分列两旁，中间的“医院街”则作为主干串联起两旁的各科室、中部的医技部分及末端的住院部。这样的布局模式，使门诊各科室可以作为一个独立的个体，获得良好的通风与采光，同时作为主干的“医院街”连廊又能将各部分汇为整体，既分散又紧凑。

（二）基地交通组织——人车分流、洁污分流的原则

院区交通设计实行人车分流、人货分流、洁污分流、医患分流。机动车出入口

图4-20 总体规划结构分析图

分别安排在西侧和北侧规划路，与南、北、东面的人行出入口互不交叉。同时机动车出入口设计还考虑后勤、污物、医患等不同使用要求，从而做出合理的划分。

在人员出入口的设计上，充分考虑了不同人群的特点，将急诊、门诊、住院、感染门诊、产科门诊、医护办公等人员入口分别设置，令不同的使用人群均能最便捷地到达其使用区域，并减少互相交叉感染的概率。

（三）平面功能布局——合理分区，资源共享

平面功能布局设计上遵循便捷及合理分区的原则，将儿科及妇产科分别布置于东、西侧，以区分儿童与妇女两类不同的病患人群；北面布置住院病区，中部布置医技区；使门急诊及住院患者都能最便捷地使用医技服务，达到资源共享。平面设计上还引用了“医院街”的概念，通过贯穿南北的连廊，将各个不同区域合理组织、串联，使院内各使用人群均能快捷、便利的去到各个区域，风雨无阻。

在门诊区域的设计上，考虑儿童医院候诊人数较多，环境拥挤的现状，特别采

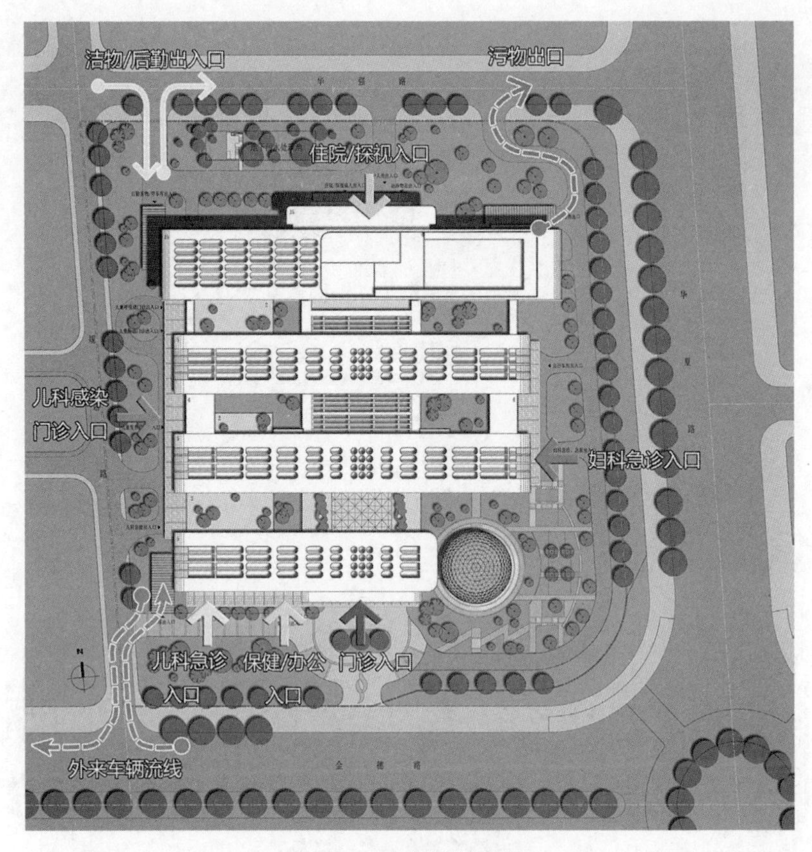

图4-21　交通分析图

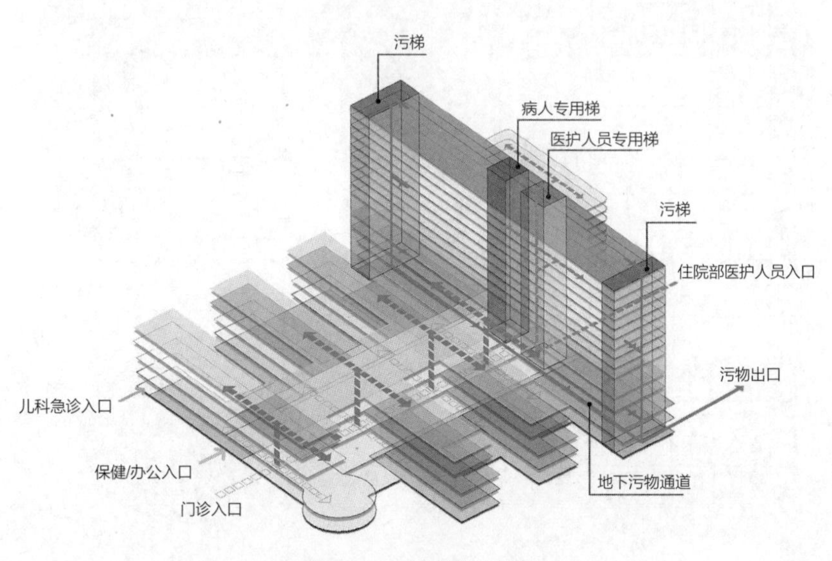

图4-22　医疗流线分析图

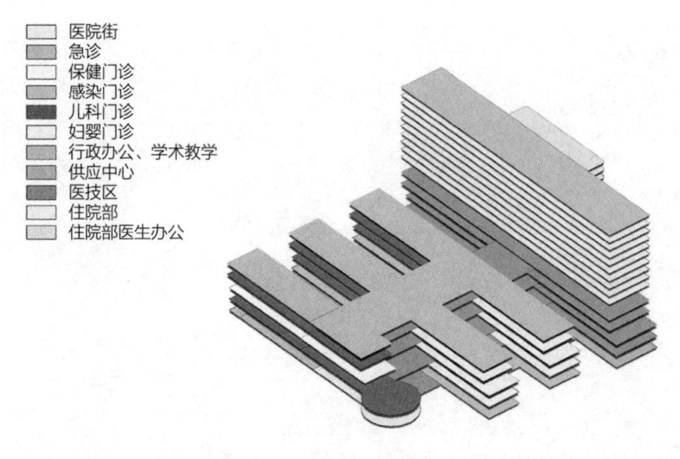

图4-23　功能分区图

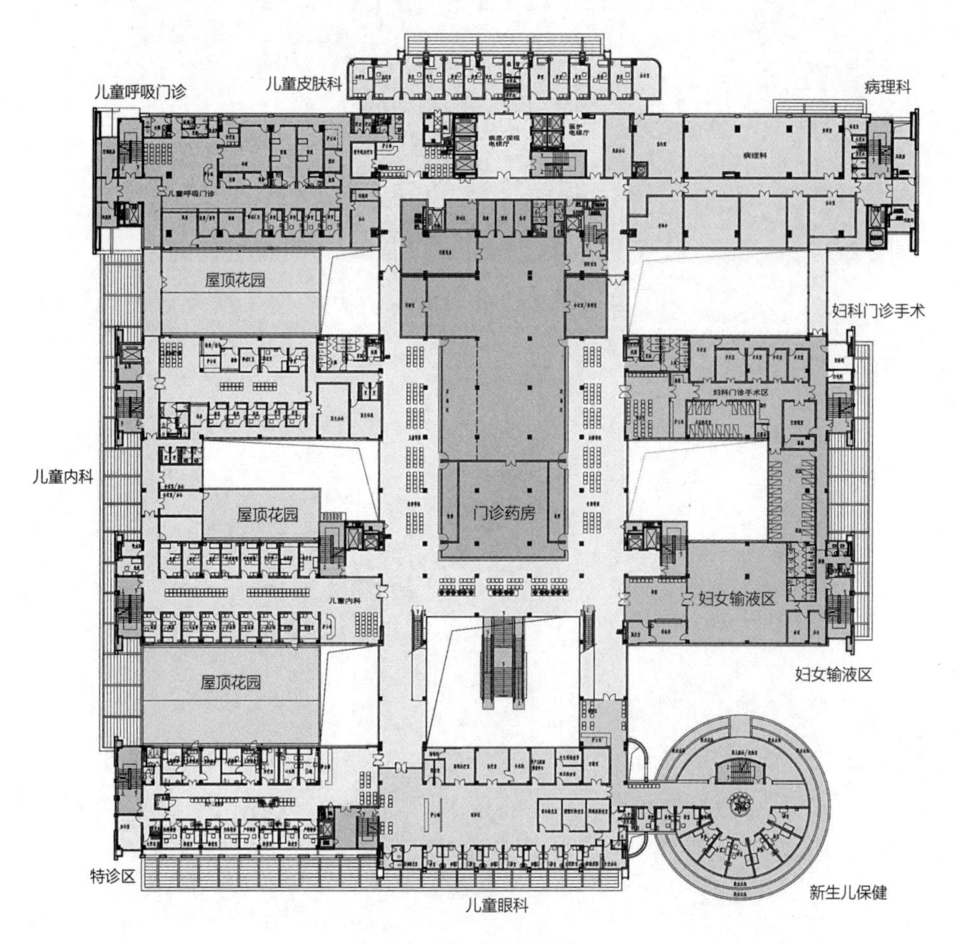

图4-24　二层平面图

图4-25　二次候诊区

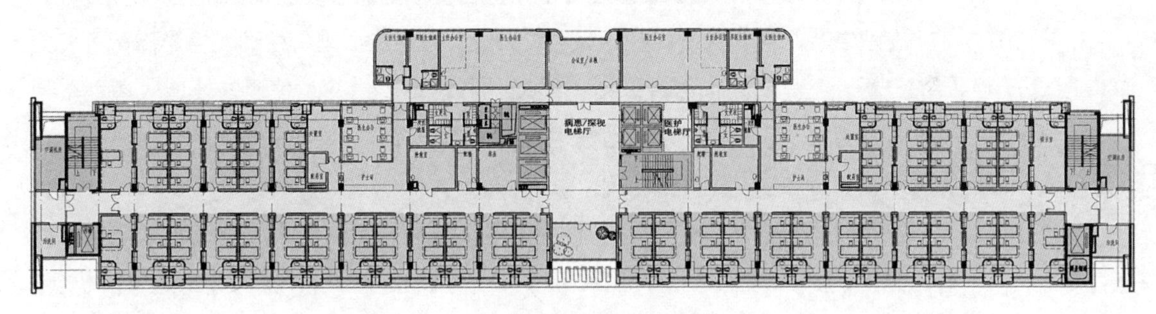

图4-26　标准病区平面图

用了“二次候诊”的理念。科室前端设集中一次候诊，通过护士站统一叫号管理；科室中部走廊作放大处理，在诊室门前配置座椅作为二次候诊区域，令候诊组织有序，减少诊室门口人头涌动的现状。科室端部为医护区域，设置医护更衣、办公，同时设置楼梯作为医护人员专用的出入口，达到医患分流。

在住院病区的设计上，以资源共享及经济为原则，每层东、西侧分别设置1个标准病区（约40床/病区），北部中间部分则统一设置医护区域，医护人员均可方便到达两侧病区，减小救护距离。病区内的护士站、治疗室等医用区域均设置在北面，使南面最好的朝向都能作为病房。病区端部还设置专用的污物电梯直通地下室后勤污物区域，做到洁、污分流。

（四）立面造型设计——表现项目设计精神，兼顾遮阳隔热等实用性

立面造型以彩虹为意向，通过轻快、活泼的色彩表达爱的内涵，改变了传统医院严肃冷峻的面孔，形成了富时代感、简洁、清晰的现代医院标志性形象。同时考虑项目处于周边高密度高层建筑体量的围合之中，因此本项目的屋顶还设计成与立面一体化的屋顶折板系统。不但能将医院屋面的构筑物、设备管线等进行遮蔽，有效地改变了传统医院建筑屋面上空观感凌乱的现象，还起到一定的遮阳、隔热效果。住院病房立面采用凹入式设计，同样也是考虑了遮阳的功能，较好地适应了岭南本土的气候特征。

（五）绿化设计——因地制宜，充分利用空间的垂直绿化系统

项目设计密度较高，体量较大，“梳型”的枝状空间布局又将用地切割得较为零散，因此绿化设计只能采取因地制宜的方法，结合各种庭院布置。为争取更多的绿化空间，项目还大力开发垂直的绿化系统，尽可能地利用屋顶平台做绿化种植，并且还在住院病区中部的病患、探视电梯厅设计了空中花园，使病人及探视家属不需外出活动，就能享受到自然的愉悦。

（六）材料选择与细部装修设计——符合使用对象心理需求，耐用、清洁

在室内装修色彩的设计中，通过对妇女、儿童在心理、生理、色彩感觉等多方面的分析，分别对不同区域采取不同的色彩设计。供儿童使用的区域较多地采用黄、蓝等明快的色彩，以营造活泼、充满童趣的感觉；供妇女使用的区域则采用粉红色系，营造温馨、宁静的氛围。

在装修材料的选择中，以安全、实用、耐久、易清洁为原则，较多使用人造石、抛光砖、彩钢板、耐清洗墙面漆、PVC地板胶等材料，减少交叉感染的机会，并降低医院日常营运的成本。

三、小结

本项目在设计过程中，自始至终坚持着“求真、求实、兼顾美观”的设计理念，结合现代医院的建筑特点与本土岭南地域特色，营造了一个高效、舒适、节能、绿色的医院环境。其平面布局、立面造型、细部构造等，均从使用功能、气候环境与使用者的心理感受出发，结合现代，并尊重地理、气候、人文，是新时期岭南建筑创作的一个新思路。

图4-27　以彩虹为意象的立面造型

图4-28　屋顶花园

图4-29　内庭院

图4-30 儿童输液室

图4-31 产科病区护士站

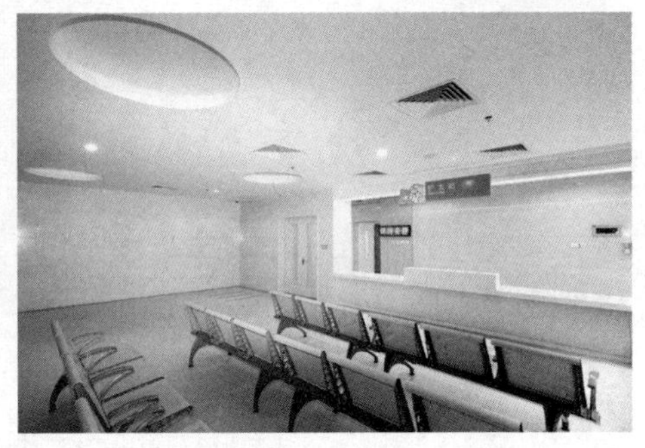

图4-32 妇科门诊候诊区

第三节 中山大学附属第三医院岭南医院

地点：广州市科学城开创大道

时间：2010年

业主：广州市开发区萝岗新城建设指挥部/中山大学第三附属医院

状态：施工完成

基地面积：8.7公顷

总建筑面积：92055平方米

建筑层数：10层

一、项目概况

中山大学附属第三医院岭南医院是广州市东部开发区最具规模的综合性三级甲等医院。医院用地位于广州科学城中心，新阳西路以西、开创大道以南地块。总用地面积约为8.7公顷，建设规模为600床位的三级甲等综合医院，日门诊量达3000人次，总建筑面积92055平方米，建设投资为6.1亿元人民币。

萝岗中心医院由医疗综合楼、医院值班配套用房、感染楼以及太平间垃圾收集站组成。其中医疗综合楼总建筑面积为85370平方米，由一座为10层的板式病房楼和5层高的门诊急诊医技楼组成。该院由2007年6月施工，2011年6月竣工投入使用。

二、方案设计特点

（一）契合环境的整体布局

岭南建筑巧于利用自然环境，或结合山水，或绕庭而建，在充分尊重自然的基础上与环境融为一体。岭南医院的总体布局，便来源于对其所处环境的理性分析。医院规划要立足于医院的长远发展，规划布局要结合城市和基地环境的情况，实现现代建筑与环境共生的设计理念。

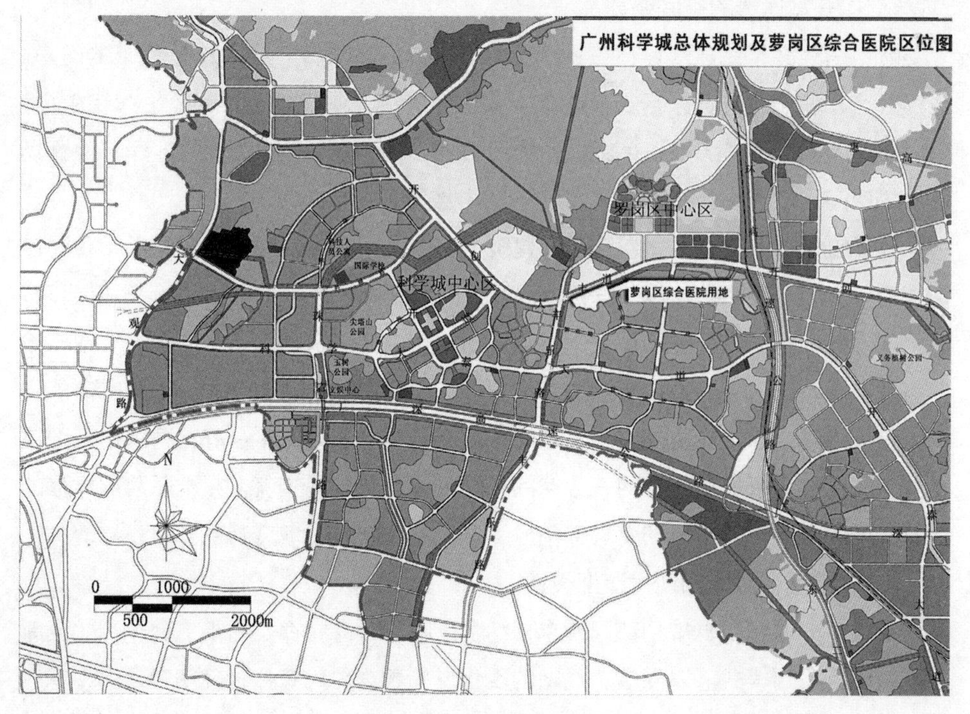

图4-33　岭南医院区位图

医院用地位于萝岗开发区中心，东面为20米宽新阳西路，北面为60米宽开创大道。基地现状为丘陵，沿开创大道20~40米范围内基本为平地，南面为鸡嘴岭，鸡嘴岭最高点比基地平坦处约高48米，用地范围内鸡嘴岭的山坡地的高差约7米，山地生态植被茂密，山坡地有局部人工景观的痕迹，巨石的形态有一定的保留价值。基地临路一侧是日益繁华的城市环境，背后一侧则是郁郁葱葱的生态山林。如何把握基地环境的利用、城市立面的衔接、合理安排医院布局和协调发展空间，营造一个生态绿色的现代医院是本项目的关键。

医院总体规划布局从功能分区、交通的联系、各功能的衔接、设备资源的共享、生态园林空间的营造等方面进行科学系统的安排，充分尊重基地环境，合理利用自然环境，顺应地形地势的特点，将医院建筑群分为中心医疗区、生活区，并通过两条主轴线区分和组织生态现代院区规划。中心医疗区设在用地较中心位置，充分保护和利用山体，对基地中部的小山丘略加改造后，把大体量的门诊楼尽量沿开创大道展开布置，以减少对山体的压迫，并为布于山凹中的南北朝向的病房楼遮挡噪声、争取山景；基地内大部分坡地均保留自然状态，建筑沿坡而建。

中心医疗区从北至南由门诊、急诊楼、医技楼、病房楼等组成，建筑物布置尽量朝南，以建筑形式围合、限定，形成以院落为中心的空间格局，很好地解决了各功能区的采光通风问题，表现出通透明快的岭南建筑地域特色。

（二）开敞通透的空间格局

岭南医院将整体建筑群体按一个医疗城的原则来设计，出入口是城市的门户，洁污分区，便于管理，采用街巷院场式的综合布局，由建筑组成街（医疗街），巷（各科室），院（室内外庭院花园），场（各候诊、休息处），室（各诊疗、检查场所）等空间，流线设计体现“高明度”与“低密度”的特点。

建筑以谦逊而通透的体量实现了建筑与山体之间在视线和景观上的衔接，医疗街具有识别性强的特点，通过斜线开敞廊道、把几个倒U形的医疗单元串联起来，病人在走街串巷的过程中，可直达目的地。设计中将联系上下各层的垂直交通核均匀布置在医院街上，方便病患就诊。连廊多采用大面积的透明玻璃，实现室内外空间的相互渗透；通过设置外廊、底层部分架空、楼层上设置平台等，营造出开敞通透的空间形态，以尽可能多的开放空间实现人和自然景观交流，减弱医院的肃穆的气氛。同时实现自然通风和引导穿堂风，体现岭南建筑的地域特色。

（三）简洁、清晰的现代造型设计

萝岗中心医院根据规划部门要求，结合医院的自身特点，建筑立面采用了全新的现代造型设计模式。以简洁、清晰的现代形象表达现代综合医院的内涵，力求打破传统医院冷峻的传统形象，赋予科学城中心医院新意义，形成轻快、活泼而富于

图4-34　岭南医院总平面图

图4-35　建筑与山地之间的内庭院

图4-36　建筑入口外遮阳处理

标志性的形象特色。整体观感简洁大方，适宜患者医疗的室外环境设计及亲切朴素的建筑造型，给患者留下了美好的印象。

作为群体建筑，立面设计强调其整体性、序列性和连贯性。在总体统一协调的情况下突出单体功能建筑的个性。如中心医疗区由门诊大楼、急诊大楼、医技大楼和病房大楼组合而成，通过玻璃、实墙、窗根等元素有序排列，通过建筑单体的高低错落，形成了很强的韵律和有特色的现代式建筑群，建筑单体的优美舒展、高低错落和庭院的围合，使得医院建筑群体形象典雅而舒展，高贵而亲切。病房大楼则强调阳光、绿色、安静、舒适和整洁，通过阳光大厅、空中花园的设计，建筑空间与园林空间得到了很好的渗透，为病人提供优美的治疗和休息环境。方舟形象的病房楼外形新颖、简洁、大方，突出了医院建筑的特色，形成了很强形象识别性，建成后将成为科学城的标志性景观，为城市环境增色添彩。

（四）适应气候的地域特色细部设计

1．布局与通风

岭南医院位于气候炎热的岭南地区，其功能为综合性医院，其采光通风更显重要。岭南医院在建筑布局设计中突出体现当代岭南建筑全面的自由、流畅、开敞的特点。

敞廊：开敞通透的斜线型主体医院街作为主体交通廊构架连接医院各主导功能单元，通廊一侧采用大玻璃面，与室外环境亲密接触。

敞厅：医院主入口大厅设计成数层高的敞厅，作为现代建筑中的“共享空间”。通高的敞厅朝室内空间开放，大厅周围和顶棚采用大面积玻璃窗，室内空旷开敞、光线明亮，既可解决大量人流的聚集疏散，又能作为活动休憩空间，极具人气。有时将敞厅与室外空间直接相连，使之成为通透开放的灰空间。

架空：首层大厅及连廊外部布局架空，形成灰空间，为医院人员休憩使用空间，通过架空层加强与室外园林的联系。架空空间进行绿化处理，布置轻便的桌椅，形成庭园格局，既能加强建筑的通风采光，又可作为活动、休息场所，适合岭南地域建筑特点。

平台：建筑各层体量通过退台处理，形成各层的建筑露台，结合屋顶花园，形成建筑丰富的空间层次。

2．绿化生态调节

岭南医院总体设计上充分结合绿化和景观生态，结合地形使建筑和山体围合出中心绿化庭院，使建筑和景观相互渗透结合。

岭南医院立面设计充分考虑绿化生态建筑调节，建筑外立面和连廊外设计了空中绿化系统，在立面设置了立体式种植绿化的花槽，连廊外侧设置绿化种植带，此外利用天面和屋顶平台设置各层级的绿化花园，把立体式生态绿化设计融入建筑之中。

3．遮阳系统

遮阳是岭南地区节能的一个重要方面。岭南医院造型结合遮阳百页设计，体现出浓郁的功能、气候适应性特质。通过立面遮阳百页，实现对遮阳的有效控制；同时利用遮阳百页的重复性，形成美的韵律，丰富建筑立面。此外利用柱廊与脱开的墙体来阻挡太阳光的直晒；采用低辐射玻璃及浅色氟碳漆墙面降低太阳辐射热。这些措施不仅在一定程度上提高了建筑的环境适应性，达到节能的效果，也为当代岭南建筑的气候适应性研究迈出实验性的一步。

图4-37　采光大厅内景

图4-38　住院楼外观

图4-39　医院街连廊外景

图4-40　医院庭院

图4-41　医院立体绿色生态立面

图4-42　医院立体绿色生态连廊内景

三、小结

方案设计着重于寻找和处理建筑与地形环境、城市空间关系的契合点，把岭南地域性和现代医疗建筑的使用要求充分融合，从总体布局、空间组合、外观造型、细部节点各方面都体现岭南地域性建筑的文化和因素。设计中糅合了现代医疗功能，现代建筑普遍性的设计规律和形式、地方性气候性的采光通风以及绿色建筑技术要求，营造出扎根岭南本土，体现现代岭南建筑设计观的现代三甲绿色医院。

第四节　佛山市佛山新城中欧服务中心

地点：佛山新城

设计：2011~2012年

竣工：2014年

业主：佛山市东平新城开发建设有限公司

基地面积：19.4万平方米

总建筑面积：55.5万平方米

一期建筑面积：29.5万平方米

二期建筑面积：26万平方米

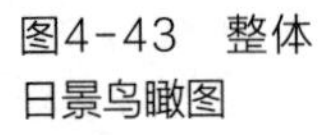

图4-43　整体日景鸟瞰图

一、项目概况

本项目位于佛山市佛山新城核心区，岭南大道以东、天虹路以南、文华路以西、裕和路以北的区域，紧邻东平大桥、佛山公园与“世纪莲”体育中心，景观资源优越，交通便利，设计者充分利用上述优势，以求创造出一座体现东方神韵、中国气派、岭南特色的现代化商务服务中心。

二、方案设计特点

（一）“龙舟”的主体创意

佛山地区龙舟文化普及广泛，其中顺德区在2005年被评为全国“龙舟之乡”，佛山新城所在地的乐从龙舟队更是屡获殊荣。已经有800多年历史的“抬龙”仪式在每次赛龙前都要举行：取出去年藏于水底的龙舟，抬过大堤往大的河涌里进行比赛，表现出佛山人团结、奋进、拼搏、和谐的特质。设计团队用钢和玻璃等现代材料设计出具有生态通风功能的船形玻璃船体，通过昼夜不同光线折射，呈现出“水晶龙舟”的优美形态，展现佛山地区蕴含的传统文化意念和海洋文化特质；结合两侧立杆支撑，再现“抬龙”的同心协力精神，唤起佛山地区强烈的赛龙情怀；桨状柱廊、叠级花海和会议中心北侧山形绿化则抽象了赛龙夺锦中百舸争流、浪涌飞舟的情景，表达了佛山人民同舟共济，力争上游，开拓进取，敢为天下先的气魄。

（二）“印鉴”的建筑群体效果

印，执政所持信也。——《说文》

玺者，印也。印者，信也。——蔡邕《独断》

根据目前的考古发现，印章的出现和使用始于商代，印章是中国自古及今用以昭信的物件，昭示着郑重的承诺和守信，是悠久传统的见证，是广泛民意的见证。

设计者将“官印”的图案融入方案设计，办公主楼居中，信息办公和商务办公组团分列两侧，结合矩形路网形成“印”的边界，强化矩形状的建筑组群；在建筑第五立面充分展示印章的图案特点，展现“印”的文化内涵，以求表达刚正不阿、言而有信、坚持原则的商务中心气质。“印”展现的坚持原则、光明正大特质与“龙舟”展现的开拓进取、解放思想形象充分融汇，展示了设计者对商务办公建筑功能的深入理解和诠释。

（三）与环境共生的设计理念

基于对中国传统建筑环境审美心理学研究，将原水系拓宽成150米×100米的矩形水池，利用滨水公园山形坡地高度错落的特点并加以绿化覆盖，营造群山起伏、延绵不断的峰峦形象，创造出背山面水的传统建筑环境格局。

图4-44　总平面图

方案设计充分考虑岭南地区亚热带夏季炎热多雨，季风明显的气候特点，在东西两翼首层空间做最大程度的架空绿化处理，借鉴岭南园林造景元素并结合现代造园手法，创造出一个宁静、舒适而又独具岭南特色的现代商务中心公共空间形象。

前广场采用规整、方正的形态、展现庄重、民主、开放的商务形象；会议中心北侧广场景观延展至滨水公园，结合自由、舒展的绿道，营造出渗透、舒展、宜人的亲民形象。

图4-45 佛山新城整体鸟瞰图

图4-46 整体夜景鸟瞰图

（四）融入城市文脉的设计理念

三条南北向城市轴线交汇于佛山新城，分别为：1．以佛山电视塔为中心，延伸地块南侧新闻中心的城市主轴，是贯通佛山新旧城区的城市脊梁；2．以城市中心公园中心的景观轴线；3．以公共文化综合体（坊城）为中心的文化主轴。

南侧城市道路、景观水池、叠级花海、入口礼仪广场、会议中心、滨水城市展厅（建议）等空间序列强化出一条1.6公里长的商务新主轴，建筑群体以后来者的谦虚姿态融入佛山的传统城市文脉之中，与城市主轴群和谐共生；办公主楼的“水晶龙舟”造型与世纪莲体育中心及东平大桥均有弧形的造型要素，在和谐中取得三足鼎立之势；办公主楼与世纪莲体育场分立于岭南大道两侧，呈现出一刚一柔的两种形态，体现了天圆地方、刚柔并济的传统哲学思想，共同组成了从禅城区进入佛山新城的门户形象。办公主楼处在地块核心位置，与“坊城”主体建筑对称分列于岭南大道两侧，形成对称构图；东西向礼仪大道正对世纪莲体育场。

（五）设计分析

1．交通规划设计

该规划范围内及周边的道路可分为三级：城市干道、内部环路、内部辅道。A-02-01-01地块周边城市干道主要有：东面为文华南路，红线宽度为50米；南面为裕和路，红线宽度为50米；西面为岭南大道，红线宽度为60米；北面为天虹路，红线宽度为36米。

项目设置内、外两套交通流线，外环路（10米）作为外部车辆使用流线，井字状的内部道路（7米）作为内部车辆使用流线，实行内外车辆分流。内外流线将地块划分为核心区、中心区和东西两翼四个区域，自带独立地下车库，通过出入口管制，可分别对不同区域实行独立管理；在天虹路沿会议中心一侧有一条会议辅道，设四个车辆临时出入口，两侧设大巴/中巴停车场，会议期间可利用该路段分流天虹路的大量会议车流，作为与会人员的大巴、中巴停车使用。

2．停车设施

按照《佛山市城市规划管理技术规定》，区内充分考虑了机动车、非机动车的停放和交通转换问题。规划在基地地下室设立集中的配套停车场，兼顾各功能体块的停车需要，于建筑四角分别设置独立汽车出入口，另设置部分室外机动车停车场和供会议人员使用的中巴停车场。地下车库设计考虑日后汽车数量的增加，地下室净高在有条件的情况下预留日后改建为双层机械车库的可能性。

自行车的停放也采取就近安排的方式，分散设置于各地下车库的出入口处。

A-02-01-01地块内机动车停车位总数为4734个（其中地面停车386个，地下停车4348个），非机动车停车位总数为6576个。

3．绿化景观设计

两侧超过60米的绿化隔离带将滨水公园和南侧广场的绿化群融为一体，形态活泼的环状自行车绿道贯穿其中，形成了一个巨大的城市绿色生态空间；可将河道作为项目“护城河”，便于日后管理。南侧广场中轴对称，中间是方形水池，池边设

图4-47 架空层园林景观透视图

计了亲水台阶，可供市民休憩，水池北端是6米高的叠级花海，衬托出办公主楼的舒展与稳重。

4．分期建设

项目按照分期实施的原则进行建设，B3栋商务办公主楼、A4栋对外接待处和C4栋高级商务酒店作为二期建设内容，其余全部一期建设。

图4-48 低点效果图

三、小结

东平新城——佛山未来发展的中心城区，一颗坐落在东平河畔的明珠。东平新城商务中心作为该地区的标志性建筑，体现了先进的环保理念，将成为中国第一座综合的生态智能型行政办公楼，是广佛乃至全国的生态环保示范项目，成为拉动佛山整体城建水平、体现佛山开放形象的代表！

图4-49　建成实景01

图4-50　建成实景02

图4-51 建成实景03

图4-52 建成实景04

图4-53　建成实景05

图4-54　建成实景06

图4-55 建成实景07

图4-56 建成实景08

图4-57　建成实景09

图4-58　建成实景10

图4-59 建成实景11

图4-60 建成实景12

图4-61　建成实景13

图4-62　建成实景14

图4-63　建成实景15

图4-64　建成实景16

图4-65　建成实景17

图4-66 建成实景18

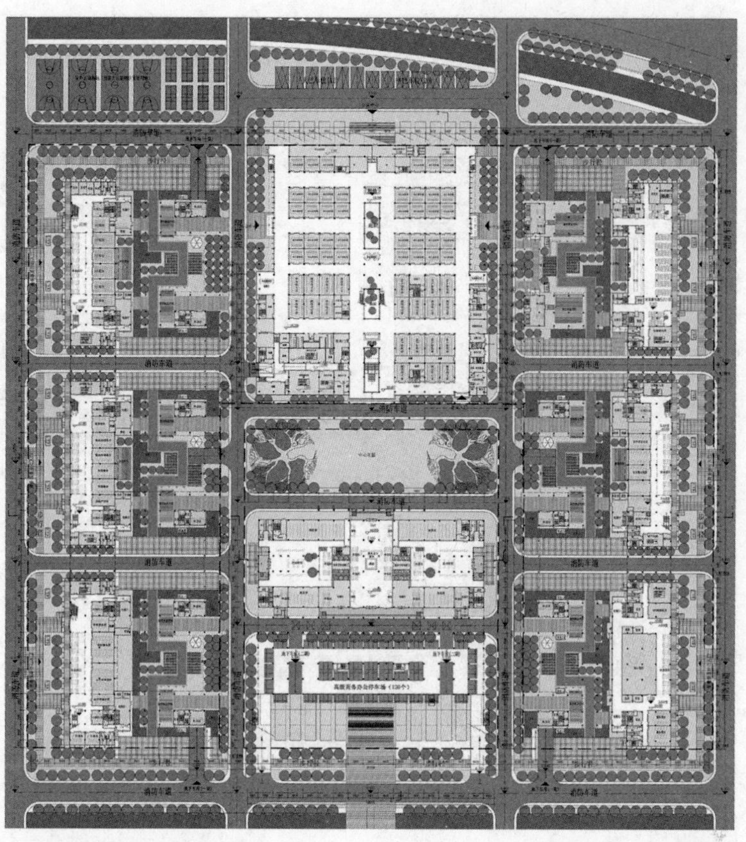

图4-67　首层平面图

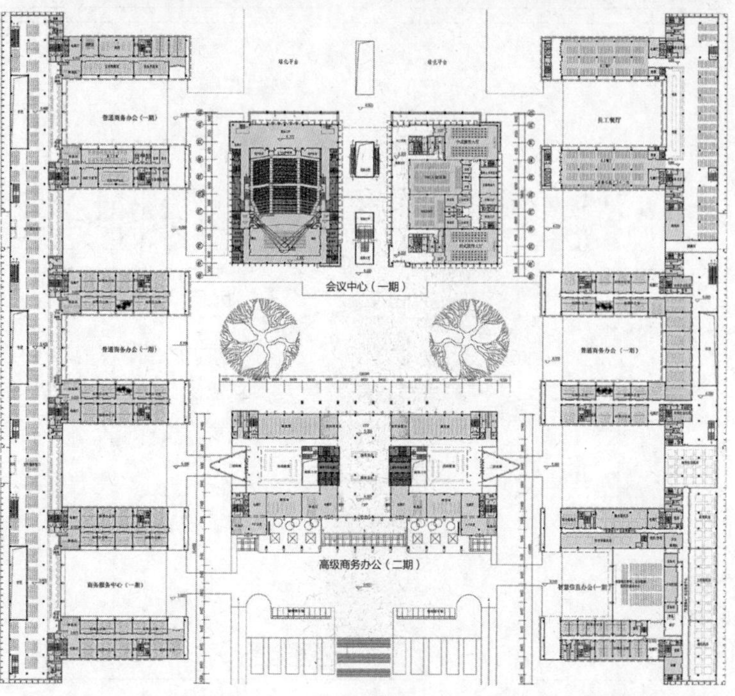

图4-68　二层平面图

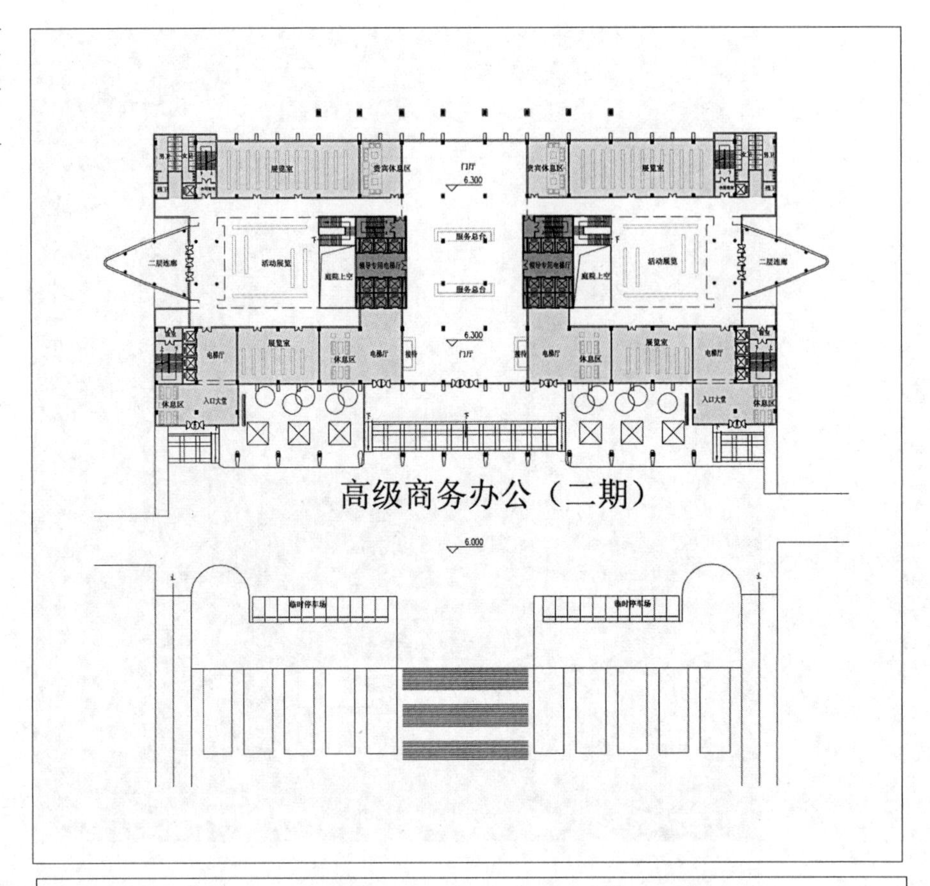

图4-69　商务中心主楼二层平面图

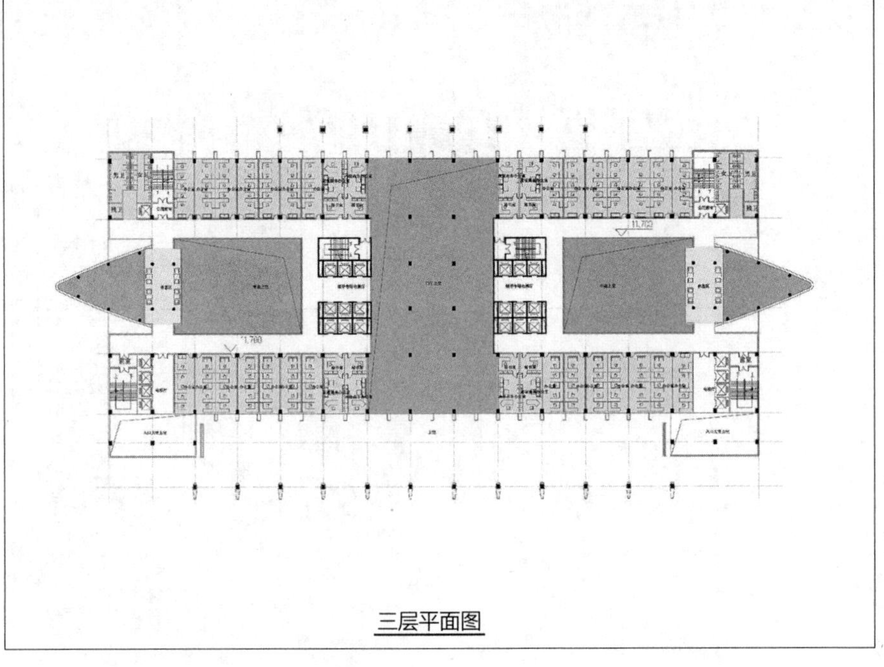

图4-70　商务中心主楼三层平面图

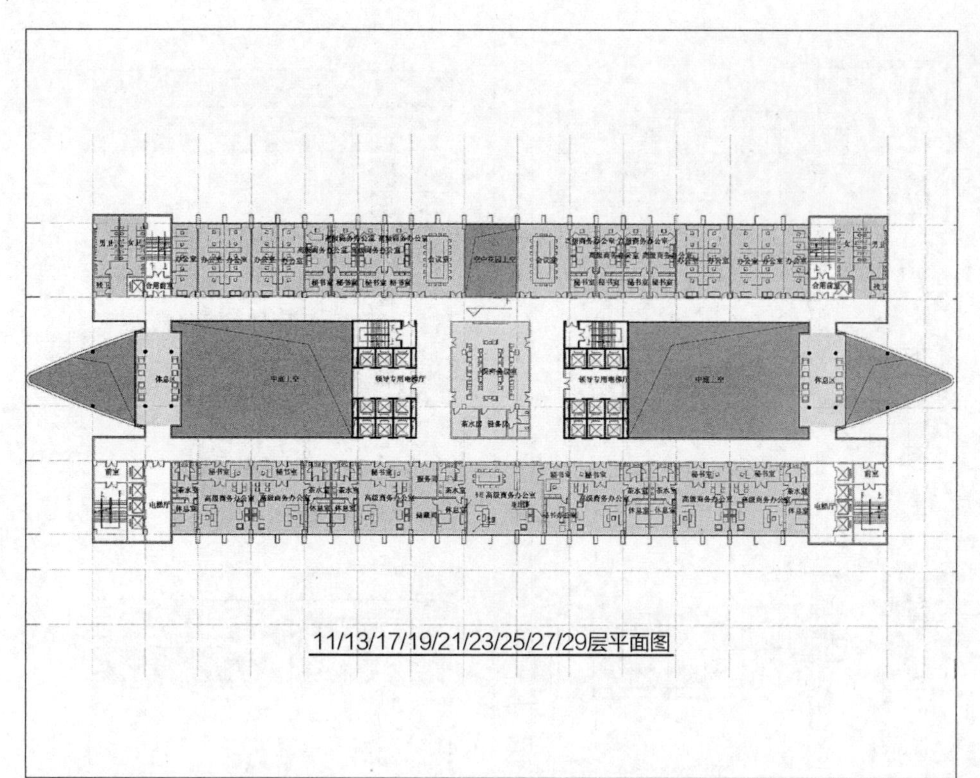

图4-71　商务中心主楼10~30层（单数层）平面图

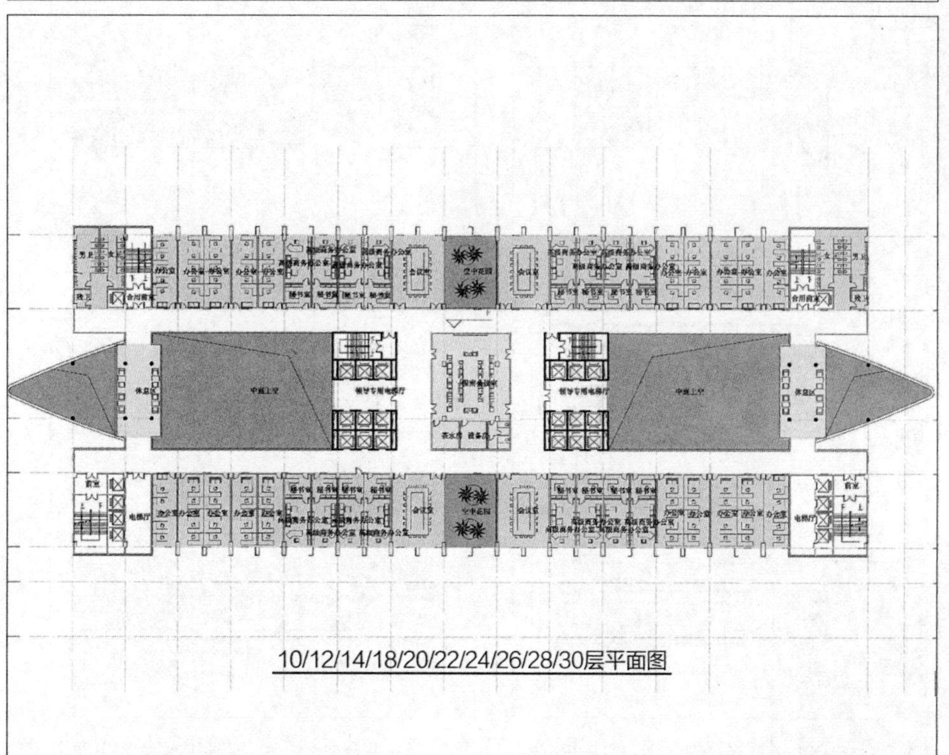

图4-72　商务中心主楼10~30层（双数层）平面图

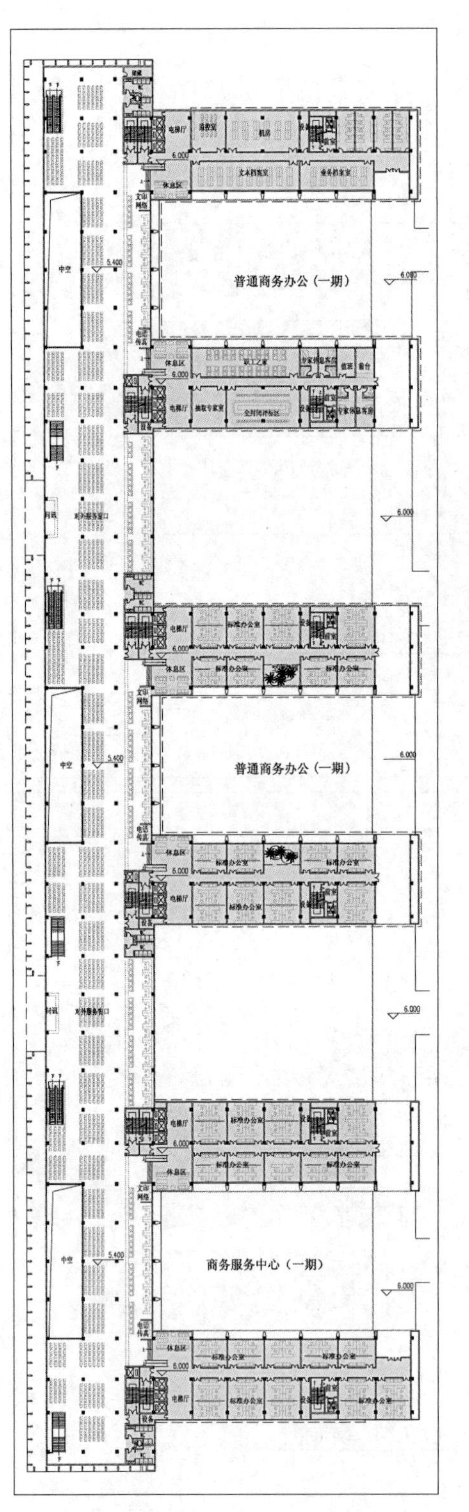

图4-73　商务办公及商务服务中心二层平面图

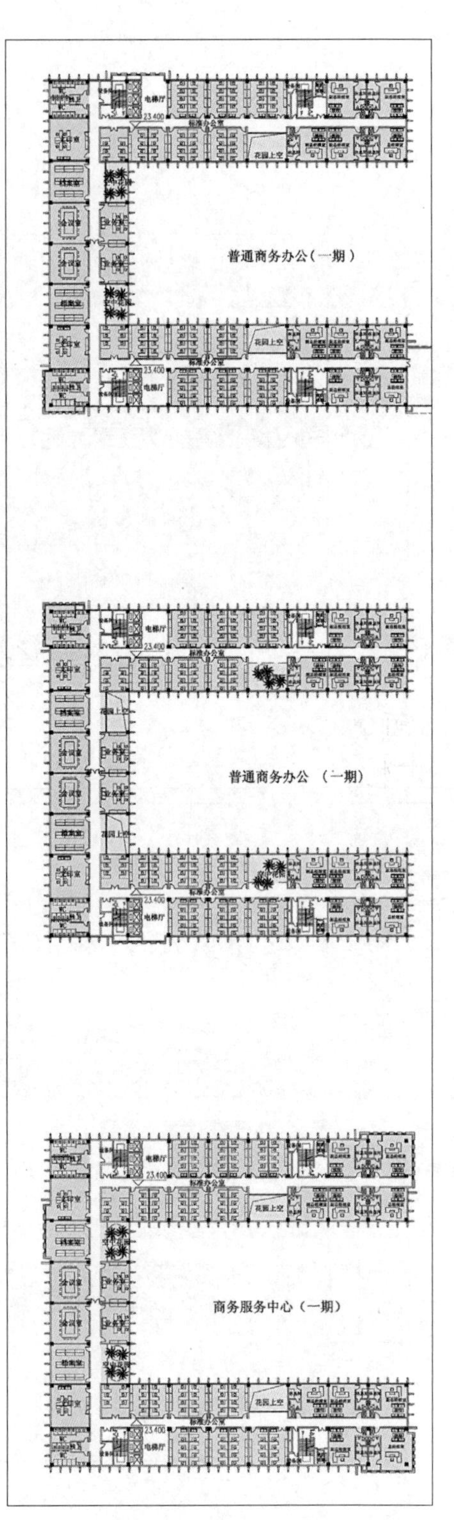

图4-74　商务办公及商务服务中心六层平面图

第五节 广州市第三少年宫方案设计

地点：广州市黄埔区
时间：2013年至今
业主：广州市少年宫
状态：初步设计
基地面积：28022平方米
总建筑面积：28000平方米
建筑层数：地上五层，地下一层

一、项目概况

项目位于广州市黄埔区黄埔文化中心，是黄埔文化中心四大公共建筑之一。基地具体位置在黄埔区政府及荔枝公园以北、黄埔体育发展中心以南、黄埔图书馆以西，北接护林路、南接大沙北路；基地被镇东路南北穿越，分为东西两块用地；基地用地面积28022平方米，净用地面积18419平方米，现状为平整林地。

广州市第三少年宫旨在发挥传统少年宫功能的基础上，配合广州“科教兴市”战略，重点突出科技和康体的主题，致力于培养少年儿童文化艺术与科技素养能

图4-75 区位示意图

力。项目具体定位为：1．打造成为少年儿童会展中心，体现在展览中心、体验中心、演艺中心的设置。2．打造成为少年儿童素养课程孵化基地，以素养课程工作坊与研发、实践基地作为特色。3．打造成为广州市少先队活动总部，包括少先队博物馆、少先队议事堂等功能。4．打造成为少年儿童博物馆，涵盖科技、人文、艺术、岭南发展史等领域。

二、方案设计特点

（一）规划设计

方案分为东、西两区，少年宫教学主楼设置于东侧地块，小型剧院独立设置于西侧地块，东西两功能区通过人行天桥连接。

东区的教学主楼，五层，高28米。以自由云状形态和其周围建筑形成体量均衡、尺度和谐、形态差异化的空间关系。主楼设置一南一北两个主入口空间，分别与南侧的红领巾广场和北侧的黄埔文化中心广场联系。后勤入口与地下车库出入口位于主楼东侧，直接联系黄埔文化中心辅路，高效便捷。

西区的小型剧院设计为蛋形平面形态，能较好利用西区三角场地条件。剧院拥有观众席位420座，剧院舞台顶高达22.75米。观众厅入口设置于北侧，可通过立体的天桥平台和主楼联系，舞台后勤入口设置于南端。剧院北段的三角地块规划为少年宫室外活动场地。

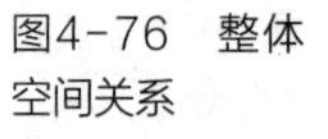
图4-76 整体空间关系

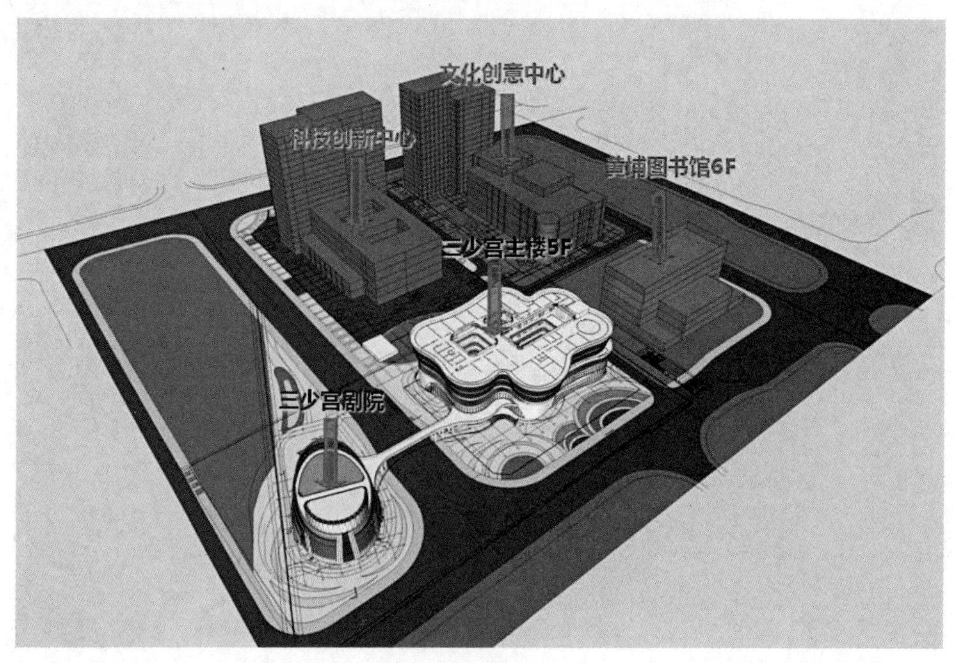

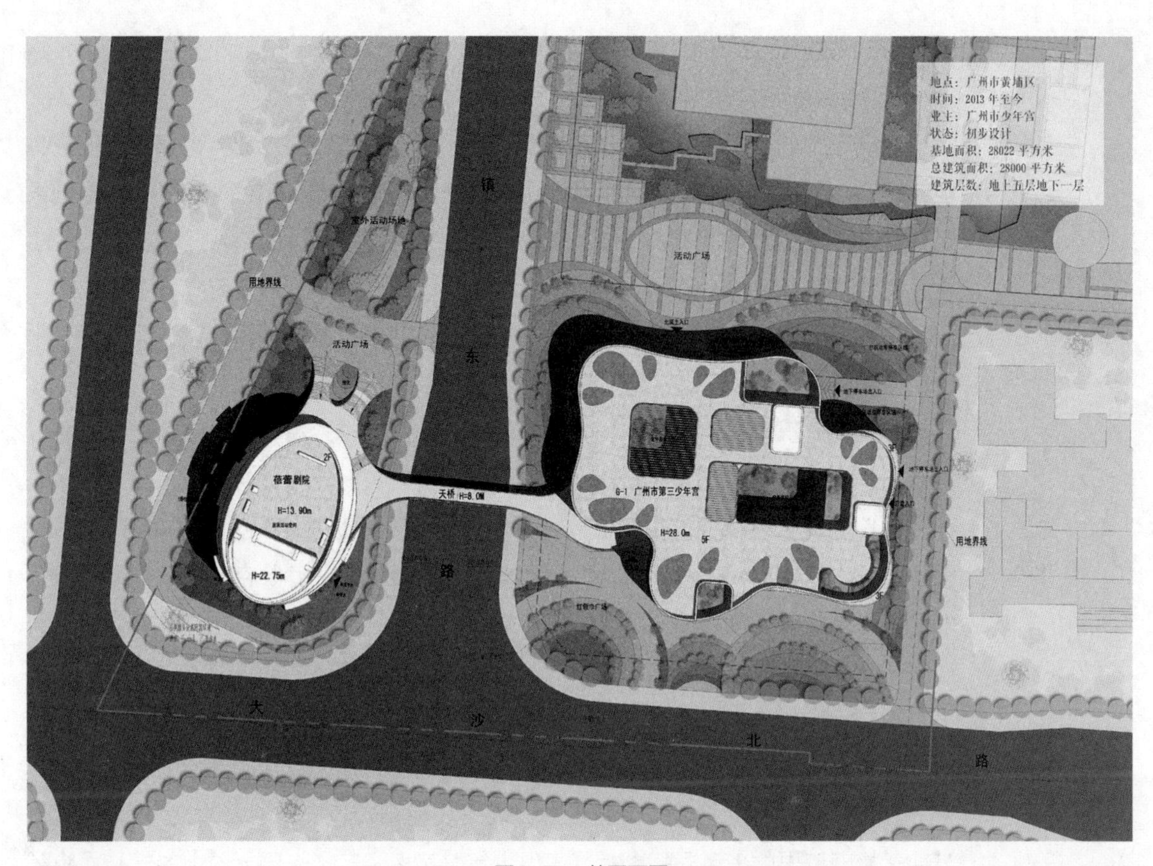

图4-77　总平面图

图4-78　鸟瞰图

（二）建筑设计

1．自由轮廓与规整柱网体系——想象力与实用性

建筑云状外轮廓界面自由活泼，具有不确定性与灵活性，符合少年儿童的心理需求，能较好地体现少年宫建筑充满想象力的形象特征。在活泼的形态轮廓内部，平面空间采用规整的平面柱网体系结构，功能实用，十分方便教学活动空间的流线组织与空间划分。

2．庭院空间

在主馆建筑内设计了三个垂直主庭院空间，并在各楼层端角处设计了水平开敞的空中庭院空间。

在场地面积紧张的约束下，教学主楼空间组织集中紧凑，平面进深较大，通过开敞与半开敞的庭院空间的设计，使主楼空间拥有较好的自然通风与采光条件，是符合岭南地理气候特征的空间设计，并能为学生及家长提供适宜的休息等候空间。围绕着垂直庭院空间进行平面功能分区与交通流线组织，庭院空间能改善每间教室的通风采光物理环境，而二层以上每层端角的水平开敞休息等候空间，将作为引风口，与主庭院形成一体化的通风空间，有效增强建筑整体的通风效果。

3．表皮

在丰富的自由云状形体基础上，通过简洁的水平线条立面肌理作为立面设计元素，采用彩色水平铝格栅作为建筑立面表皮。格栅外表皮，成为建筑外遮阳体系，又通过格栅底面的多色彩虹面板，表现少年儿童多姿多彩、阳光向上的精神面貌。

（三）室内设计

室内以岭南元素、儿戏元素、少先队元素为设计基因，用全新的、丰富的体验空间语言，激发孩子们的学习热情与想象力，实现放飞梦想的空间主题。

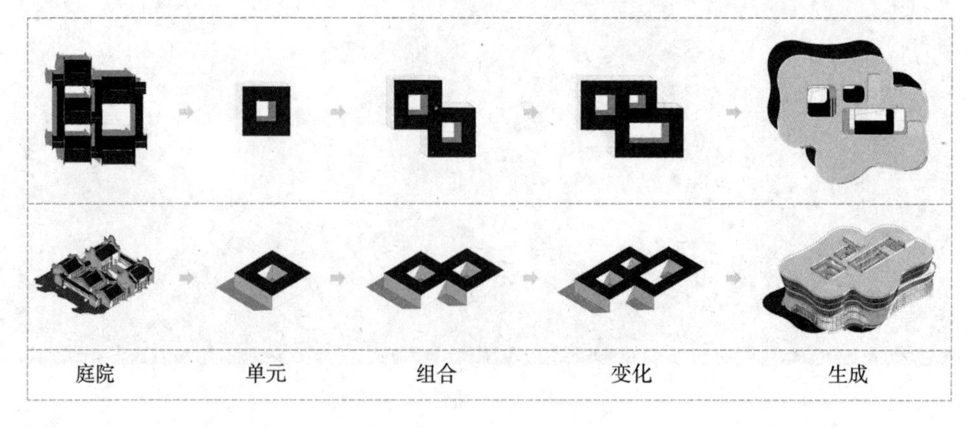

图4-79　建筑生成过程

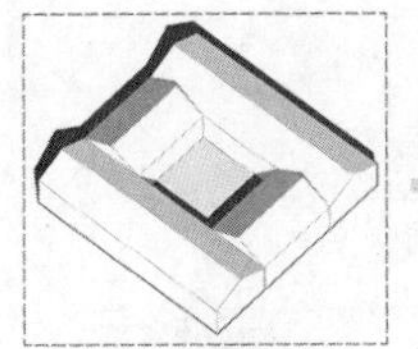

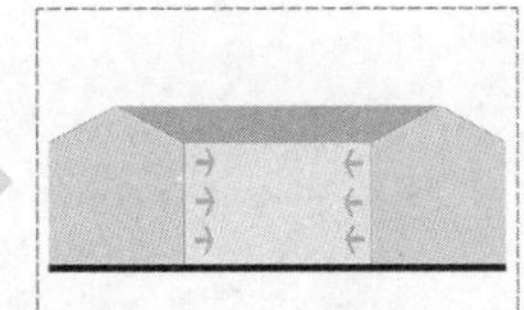

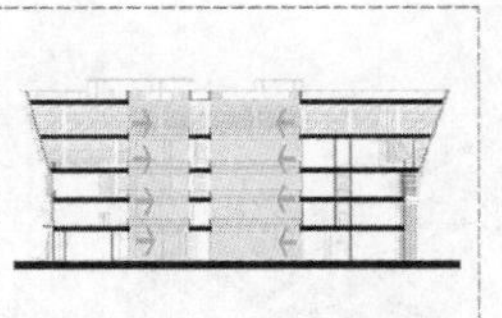

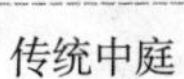

少年宫中庭

图4-80 传统中庭与少年宫中庭对比分析

图4-81 低点透视图

图4-82 低点透视图

图4-83 庭院对流分析

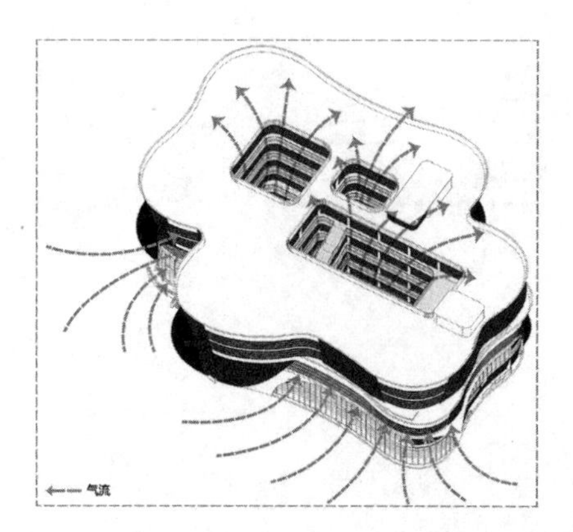

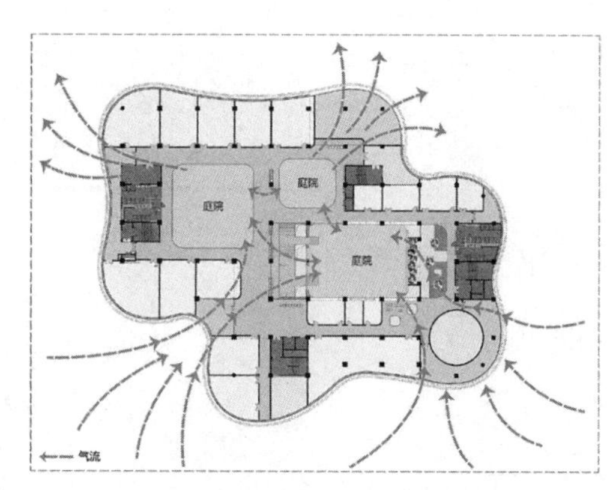

图4-84 岭南元素

岭南地貌

珠三角桑基鱼塘、岭南巷弄

提取岭南特有地貌特征，贯穿整个空间布局，让人自身其中，又仿佛穿梭于小巷中

LANDFORM

图4-85 岭南元素

广州人文

剪纸、童谣、花灯、艇仔、榕树

GUANGZHOU HUMANITIES

1．岭南元素

提取岭南特有的桑基鱼塘地貌特征作为平面肌理，贯穿于整个首层空间布局，并以青石板为局部材料元素，用古朴的方式展现城市文明，让人置身其中，又仿佛穿梭于小巷中。简单的坐凳功能，却充满广州水乡艇仔文化，让在此活动的孩子及家长们倍感亲切。

2．儿童游戏

将特有儿戏元素（七巧板、魔尺、魔方、陀螺、彩虹圈等）运用到空间中，表现在墙面、地面、天花等地方。用有序的图案成为空间地面铺贴造型，通过夸张的手法，为空间营造轻松、趣味的氛围。智慧性、贴近性、参与性的几何图案，结合景观植被的错落，形成巧妙的衔接阶梯，使少年在歇息中具有潜移默化的认知。延伸重复性的元素，与空间栏杆功能不谋而合，流畅性地、曲面巧妙地柔化楼层结构。

3．少先队

运用具有象征性的红旗、红领巾等元素，按原比例形态作为元素图案，通过放大组合手法，结合墙面凹凸有致的旗杆纹理，作为广场的主背景墙，寓意红旗精神冉冉升起，新祖国接班人正在茁壮成长。

图4-86　儿戏元素

三、小结

广州市第三少年宫建筑设计，是岭南地域建筑结合少年儿童类型建筑的一次大胆设计尝试。形态上，自由云状空间结合彩色水平格栅，表现出富有的不确定性与灵活性，符合少年儿童的心理需求有想象力的空间形态，并将这种语言，应用到室内中。空间上，以规整实用的柱网体系为结构，结合开敞与半开敞的庭院空间，营造出具有良好通风与采光效果，适合广州亚热带气候的空间体系。

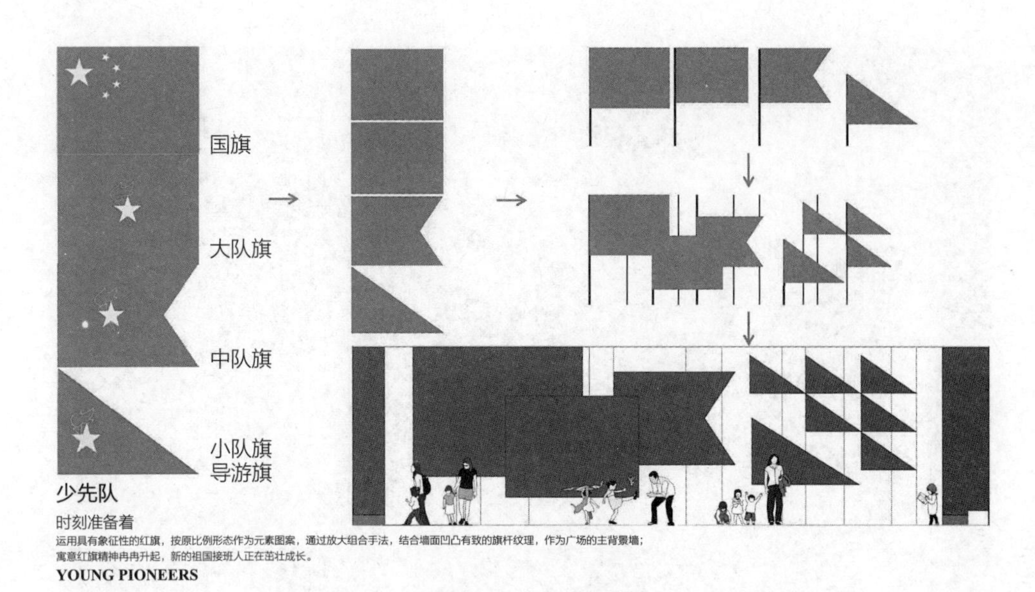

图4-87　少先队元素

图4-88　低点透视图

图4-89 室内透视图01

图4-90 室内透视图02

图4-91 室内透视图03

图4-92 室内透视图04

图4-93 室内透视图05

图4-94 室内透视图06

第六节　佛山市中德服务区高技术服务平台建筑方案设计

地点：佛山新城

设计：2012年

业主：佛山市东平新城开发建设有限公司

状态：建筑概念方案设计

基地面积：19.4万平方米；总建筑面积：55.5万平方米

一期建筑面积：29.5万平方米；二期建筑面积：26万平方米

一、项目概况

进入21世纪以来，高层建筑的建设规模日益繁荣，尤其以中国为代表的亚洲发展中国家更是成为高层建筑的试验场，但随之而来也出现了许多问题。一方面追求脱离结构的装饰效果，或是追求缺乏内在逻辑的奇特形象等；另一方面表现在忽视当地文化特征与场所周边环境，在强调建筑标志性的同时忽略了城市的整体形象。如何通过设计和技术手段解决相关的环境、社会、经济、文化、美学问题等成为我们研究的主要角度和方向。

（一）项目背景

2012年8月，在中德经济合作联委会上，“中德工业服务区”写入中国商务部与德国经济部签署的关于进一步促进双向投资的联合声明，上升为中德两国间的合作项目。

（二）项目概况

项目用地面积25706平方米，（可建设用地面积17931平方米），容积率为8.35，总建筑面积约208510平方米，其中商业19010平方米，办公134790平方米，地下停车及设备54710平方米，地下车位总共有2054辆，建筑总高度为166.62米，共38层。

二、方案设计特点

（一）城市之桥——规划特点

项目位于佛山新城核心商务区，景观资源丰富，是经东平大桥由北往南进入佛山新城的第一座超高层建筑，位置十分显赫，如何在高楼林立的新城CBD片区树立项目形象成为建筑设计的首要解决问题。

我们希望明晰本项目在城市中的地位，建立一个独特而恰当的标志性门户形象。在方案设计中，我们以“桥”为主题将两栋塔楼连为一体，创造出一座体现中德文化交融，融入城市又独具气质的现代办公楼，确立起中德工业服务区的门户形象。

（二）文化之桥——形象特征

城市记忆不仅来自昔日的城市辉煌，更在成长的城区中寻找新的着力点，用什么来书写历史长卷的新坐标点，我们心怀敬意。

方案没选用造型特异的体量，而是遵循佛山新城CBD片区的城市规划尺度，提炼出具有多样特征的体量，搭接组合成完整建筑体形，这种单一模式极致处理的逻辑逐步确立，就是我们建筑的生成过程。形体错落之间获得变化的光线，丰富建筑

图4-95 佛山新城整体鸟瞰图

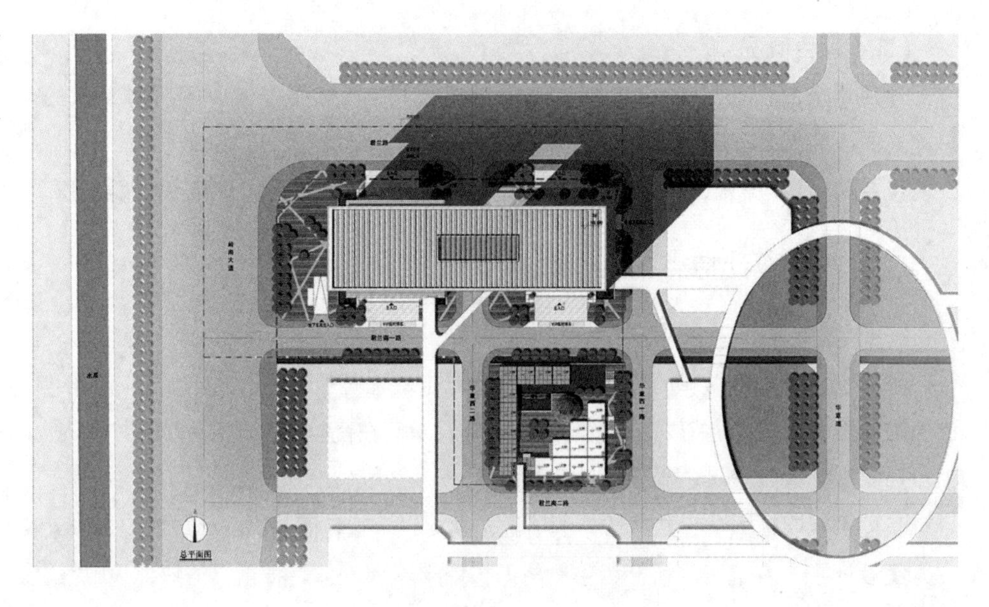

图4-96 总平面图

图4-97 总体鸟瞰图

的立面表情，展现了求同存异、共生共存的中德友谊之桥。

方案以简洁理性的直线条象征德国务实理性的文化特征，以宏大的建筑灰空间和曲折丰富的立面肌理象征中国的东方文化特质，并将其统一在一个建筑体量之中，展现中德文化交流互融的设计主题。

（三）空间之桥

项目位于佛山行政主轴与景观主轴之间，背靠佛山新城中欧中心，面向佛山中央公园，与佛山新城商务中心、文化中心形成以世纪莲体育中心为轴的三足鼎立之城市空间形态。

商务中心区容积率高，区域内公共开放空间不足，我们在B—03—05地块组织下沉庭院空间，结合北侧规划河涌水系，打造了一个“水在城中，城在水中”的地下商业空间环境，为紧密的城市打开一扇可呼吸的绿色窗口。

“桥”的设计理念同样体现在设计者致力的各种空间之中：如以室外露台和空中大

图4-98　鸟瞰效果图

图4-99　低点效果图

厅的方式，建立起室内与城市公园景观之间的空间之桥；以顶部连体与中部步行天桥建立起两幢建筑间的联系之桥；以裙房天桥系统建立起整个街区建筑群之间的步行之桥。

（四）交流之桥

我们致力于在超高层建筑体量中提供富有创意的共享与交流空间，营造出适合商务洽谈的交流之桥。

1．空中花园平台

方案设计充分利用形体进退产生的屋顶平台，配置岭南地区特有的观赏植物，形成跳跃式空中花园，打造成为一个绿色生态公共交流平台。

2．高技术交流商务服务平台

结合项目需求，方案设计将顶层作为中德工业高技术服务平台区，提供高技术交流合作的商务、洽谈、会议等的一站式商务服务空间。

3．三层裙房空中连廊

根据规划条件要求，方案设计在12米标高的三层商业位置，设置联系东、南两侧建筑裙房的空中连廊，为区域内的商业人流提供24小时不间断的交通联系。

4．东西塔楼之间的步行天桥

在建筑东、西塔楼之间，设置了3组双层交流天桥，为东侧塔楼的办公人员提供到达西侧空中花园的观光通道。

（五）结构之桥

超高层结构的突破带来建筑观感上的震撼，大跨度结构气魄宏大的外表底下蕴含着严谨的结构布局，规整的柱网设计保障了结构工程的经济性和合理性。

（六）生态之桥

生态设计理念贯穿整个设计，项目按照绿色三星建筑标准设计，安排大量的半室外生态绿化空间，在使用者与大自然之间建立起生态之桥，提升使用者的生理及心理的健康水平，打造出一幢体现人性化的绿色、低碳、生态办公建筑，她完美超群，不属于某一个时代，而是属于所有的时代。

三、小结

随着社会经济的日益发展，城市中会有越来越多的超高层建筑。本案旨在探讨绿色、岭南等地域设计手段的在高层建筑设计的应用，并在设计中照顾超高层建筑的象征意义，从而推进超高层建筑设计往更绿色、更环保的方向发展。

图4-100　空中绿化平台

图4-101　空中交易平台效果图

图4-102　局部透视图

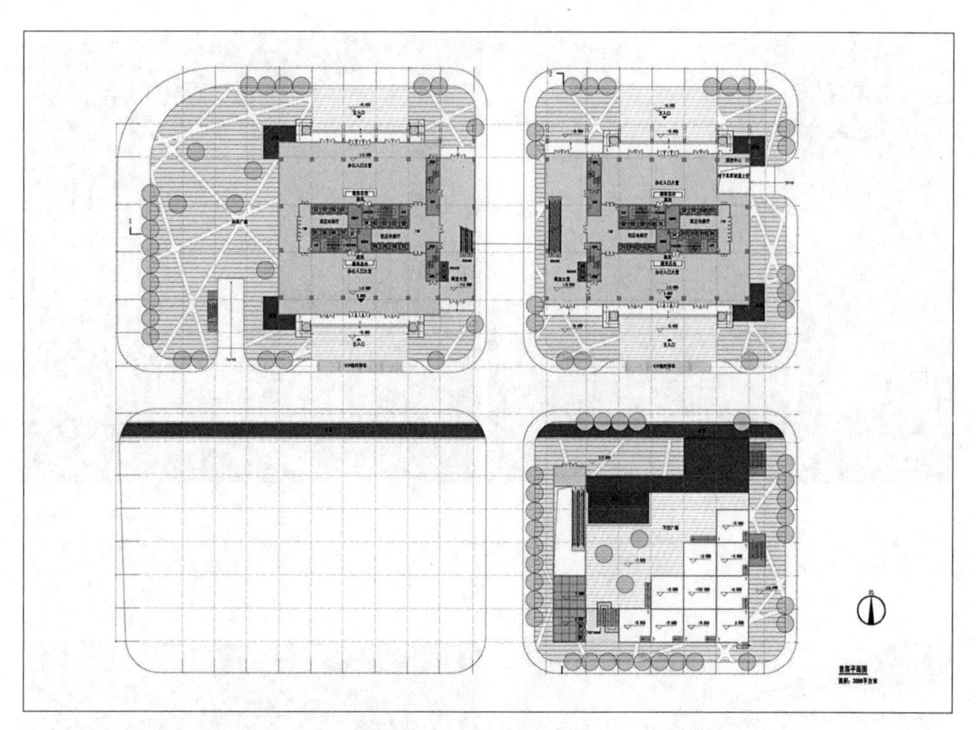

图4-103 首层平面图

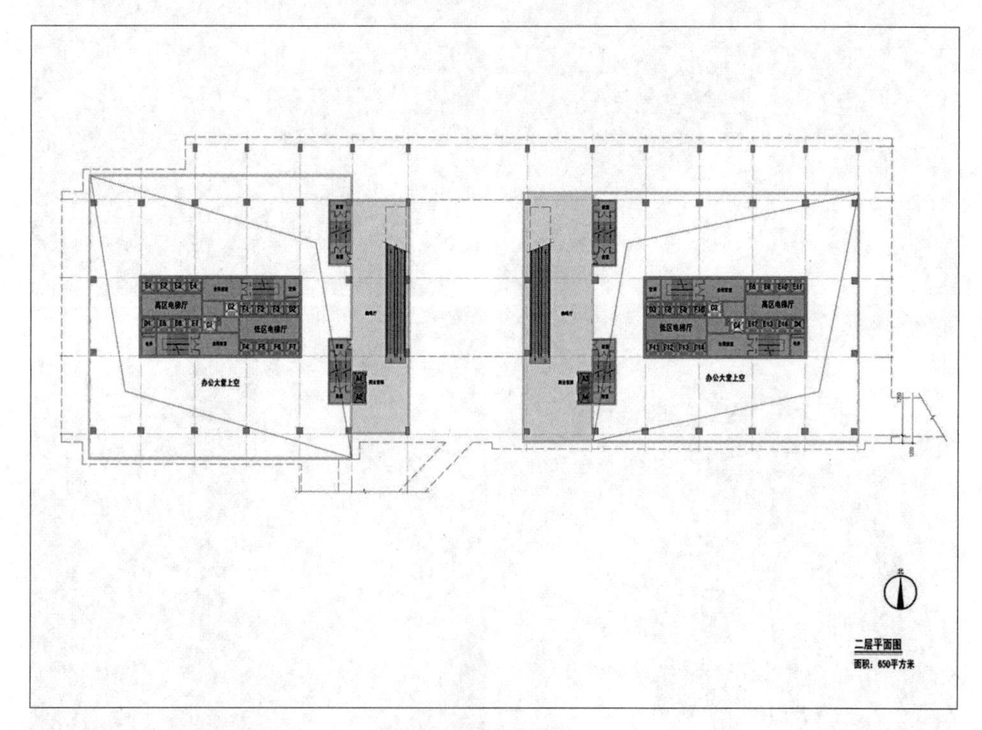

图4-104 二层平面图

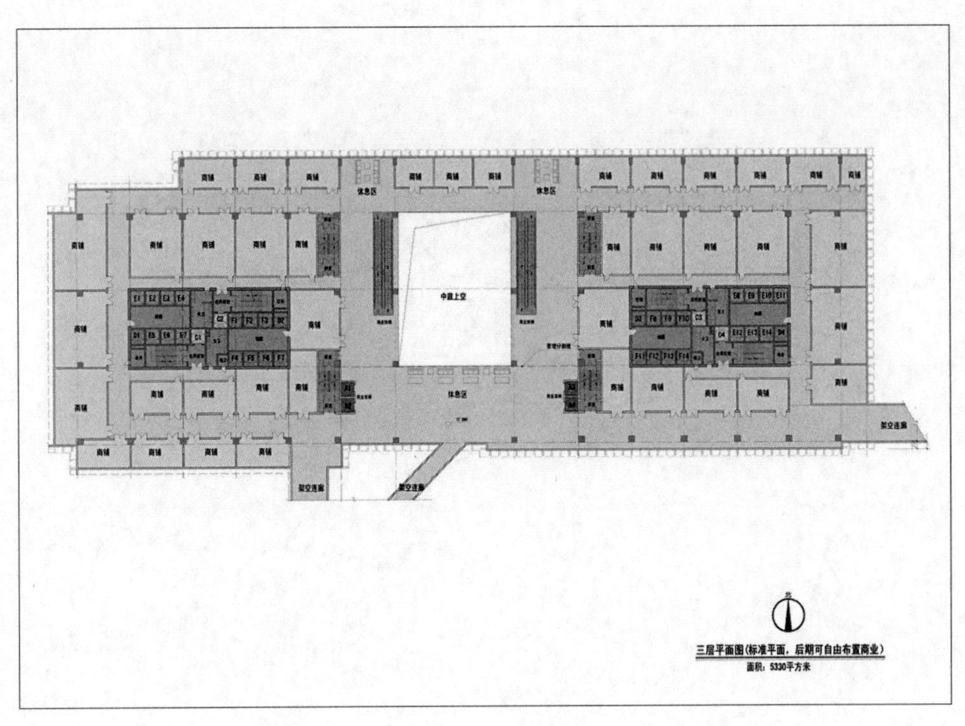

图4-105 三层平面图

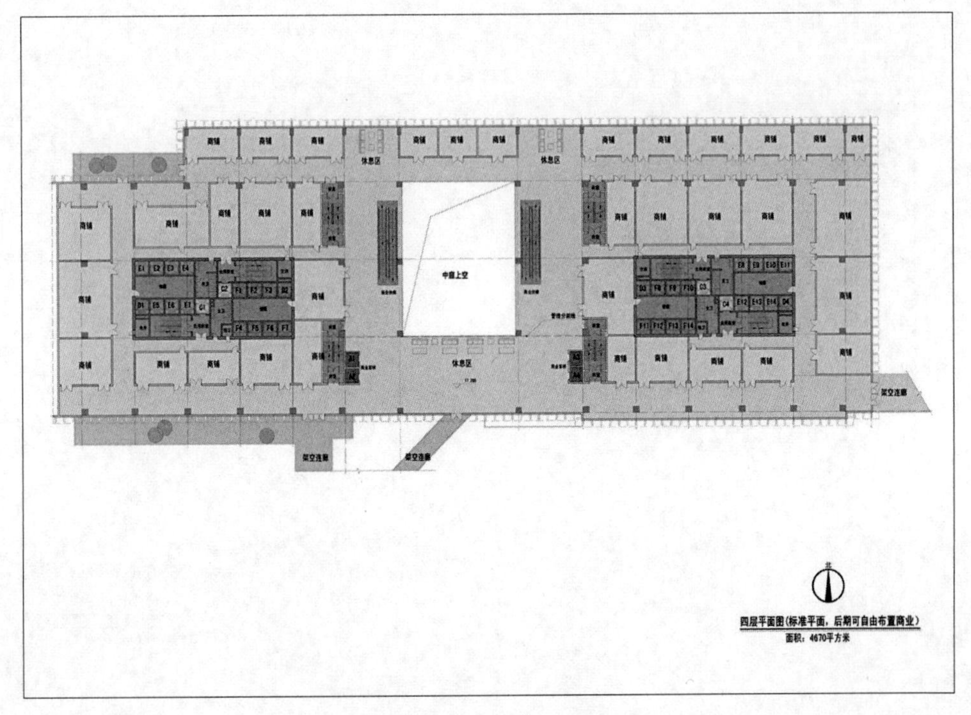

图4-106 四层平面图

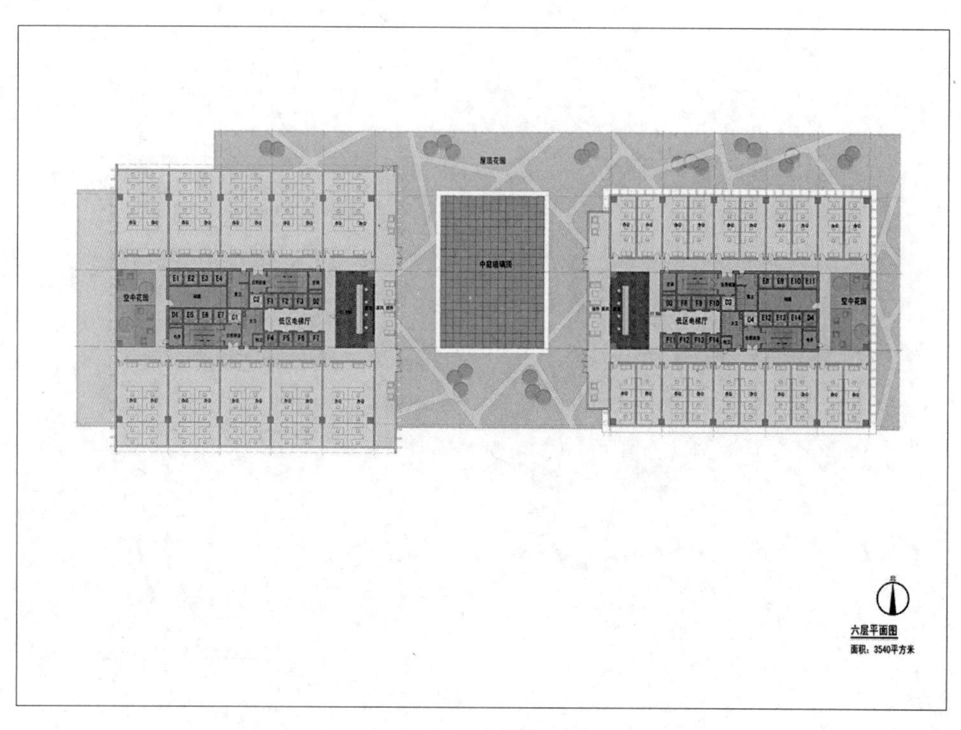

图4-107　六层平面图

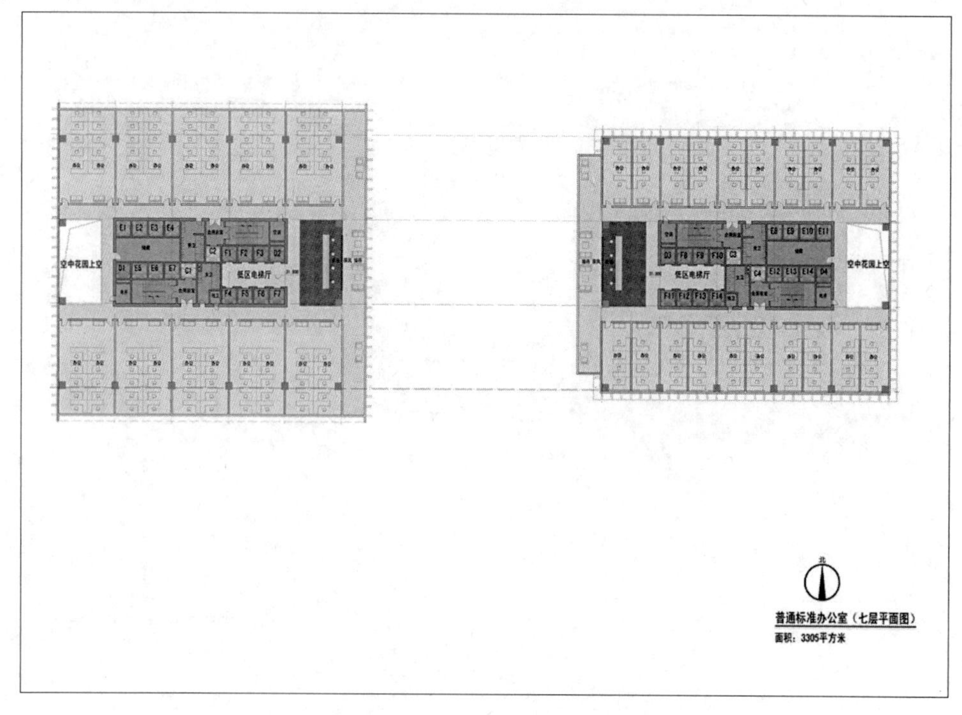

图4-108　普通办公室标准层平面图

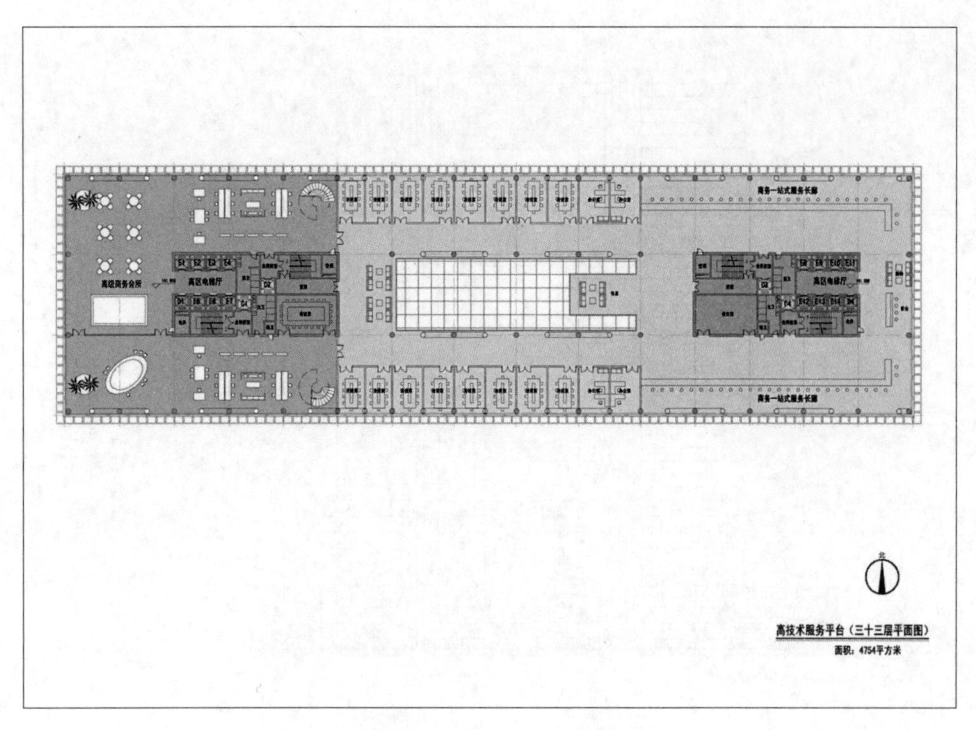

图4-109　三十三层平面图

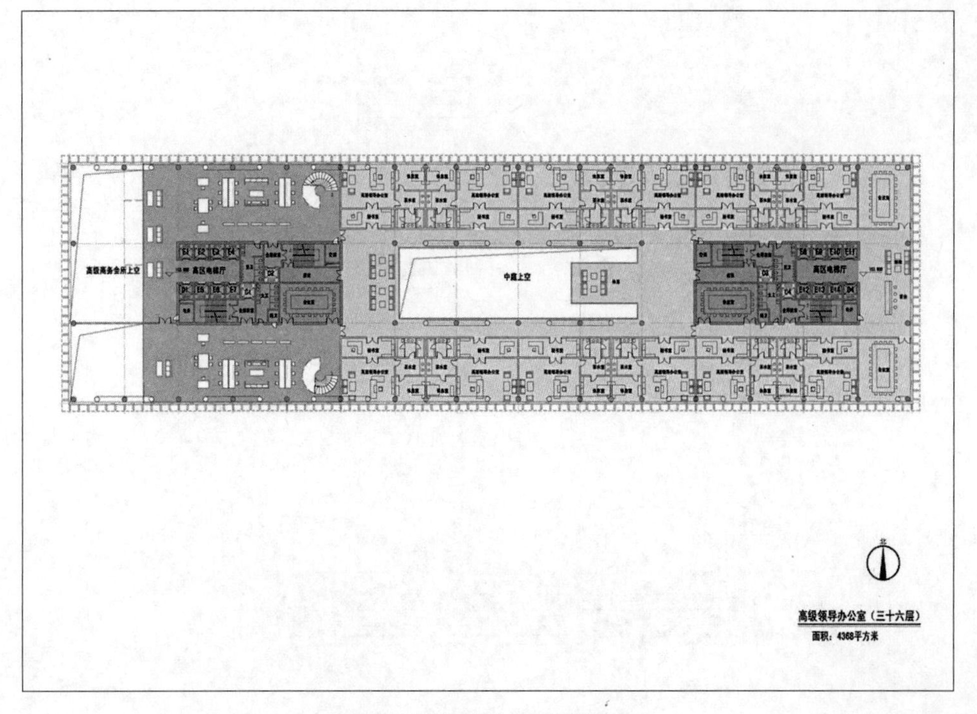

图4-110　三十六层平面图

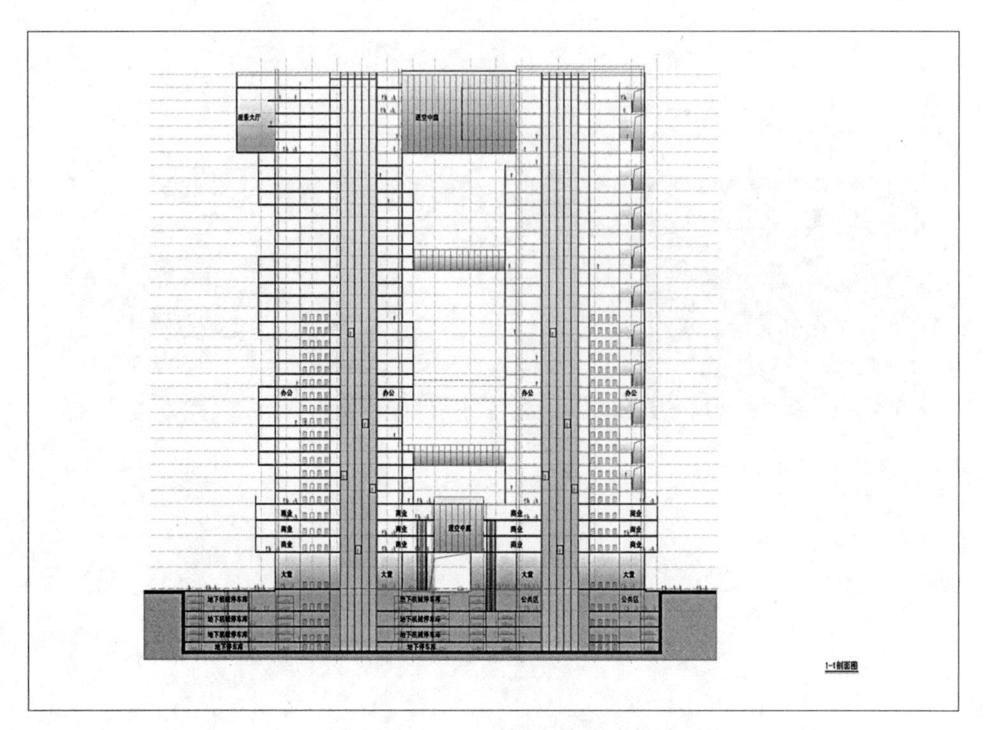

图4-111　剖面图01

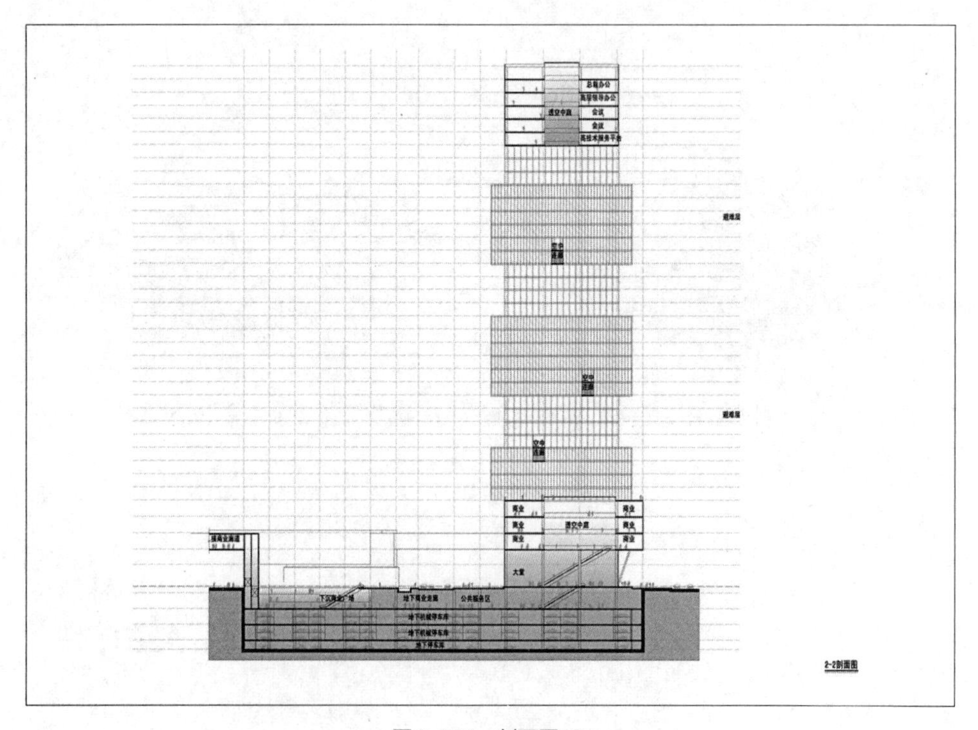

图4-112　剖面图02

第七节　广州市美术馆新馆建筑方案设计

地点：广州市广州塔南侧

业主：市文化广电新闻出版局、市科技与信息化局、市城投集团公司

基地面积：2.92万平方米

总建筑面积：8.0万平方米

设计：2013年

一、项目概况

（一）项目概况

项目基地位于广州新城市中轴线南端的起点，处于城市旅游观光区。北面为双塔路、东面为艺苑东路、南面为相隔科技馆的规划路，西侧紧邻岭南广场。

（二）设计定位

美术馆建筑立足岭南，突出传统文化意蕴在整体格局的层次上体现广州的历史沉淀与文化底蕴，体现广州的人文地理特征。作为广州培育世界文化名城的一张名片，打造成为国家重点美术馆，建成一个集收藏、展览、研究、交流、教育、推广

图4-113　整体鸟瞰图

于一体的大型、现代化综合美术馆，成为广州的门户美术平台。

（三）设计概念及策略

美术馆造型设计以岭南“端砚”为设计灵感，通过两条内外互相才的立体双螺旋曲线作为整个博物馆的空间组织结构，结合空中绿化庭院等生态绿色设计理念，极力打造一个有丰富岭南文化内涵和象征意义的标志性城市美术馆建筑。

二、建筑设计构思

（一）端砚——主体创意

砚是传统书画创作文房四宝中的一宝，是传统美术文化的重要象征。端砚产于广州的母亲河西江，乃砚之上品，是岭南美术的翰墨之源，建筑设计从端砚中得到启发，通过模拟端砚形态，以形传神，彰显美术馆的文化内涵。

（二）研墨——独特流线

砚为静态，研墨为动态，动静相生。建筑形态模拟研墨的动态神韵，由屋顶一脉旋转而下，有收有放，景象非凡，以双迴路径的参观流线为特点，内环为中庭，外环为盘旋而上的绿化雕塑展廊，取得功能与形式的高度统一。

内、外立体流线作为观展组织形式，营造出前所未有的空间体验，螺旋式内环参观流线沿中庭盘旋而上，带来强烈的视觉冲击，城市体验流线紧贴立面盘旋而上，让观众在城市、展厅之间参观、游走，在感受艺术珍藏的同时观赏广州城、珠

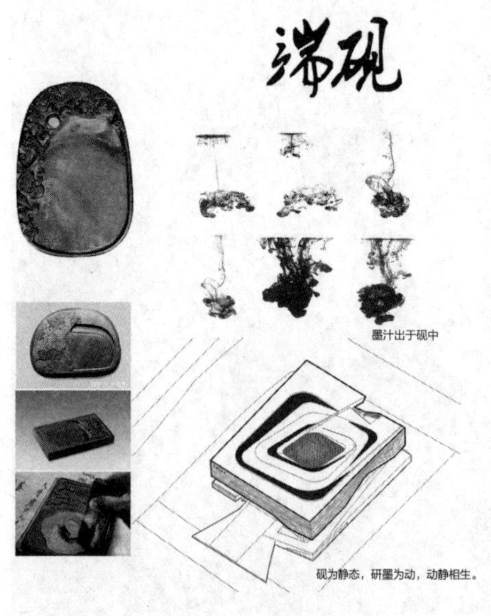

图4-114 创意概念图

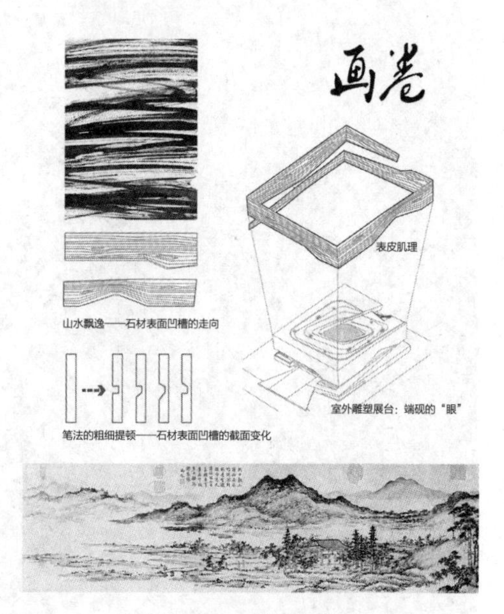

图4-115 创意概念图

图4-116　建筑夜景鸟瞰图

图4-117　低点夜景效果图

江水等城市建设成果，体验广州生活的历史与当下。内、外环线在二、三、四、五及屋顶层的休息平台处交汇，提供多种可能的观展路线，双线最终交汇于屋面空中花园，这里是起点，亦是终点，无限循环。

（三）画卷——外观形象

建筑立面作为中轴线形象展示的重要媒介，如何传达美术馆的文化气息是本设计的重中之重。本案以画卷为题，通过石材表面凹槽的走势和宽度变化，模拟笔锋的深浅和行笔技法，整体犹如一幅山水长卷，深化美术馆的艺术主题。

三、建筑设计分析

（一）建筑内部功能分析

1．展陈区

1）主展厅：净高13米，二层设5米环形参观回廊，设于二层入口大堂，可举办大型美术展览。

2）临时展厅：净高6.5米，设于二层入口大堂左侧，有独立的出入口，可采用可分可合的布展形式。

3）增强实景展厅：净高6.5米，设于四层南北两侧。

4）艺术交流创作厅、多功能展厅：净高6.5米，设于三层展厅前区，与首层临时展厅相近，可统一策展。

5）名人馆展厅：净高6.5米，设于四、五两层，主要是固定形式展览布展。

6）艺术交流创作厅：净空6.5米，设于屋面夹层，处于内、外两套流线的交汇点，作为观众观展中途的休息与艺术交流空间。

2．藏品库区

藏品库区设于建筑体量投影正下方的东侧，按照金库安保等级设计，分两层空间叠加摆放，其上下方均没有设备及停车库，内通道净空3米，四周预留2.4米的安保通廊。

库前区设于负四层，相当于广州高程绝对标高－7米，外侧车道与艺苑东路的负二层隧道相连，装卸区可同时停放两台文物运输车，设置1.2米高的卸货平台及专用的无障碍运输通道。该区域设置有藏品入库总门，可同时满足防火、防盗、防水的要求。

3．文化教育与公众服务区

文化教育与公众服务区设置在美术馆前区，利用下沉中庭空间，将观众人流引导至首层的观众多功能活动室、艺术课室、画廊以及负一层的多功能报告厅、演讲厅等公众活动空间。

4．业务、科研与管理区

业务、科研及管理区设置在首层，处在库藏区和陈展区中间，使管理、科研及文物修复、处理等工作与陈展、储藏取得最直接联系。

5．设备及地下停车库

地下停车库设在地下室西侧，与艺苑东路二层下穿隧道取得直接联系。地下车库与藏品区通过设备用房和安保通道隔离，保障藏品区的绝对安全。

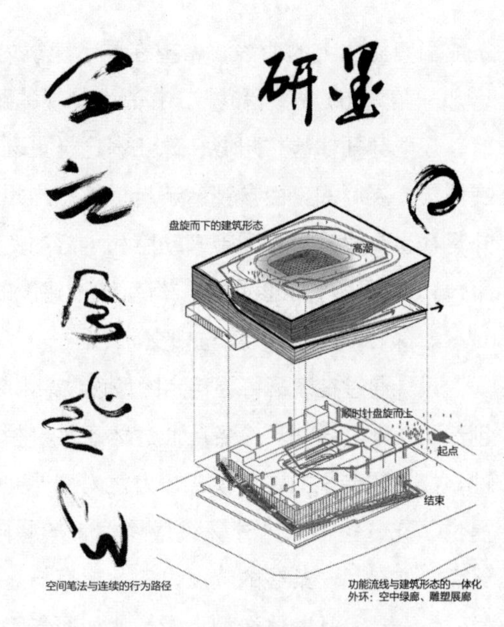

图4-118　建筑展览流线图分析图

（二）交通流线分析

1．参观流线

内外嵌套的立体双螺旋曲线——岭南文化的“传承”。

设计立足岭南传统美术文化，着眼博物馆空间设计的未来趋势和高科技手段的运用。在内外空间的组织上，沿用整体城市中轴线设计中采用的DNA双螺旋曲线的概念，创造性地采用两条内外嵌套、互相交织的立体双螺旋曲线作为组织整个博物馆空间结构以及水平方向和垂直方向交通流线的核心体系，打破传统的博物馆观展流线，为观展带来前所未有的空间体验和视觉效果。

其螺旋而上、双线交织的形态，既呼应了广州塔的结构肌理，同时也在一定程度上契合了整体城市设计的空间结构主题，表达了岭南文化“代代传承，经久不衰”的内在含义。

2．内环线——室内参观流线

内环线绕美术馆的中庭空间盘旋而上，其螺旋式上升的形态从通高的中庭空间看上去犹如一条盘龙腾空而起，直冲云霄，为美术馆内部空间带来视觉上强烈的冲击。设计通过采用用螺旋曲线这种三维变化的曲线从立体上组织各个展览空间和观展流线，观众进入美术馆中庭后，可从迎面的大台阶顺时针拾级而上，参观馆内的各个展览厅，另外观众也可以从中庭后侧的手扶梯快速往上，直达屋顶观景台，为观展带来新的空间体验。

3．外环线——城市体验流线

考虑到美术馆所在区域的地标性和独特性，设计在建筑外部设计了一条紧贴建筑立面盘旋向上的曲线，希望在展示建筑内部丰富的藏品以及空间体验的基础上，增加一条体验广州塔和城市中轴线景观的路线，使人们在感受室内艺术藏品的同时，还能穿插体验广州城、珠江水这样更宏大的艺术品所带来的视觉冲击，让观众在城市、展厅间自由参观、游走，体验广州美术的历史与当下。螺旋式环绕而上的外环线也为建筑外立面带来动感和丰富的变化，城市体验流线直达美术馆屋面观景平台，在那里可360度体验广州新城市建设的成就。

4．内外环线的嵌套与相交

设计通过在建筑每层特定区域设休息和观景平台，为两条环线在每层的“交集”创造了条件。内外环在各层通过休息平台相交，为观众提供了多种游览路线的可能性，打破了传统的展览模式，为室内室外空间体验和参观路线的自由过渡创造性地提供了充分条件。内外环线最终相交与屋面平台的空中花园，这里是一条流线的终点，亦是另一条线的起点，如此起点与终点重叠，无限循环，寓意岭南美术文化“经久不衰”。从整体造型上看，犹如两条腾龙，盘绕墨砚而上，最终相交与空中花园的中庭透光天棚，呈“双龙戏珠”之势，与广州博物馆的“舞龙”造型遥相呼应。

5．内部工作人员流线

业务、科研与管理区设在地面首层，与二层观众入口平台层分开独立管理，内部工作人员可从赤岗北路的内部入口进入。

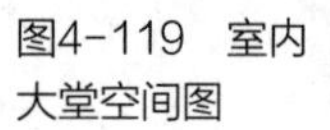
图4-119 室内大堂空间图

6．藏品流线

藏品运输车辆通过艺苑东路下穿二层隧道到达美术馆的负四层空间，库前区设有专门的文物运输车辆停放处，库房总门附近设有7吨的垂直运输电梯，将藏品运送至负二层的藏品区。

7．垂直交通流线

项目共设四组垂直电梯，西侧两组为客梯，东侧两组为货梯，联系地下室藏品库房、业务科研及管理区、陈展区等功能空间。

8．机动车行流线

9．地铁、公交参观人流

地铁参观人流从双塔路综合交通换乘大厅出来，通过二层观众平台进入美术馆；公交参观人流从电视塔南广场公交站场出来后进入到二层岭南广场平台，然后进入美术馆。

10．大巴及自驾车人流

大巴停车位设置于赤岗北路西侧，观众可穿过美术馆北侧室外展场，从室外台阶进入到二层观众大堂。自驾车观众可以将车辆停在岭南广场地下空间停车库，亦可以将车通过艺苑东路下沉隧道，将车停在美术馆地下车库。

图4-120 室内咖啡厅效果图

图4-121　负一层画廊效果图

图4-122　室外环形步道艺术展廊效果图

（三）景观设计分析

1．景观设计

建筑景观设计充分利用地形，结合庭院下沉景观设置，摆放各种雕塑作品，形成水池、绿化一体的室外艺术广场空间。绿化空间同时可作为安防缓冲带，便于各种安保设施的安装。

2．场所精神

建筑基于城市空间环境和整体城市设计的大格局，主入口与中轴城市广场无缝衔接，并针对中心广场的人行路径塑造良好的视觉展示面，使美术馆融入整体环境中，并成为重要的空间节点。

图4-123 中轴线夜景效果图

项目结合北侧步道设置小型展览平台，可摆设大型室外雕塑艺术作品，形成环形的室外艺术展廊空间。屋面平台模拟砚台造型，从东南角顺时针缓缓升起，利用屋面绿化可设置露天茶座和咖啡馆，让观众在欣赏屋面艺术展品的同时欣赏广州新城市建设，成为到广州旅游必到的新景点。

四、小结

建筑通过夜景照明城市夜景融合，营造出整体的城市夜间文化景观氛围，为市民提供良好的休闲活动场所。博物馆建筑虚实结合的体块组合，犹如发光的笔砚，使整个建筑犹如质朴砚台古物，为广州的城市添加一座文化瑰宝。

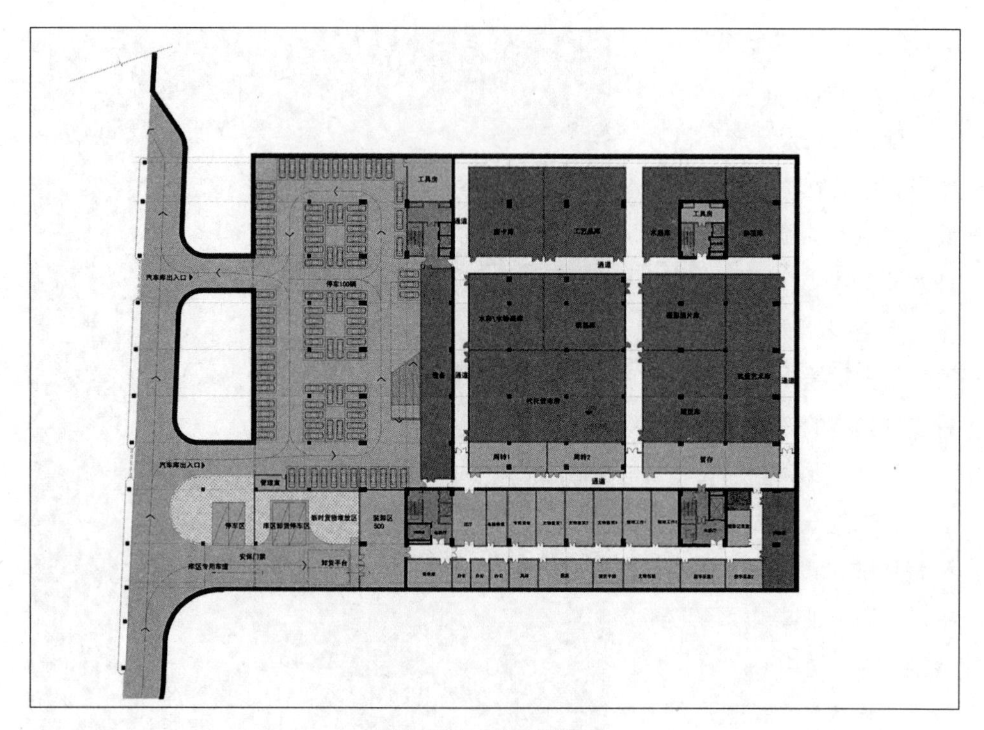

图4-124　负四层平面图

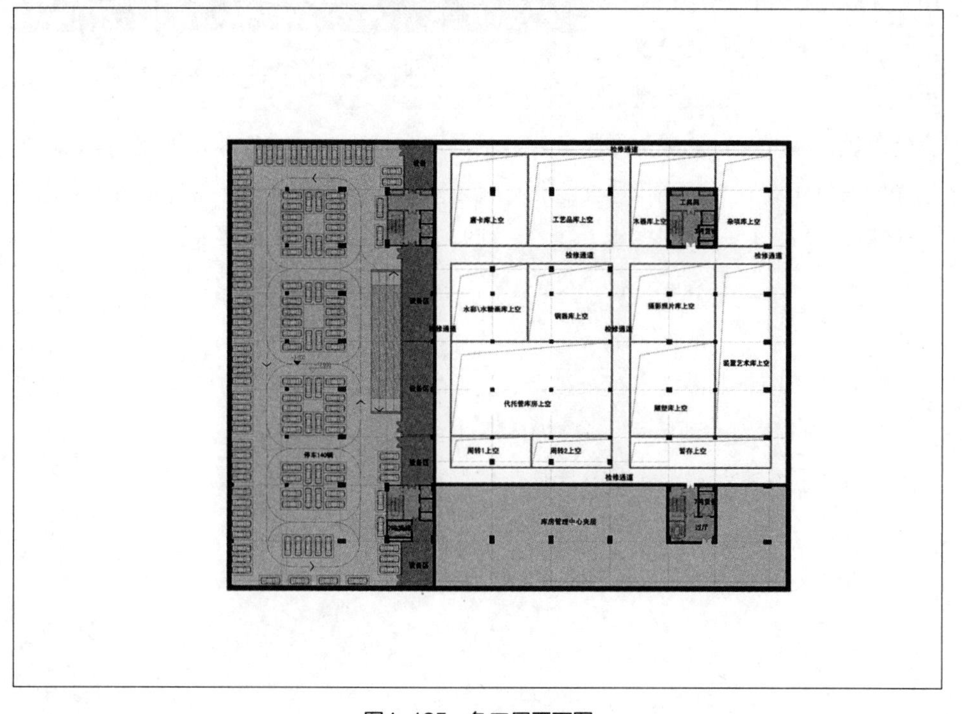

图4-125　负三层平面图

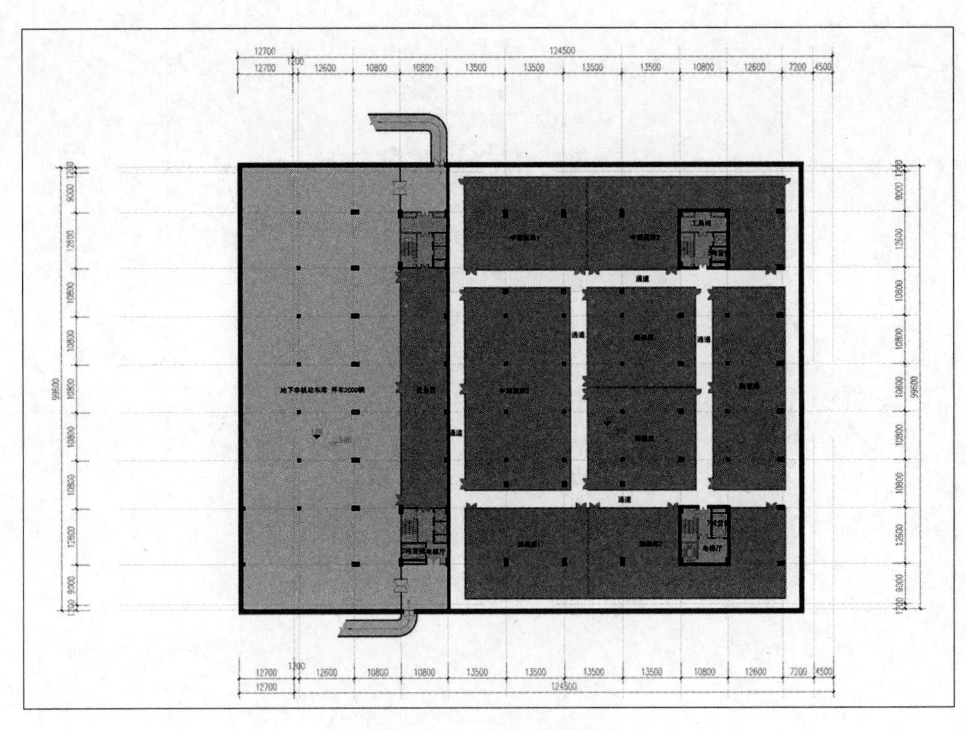

图4-126 负二层平面图

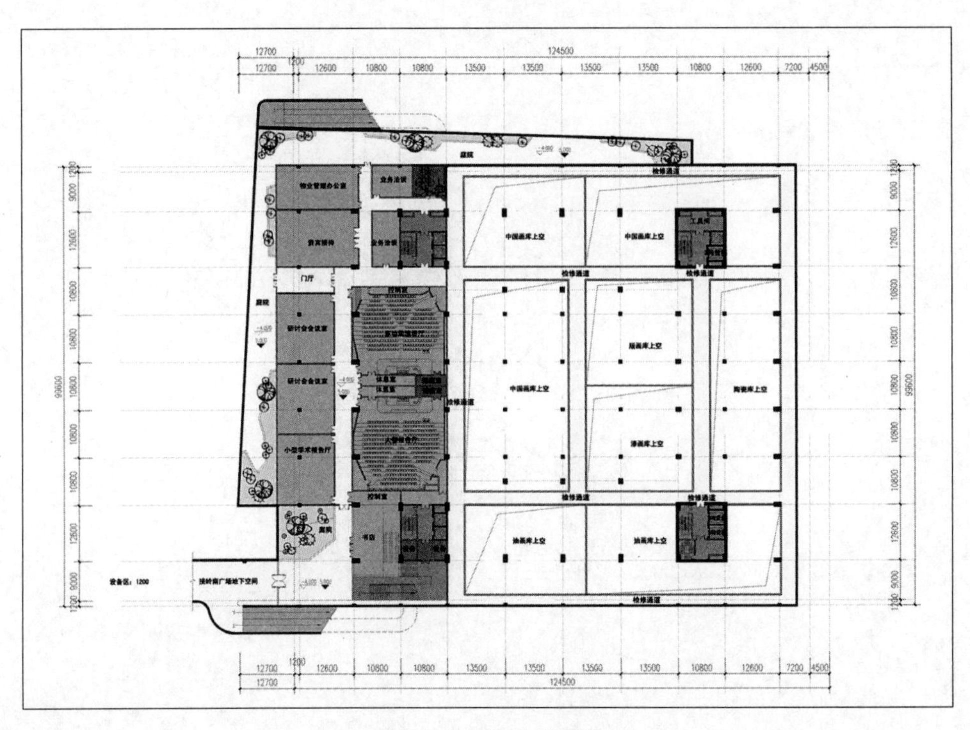

图4-127 负一层平面图

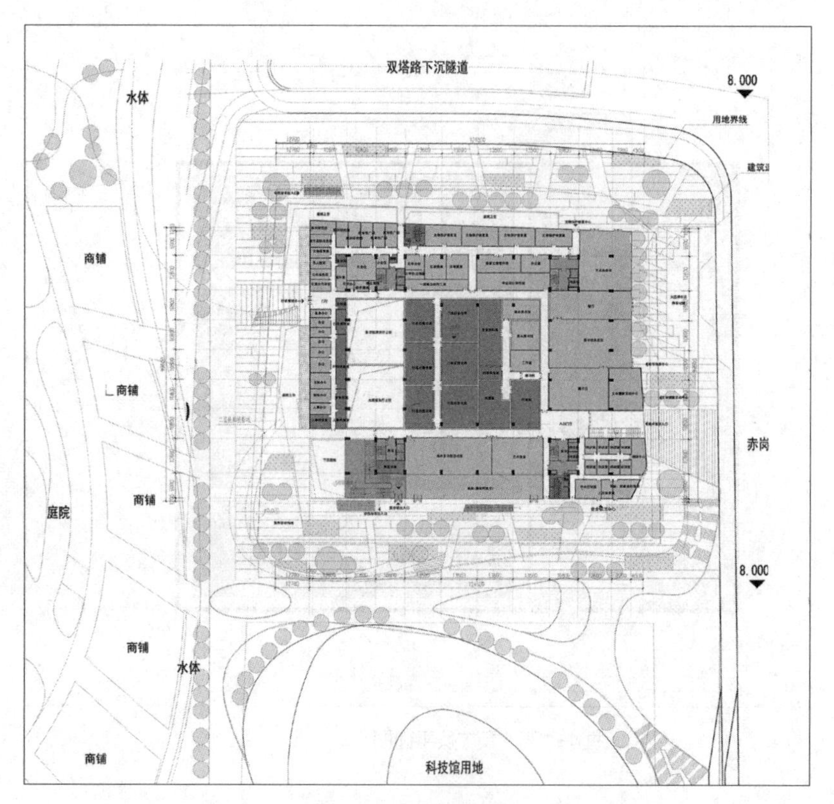

图4-128　首层平面图

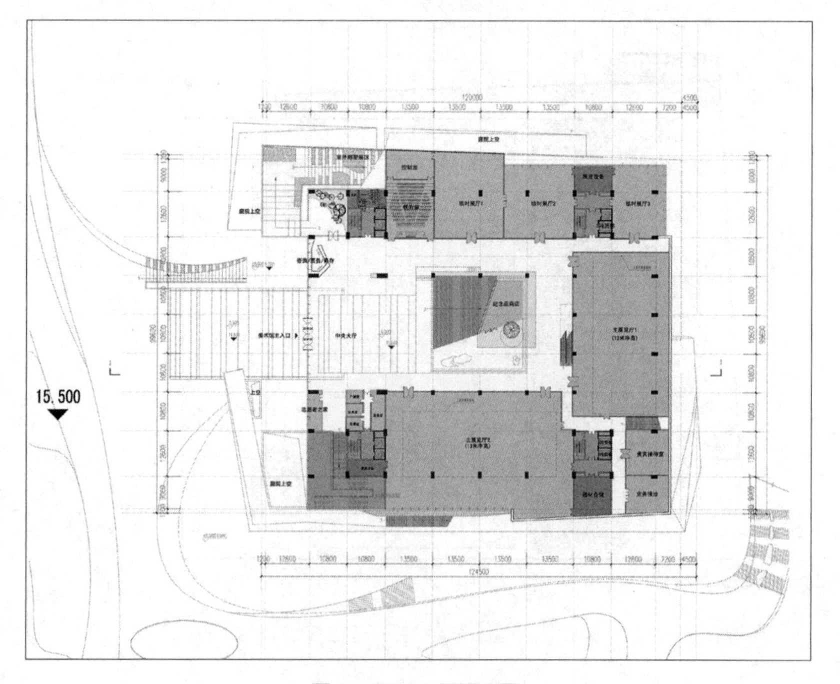

图4-129　二层平面图

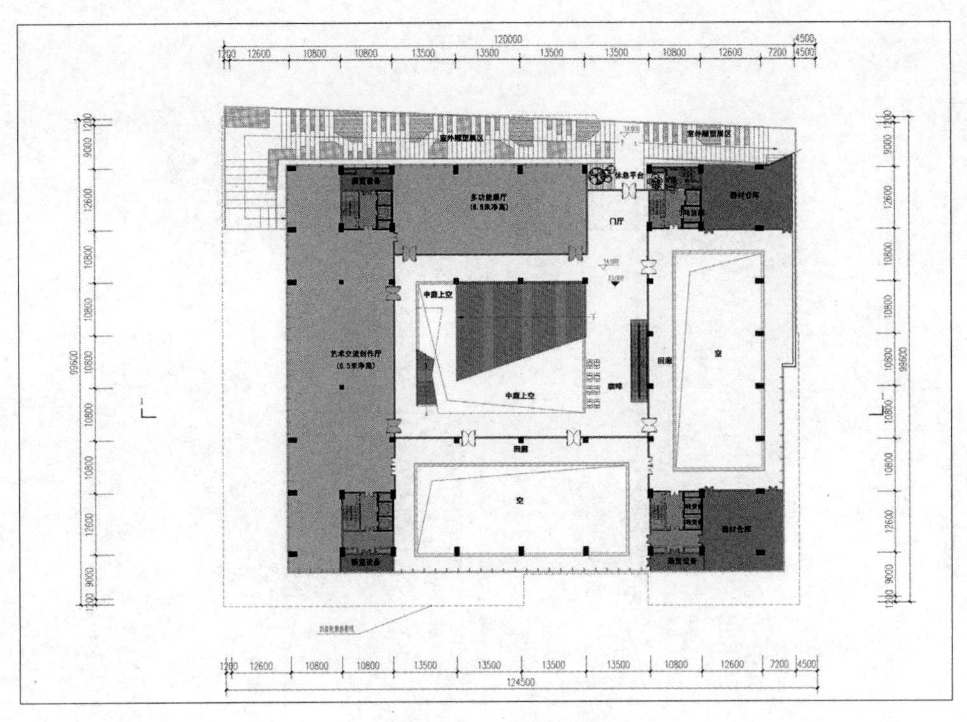

图4-130 三层平面图

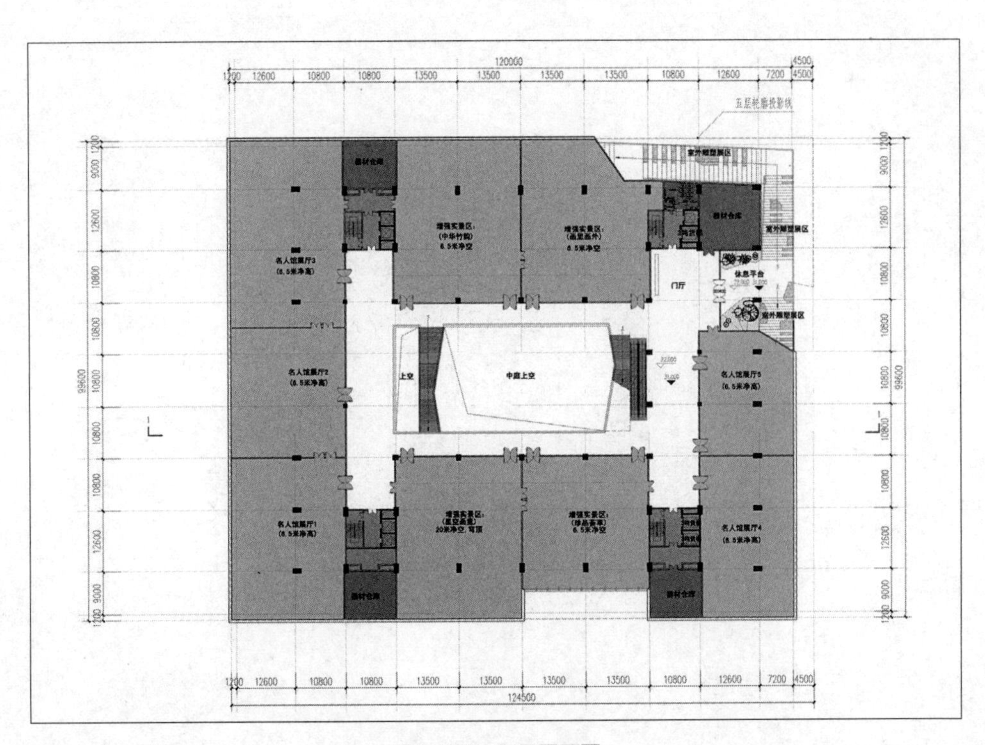

图4-131 四层平面图

图4-132　五层平面图

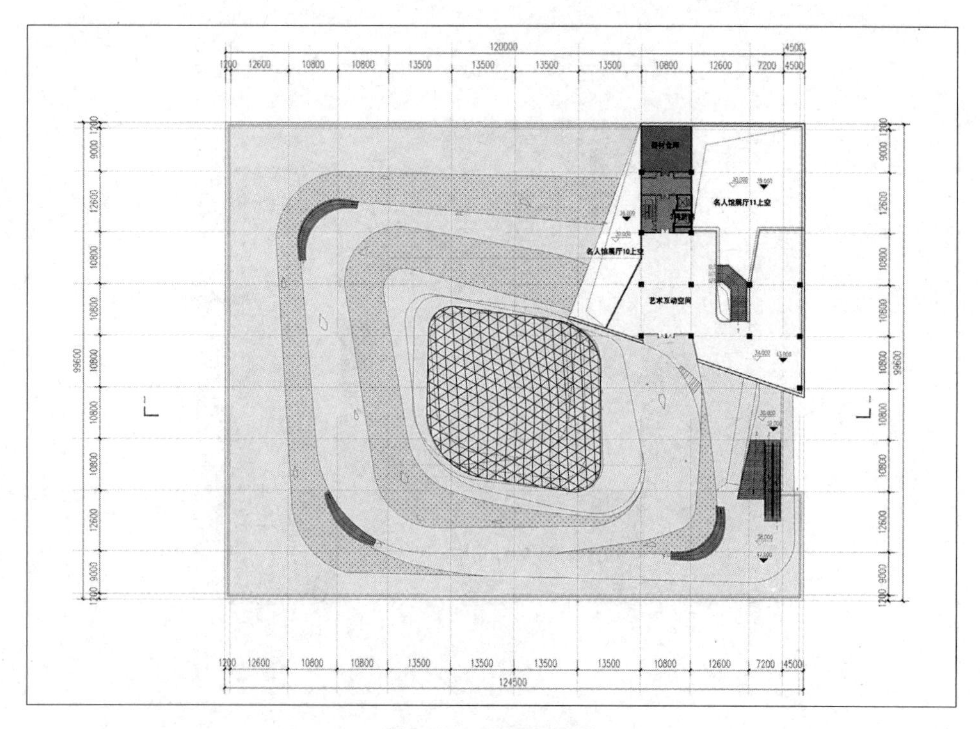

图4-133　屋顶平面图

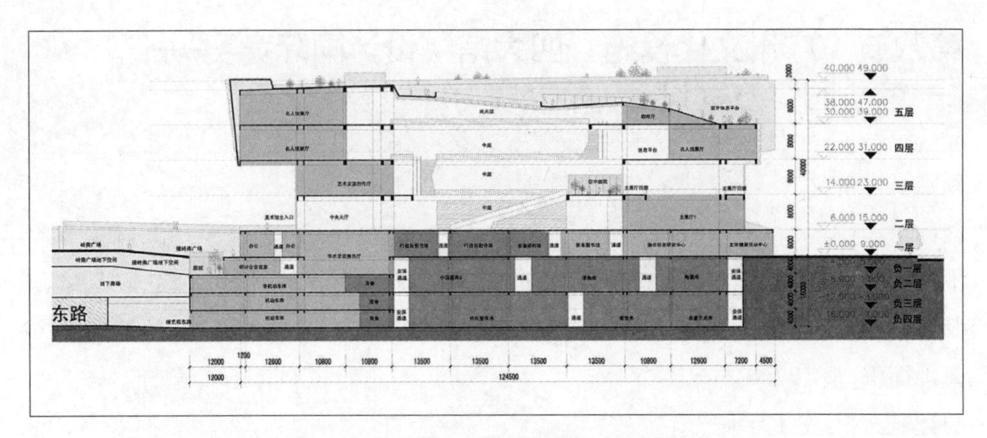

图4-134　剖面图

图4-135　立面图

第八节　广州文化设施“四大馆”设计国际竞赛——“一馆一园”方案设计

地点：广州市

时间：2013年

业主：广州文化设施“四大馆”设计国际竞赛委员会

状态：概念方案

基地面积：34.8万平方米

总建筑面积：3.1万平方米

建筑层数：地上三层，地下二层

一、项目概况

“一馆一园”项目位于广州市海珠区海珠湖北侧，是广州城市新中轴线南端最重要的组成之一。广州新城市中轴线南段的规划定位为具有岭南特色的行政办公中心，文化、休闲、公共活动区和高品质多元生活区。“一馆一园”设计定位要求立

图4-136　区位及现状图

（图片来源：作者自绘）

足岭南，作为广州培育世界文化名城的一张名片，建成一个集公益演出、培训、展览、创作、研究、交流、非物质文化遗产保护于一体的设施现代、功能齐备、服务多元的文化馆，建设成为广州市公共文化领域弘扬岭南文化、民间文化、群众文化的标志性建筑。

项目用地面积34.45公顷，东区25.22公顷（可建设用地面积9公顷），西区9.23公顷（可建设用地面积5公顷）。总建筑面积约30000平方米。其中公共文化中心、广州之路图片展览馆、广府风情园、广绣风雅园、岭南曲艺园、岭南翰墨园、群众文化广场设置在东区；广州文艺中心、潮汕民俗园、客家风韵园、曲水观景园、飘香百果园设置在西区。

二、方案设计特点

（一）整体规划设计

规划方面，从整体城市空间分析出发，结合岭南传统村落与园林特色，以“生态、包容”为原则，提出“一轴双心、簇拥布置”的鲜明空间结构：

1）整体空间沿东西水平方向展开，通过水平与垂直的形式对话，1500米长的

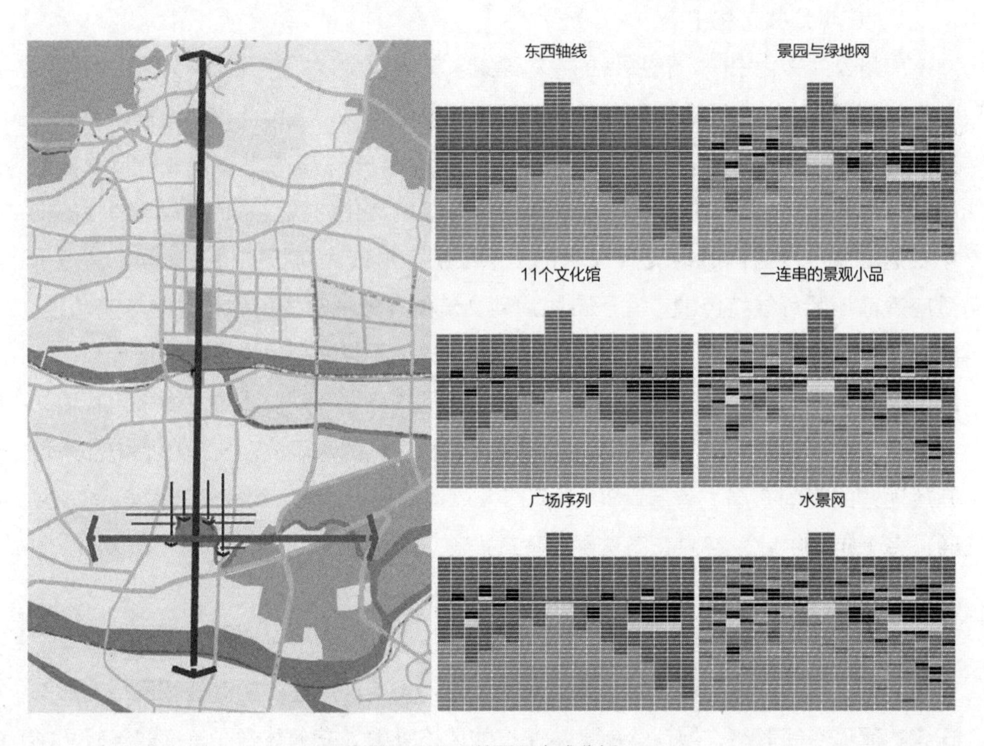

图4-137　总平面生成分析

东西向水平横轴呼应了广州新城市中轴线的垂直形态，并延续了海珠生态廊道空间结构。沿水平空间主轴，依次布置各展览建筑，将比较重要的广州公共文化中心与广州文艺中心分别布置于轴线空间的东、西两端，作为水平轴线空间的东、西重要结点。水平横轴空间集文化展示、岭南景观、慢行交通等功能于一体，是展现岭南特色的“多彩文化之路”。

2）整体空间为东西两片区，东区建筑风格以现代简洁风格为主，西区以传统岭南建筑风格为主。东区以广州公共文化中心为主体建筑，围绕主体建筑簇拥布置了岭南曲艺园、广州之路图片展览馆、岭南翰墨园、广绣风雅园及广府风情园，其中广府风情园为经典广府民居建筑。西区与东区相呼应，以现代风格的广州文艺中心为主导，环绕安置了传统风格的曲水观景园、客家风韵园、潮汕民俗园、飘香百果园。

3）整体空间路网结构与园林空间节点采用正交几何的布局，体现岭南传统村落梳式空间脉络意向与岭南园林几何的形态特点。另外，整体空间东西向直接连通城市中轴线、在南北向连通城市干道与海珠湖，体现整体空间格局的趋水特征。

（二）建筑设计

1．广州公共文化中心

广州公共文化中心，是项目的主体建筑。方案设计以“灰瓦碧水方庭，岭南古今一脉”为概念，力图通过现代的空间营造与形体构筑，演绎广州新岭南建筑。

广州公共文化中心，取意于岭南传统建筑元素——“灰瓦”的意象，以双曲面屋顶结合现代的结构及造型语言来体现传统建筑的文化内涵，是传统建筑屋顶的抽象表达。底座以竖向肌理支撑18米的上层出挑，形成大面积的檐下空间，营造了适应岭南地区气候特色的，宜于市民活动交流的开敞活动场所，也是对岭南骑楼、敞廊、亭阁等半开放空间理念的传承与发展。檐下天花采用镜面反射处理，结合从岭南园林中提取的几何方形水景，与参观人流形成良好互动。上层立面采用幕墙外挂编织状穿孔金属板，灰白相间，创造极具光影变化的双表皮。文化中心内部采用开放通透的空间布局，首层设800人演艺大厅，二层设展览、培训等功能空间，并通过多个矩形中庭、空中花园与屋面垂直连通。

2．广州文艺中心

广府传统建筑排布讲究“聚”，民居建筑相互拥簇，产生独特的街巷空间。广州文艺中心布局以岭南传统宗祠建筑意向为原型，用层层递进的庭院空间结合形态连续的屋顶空间形态，展现岭南地域建筑的风格魅力，充分体现了岭南建筑轻巧的外观造型、明朗淡雅的色彩及不对称的体型体量。

图4-138　总平面图

图4-139　文化中心形态概念分析

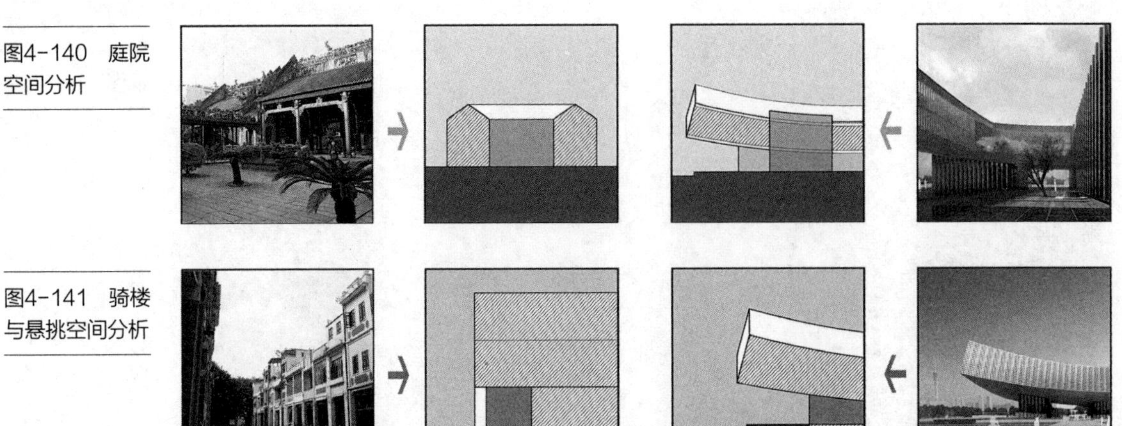

图4-140　庭院空间分析

图4-141　骑楼与悬挑空间分析

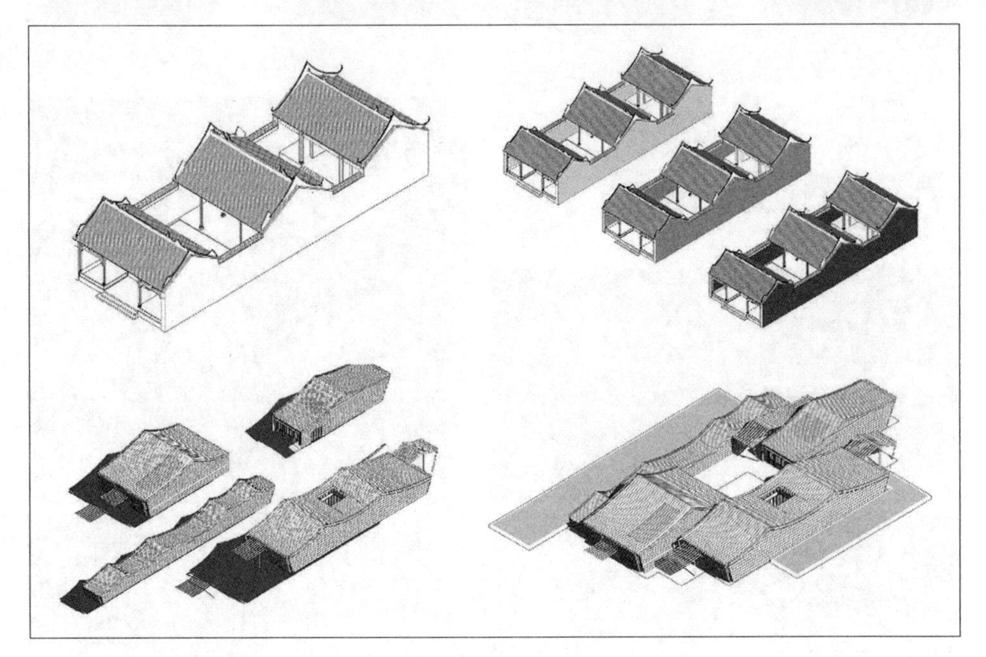

图4-142　文艺馆概念分析

3．岭南大观园

“岭南大观园”建筑设计风格分两类。一类建筑采用现代轻巧、简约特点，同环境融为一体，力求体现岭南现代风格，传承岭南建筑通过开敞轻巧的空间与形态，同山水园林结合的建筑特点，传承现代岭南建筑的精髓，包括：广绣风雅园、岭南翰墨园和岭南曲艺园与广州之路图片展览馆。另一类建筑，以传统布局、传统建筑形式和传统建筑工艺原汁原味地重现岭南地区传统建筑的风采，原样原材地复建有代表性的建筑，包括广府风情园、飘香百果园、潮汕民俗园、客家风韵园、曲水观景园。这部分建筑的功能分别展示客家、潮汕广府、粤西等地方文化的差异性，也是传承岭南建筑文化的重要手段。传统与现代并存对比，体现了新旧、中西的兼容、也体现了对岭南传统的型与神的传承。

（三）景观设计

景观方面，在遵循大空间十字网格的模式下，使当代景观和岭南传统自然山水庭园巧妙地融为一体，形成“大绿网、小庭院”，自然流畅的网络化景观特质。全园以“东正西曲”的水景和起伏变化的绿丘为基底，有机穿插亭台楼阁、廊桥塔等元素，辅以各色雕工雕塑、瀑布、景墙等小品。“多彩文化之路”以“穗”为元素，种植四季花木，贯穿全园。并从瑶溪24景传说中获取灵感，形成10景：鉴空云静、砚池墨香、画坡云林、舟屋景融、石岗双榕、独厦榕荫、茗居听秋、松径虬吟、桃岸蒸霞、利桥待月。各景点结合海珠湖布置粤剧、杂技、舞狮、歌舞、水上音乐会、游船、美食等丰富活动，让市民可以从“形、声、触、色、香、味”全方位体验岭南水乡民俗特色，岸上游人、水中游客、台上演员等相互交错，仿如置身于一幅幅动人的岭南风情画中，让人流连忘返。

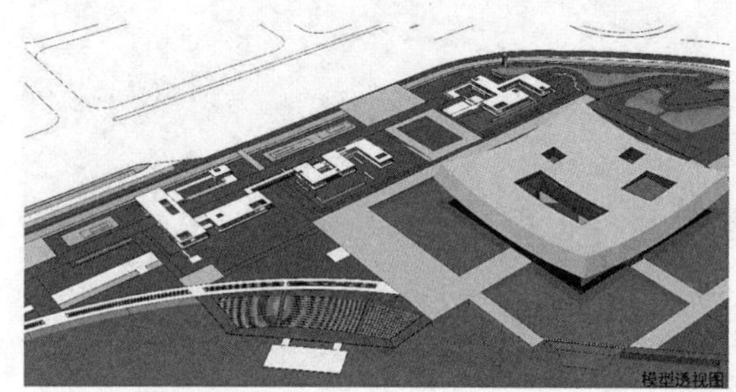

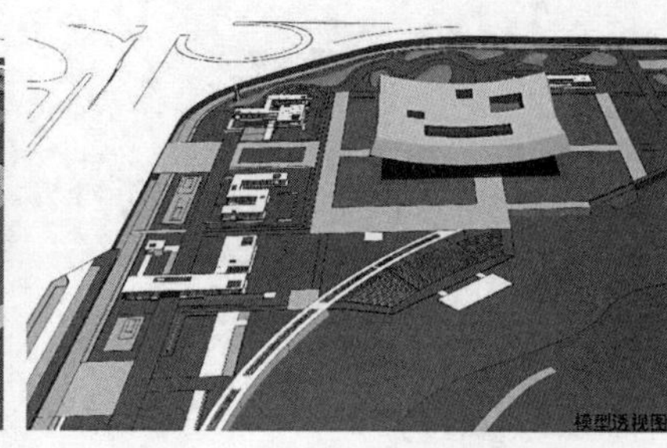

图4-143　岭南大观园分析——现代岭南风格

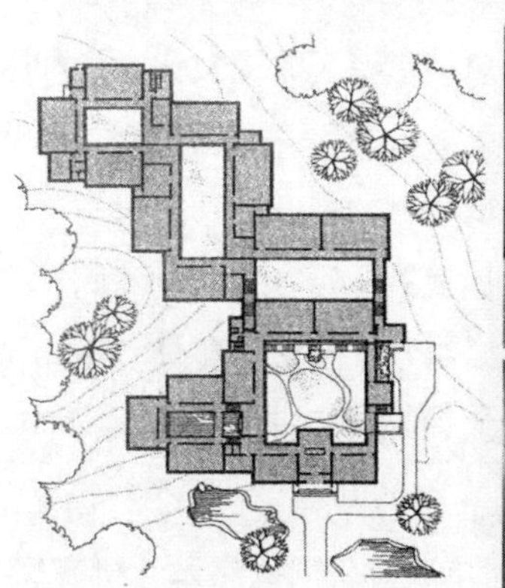

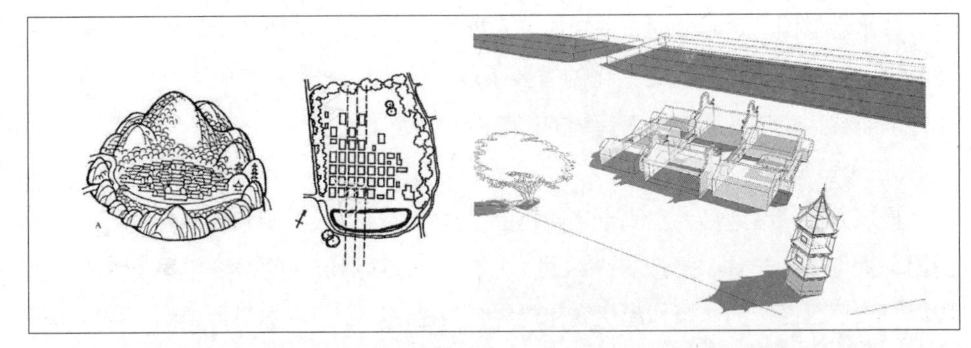

图4-144　岭南大观园分析二——传统岭南风格

图4-145　整体鸟瞰图

三、小结

方案设计在处理好城市空间关系的基础上，充分总结借鉴了岭南文化内涵和国际先进理念，立足岭南文化的可持续发展，立意弘扬“兼容并包、开拓创新”的岭南精神。在整体规划方面，整合吸收了岭南聚落与岭南园林的特征，营造出与广州新城市中轴协调对话的空间肌理。建筑设计方面，根据建筑体量与功能的不同，通过岭南新建筑与岭南传统建筑的新旧碰撞，传承与创新结合，营造出整体和谐，合而不同的岭南建筑群体效果，是岭南建筑传承与创新的一个大胆尝试。

（作者单位：广州市城市规划勘测设计研究院）

图4-146 文化馆低点透视图01

图4-147 文化馆夜景透视图

图4-148 文化馆低点透视图02

图4-149 文化馆内庭院透视图

图4-150　文化馆檐下空间透视图

图4-151　文化馆低点透视图

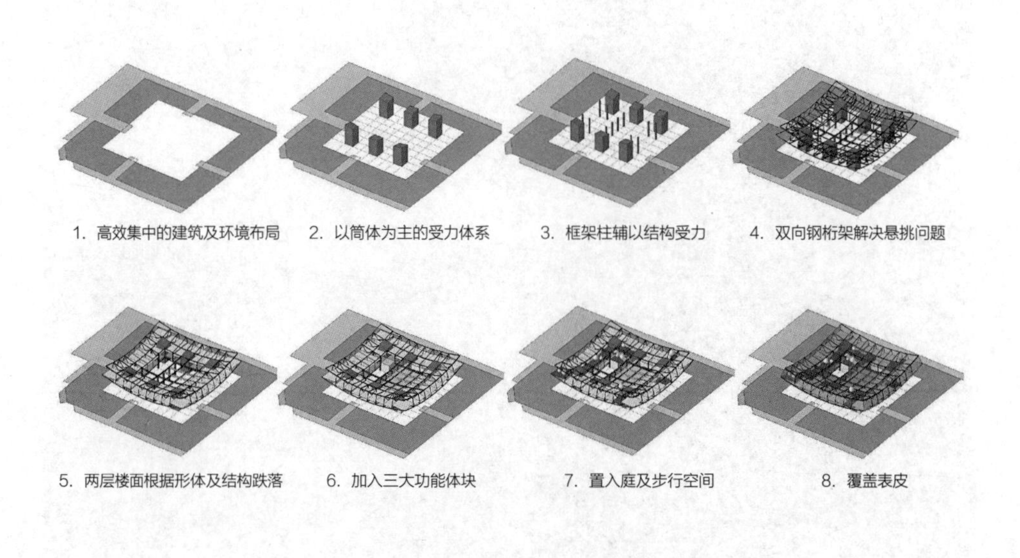

图4-152　文化馆体块生成分析

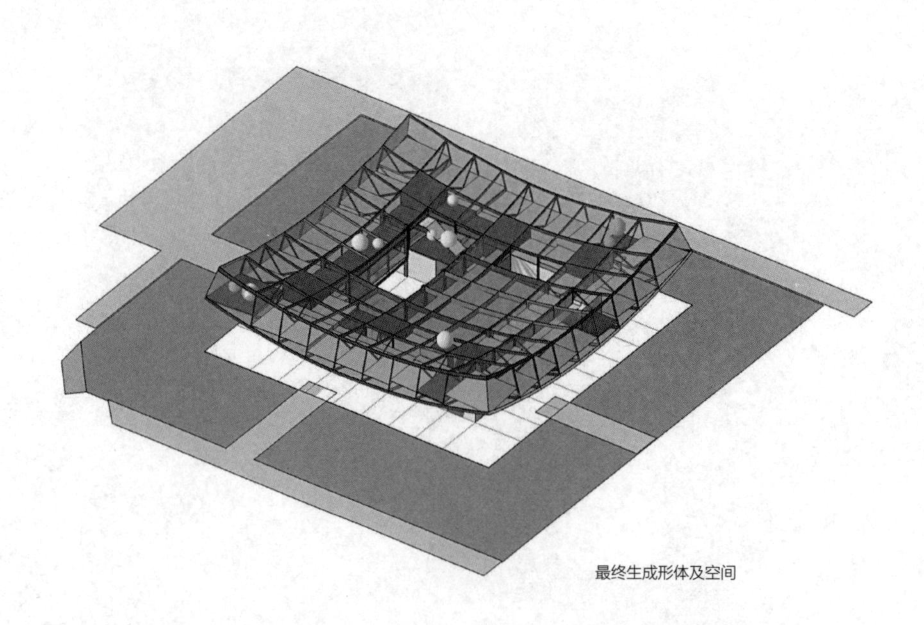

图4-153　文化馆体块生成分析

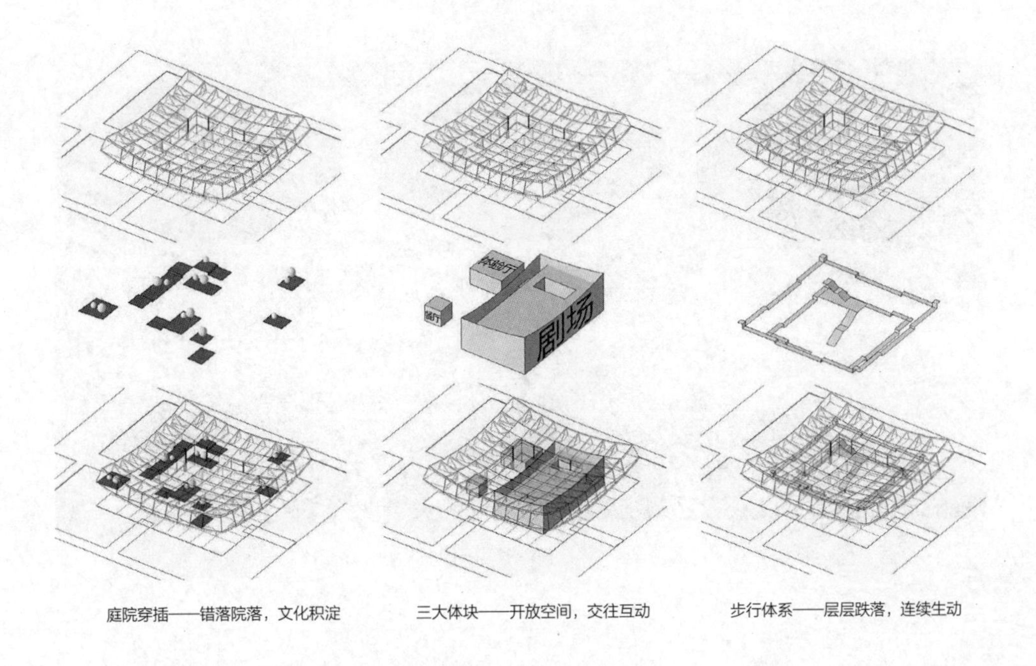

图4-154　文化馆体块分析

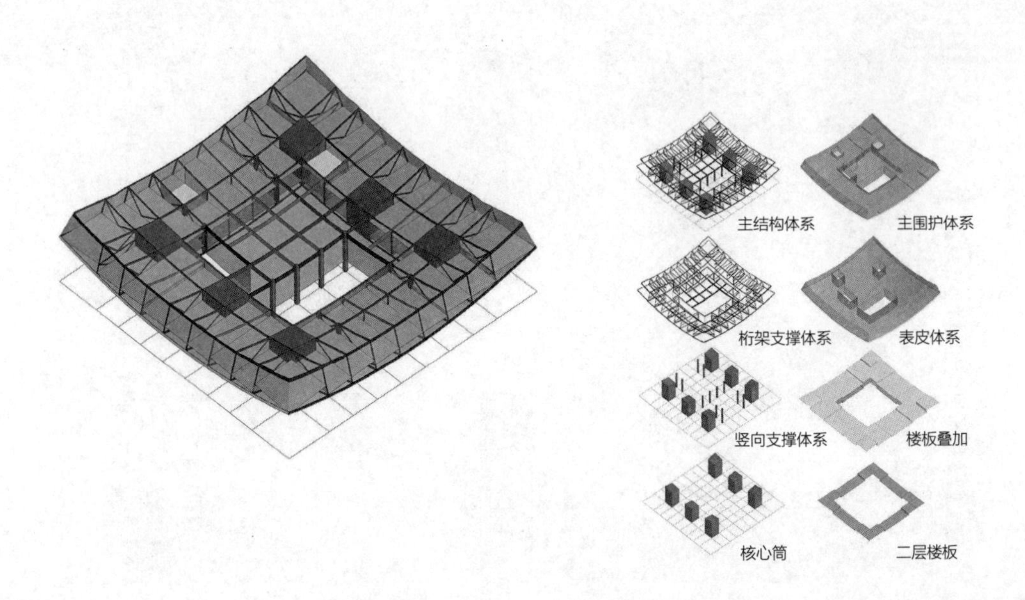

图4-155　文化馆结构体系分析

图4-156　文化馆表皮分析

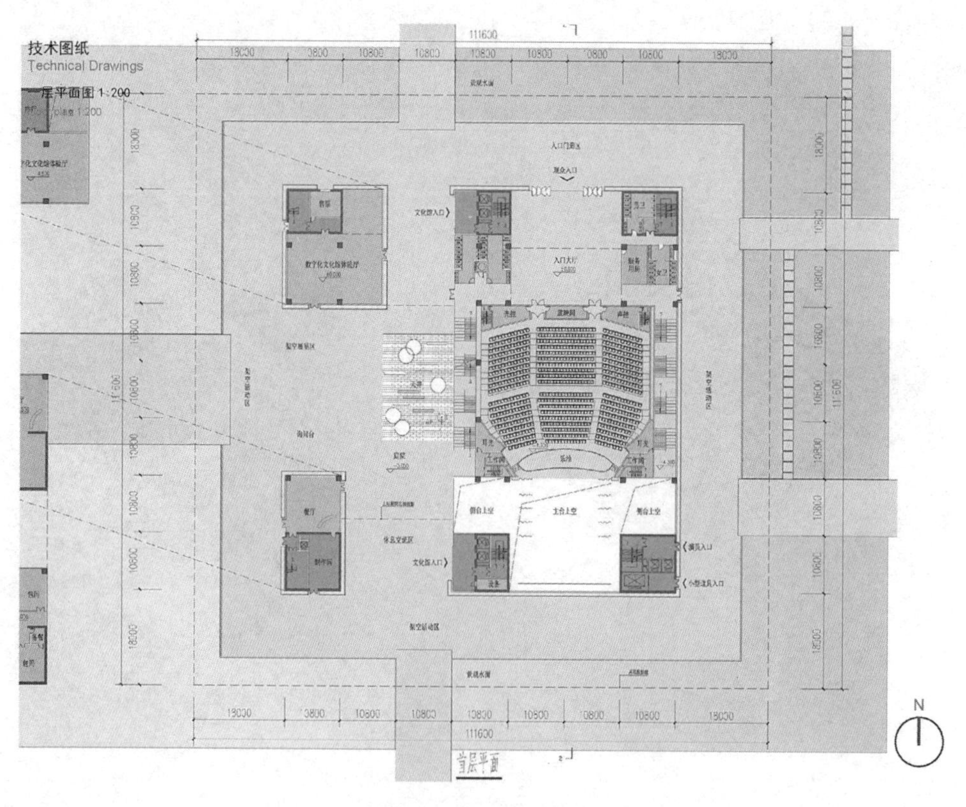

图4-157　一层平面图

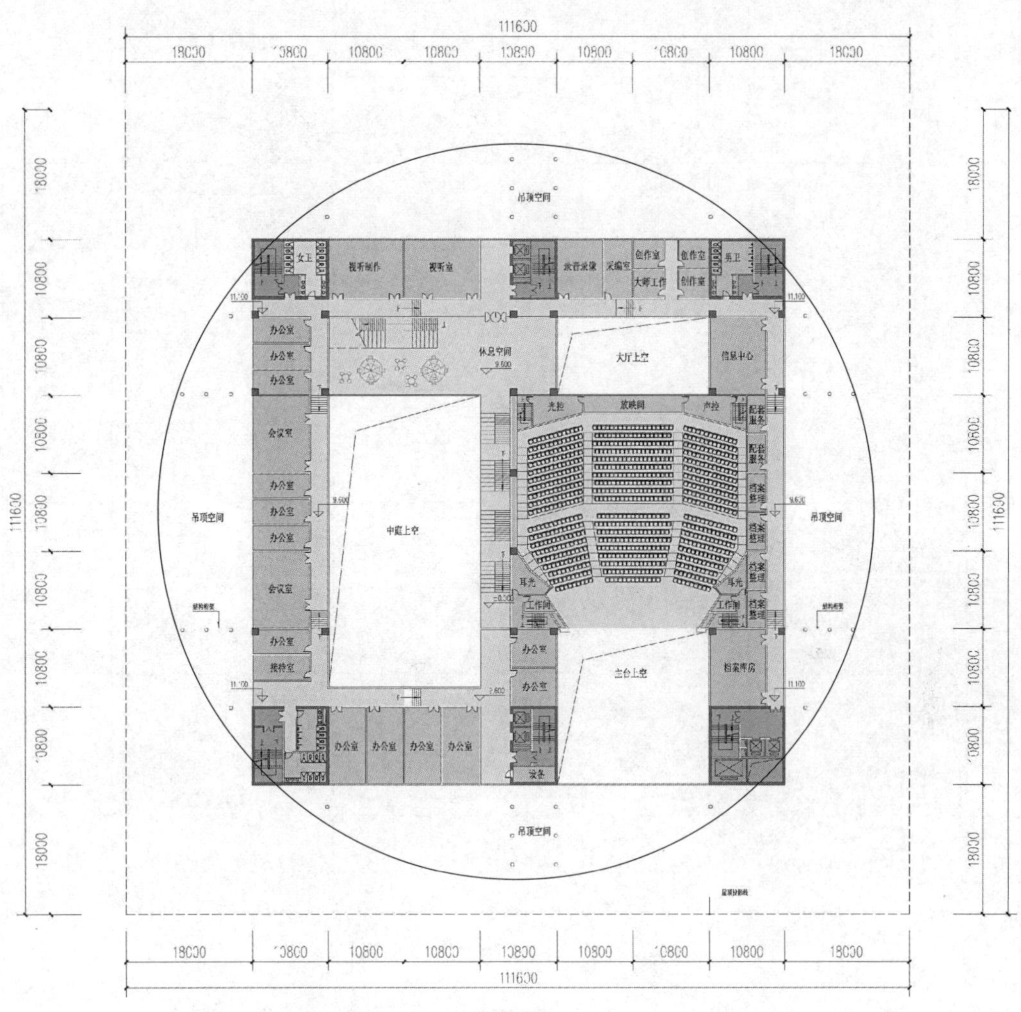

图4-158　二层平面图

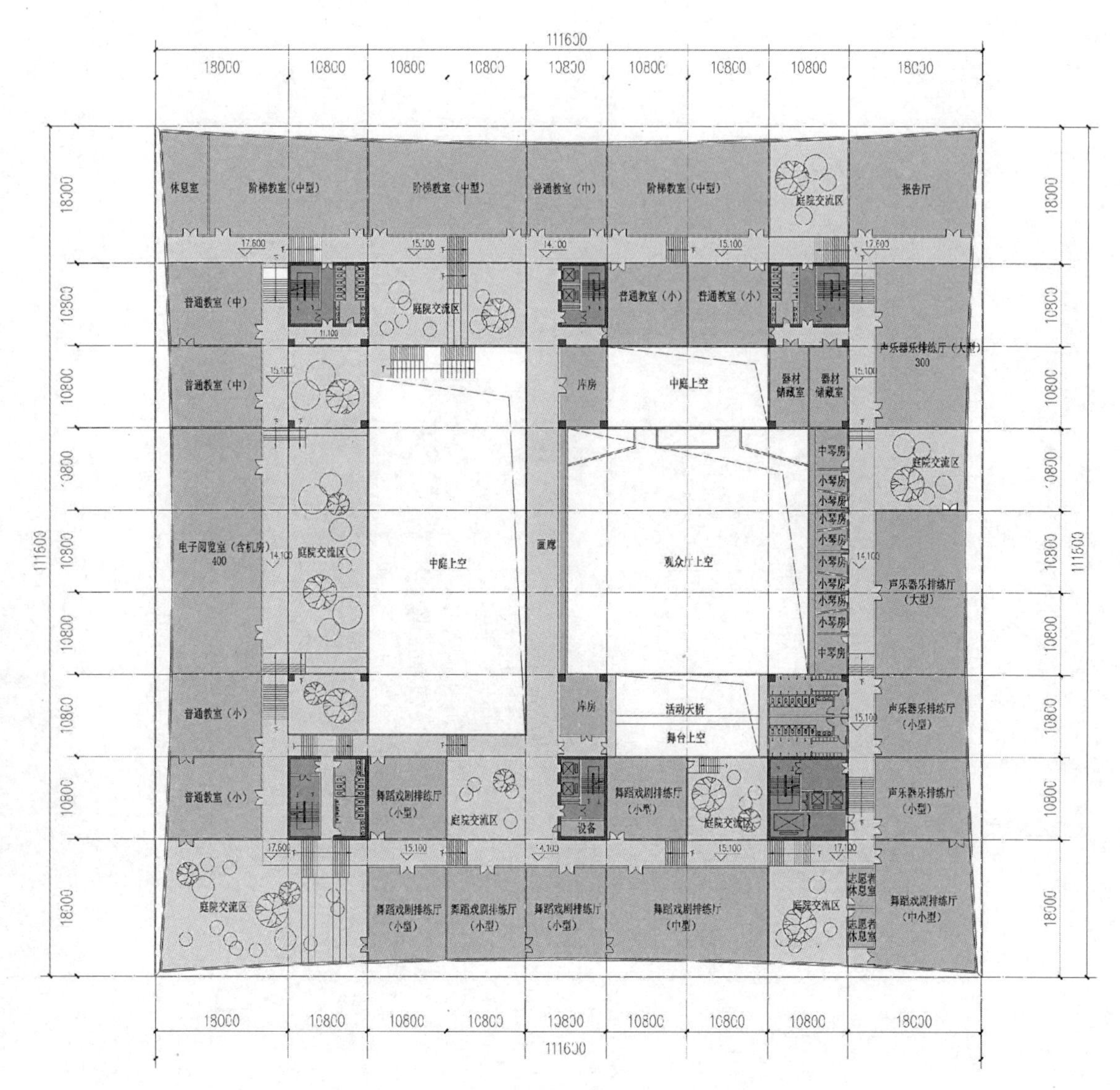
111600
18000
10800
休息室
阶梯教室（中型）
普通教室（中）
报告厅
庭院交流区
普通教室（小）
声乐器乐排练厅（大型）
300
中庭上空
器材储藏室
库房
电子阅览室（含机房）
400
观众厅上空
声乐器乐排练厅（大型）
小琴房
中琴房
活动天桥
舞台上空
声乐器乐排练厅（小型）
舞蹈戏剧排练厅（小型）
设备
舞蹈戏剧排练厅（中型）
舞蹈戏剧排练厅（中小型）
志愿者休息室

图4-159 三层平面图

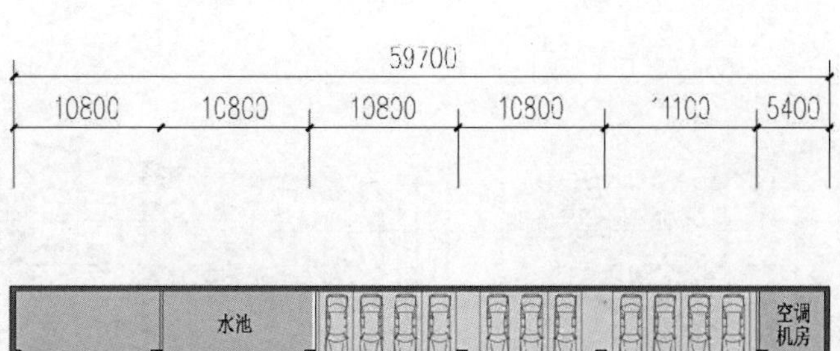

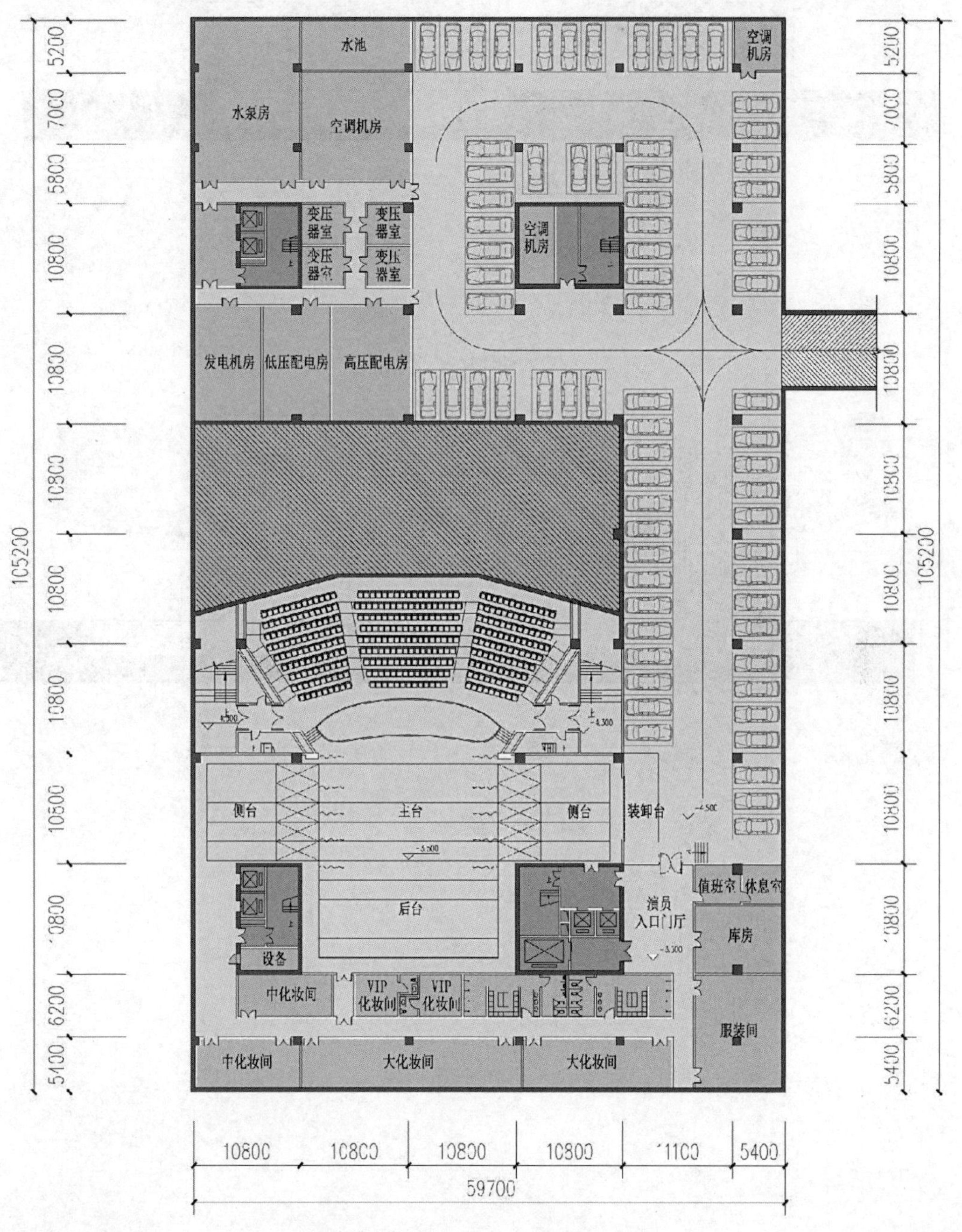

图4-160　地下一层平面图

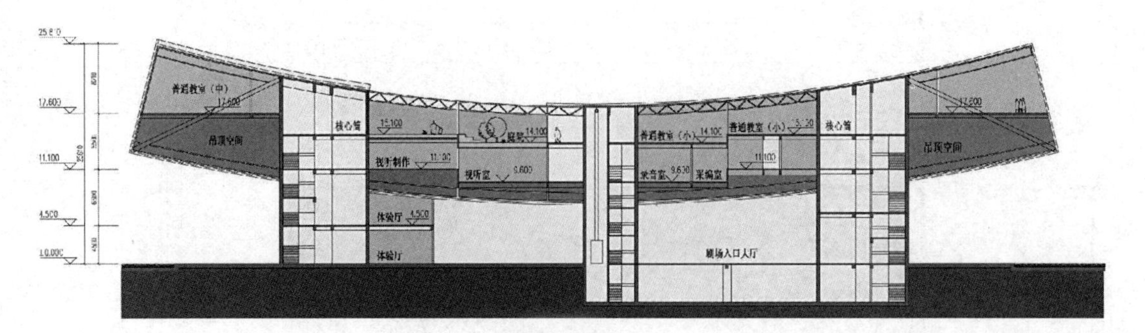

剖面1-1

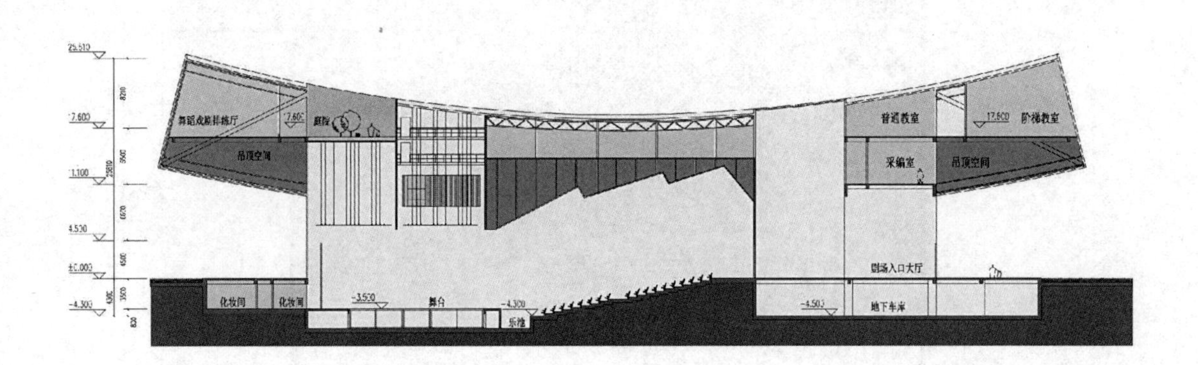

剖面2-2

图4-161　剖面图

第九节　佛山市三水区三水新城商务中心建筑设计

地点：佛山市三水新城

时间：2013年

业主：佛山市三水区三水新城

状态：概念方案

基地面积：12.26万平方米

总建筑面积：21.92万平方米

建筑层数：地上十六层，地下一层

一、项目概况

三水新城商务中心位于佛山市三水新城核心区，荷园路以东、虹岭路以南、南丰大道以西、府前路以北区域，紧邻三水荷花世界，区位交通便捷，景观资源优越。地块位于三水新城城市中轴线和城市水轴的交汇处，地块区位具有独特性和标志性。项目用地面积为122576平方米，总建筑面积约为21.92万平方米。该项目是一个以区级商务办公、商务服务等功能为一体的大型建筑综合体，具体功能包括商务办公及商务服务中心、检察院及法院几部分。

方案设计注重对传统文化和城市环境的呼应，深入思考项目周边建筑环境和自然环境对项目使用者的心理影响，使建筑与周边环境有机地融为一体。整体规划设计充分考虑与滨水绿带及新城区规划相衔接，注重沿街、沿河景观，从整体上与

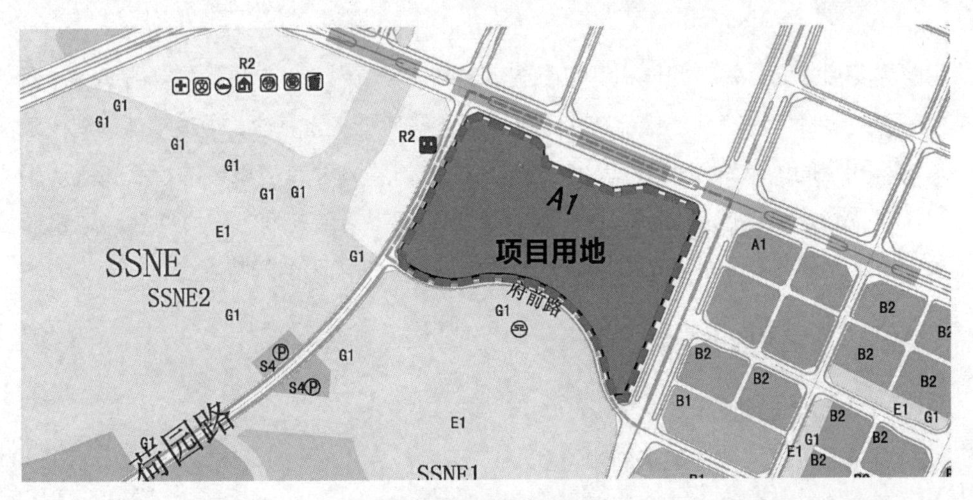

图4-162　区位图

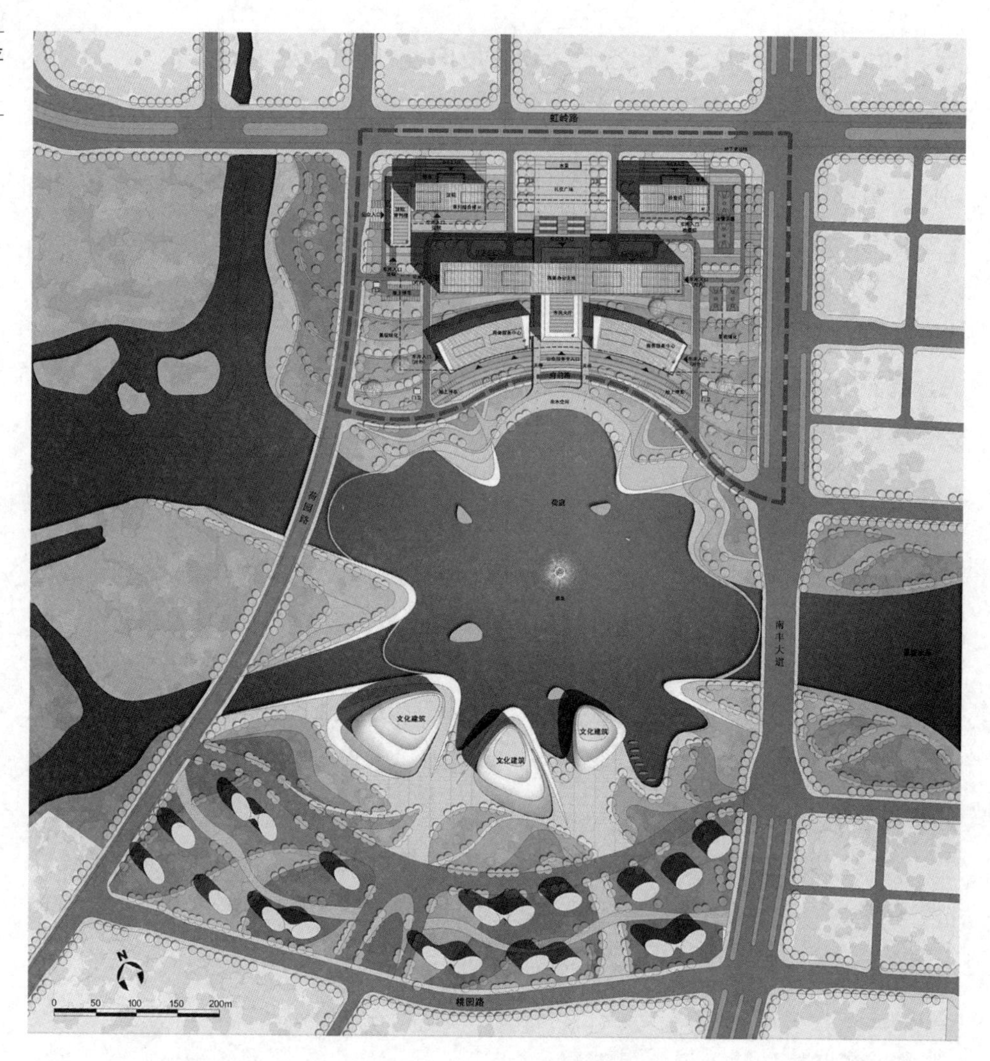

图4-163　总平面图01

周围环境相协调，并在整体和谐中凸显建筑群在城市中的标志性地位。方案深入研究岭南文化特色，特别是佛山文化传统所蕴含的传统文化意念，通过精炼的现代建筑语言和空间的营造诠释岭南文化特色。同时，整体设计与城市的特点和气质相称，注重建筑群体的整体性，突出整体大气、庄严简洁的商务中心综合体建筑形象，使其充分体现三水城市发展面貌和面向世界面向未来的气势。

二、方案设计特点

（一）整体规划设计

1．“三・水”——建筑群体关系

三水，又名淼城，因珠江的三大支流北江、西江与绥江汇流于此地，取“三水合流”之意，定名三水。在中国传统文化中，水是排在首位的元素。水是万物的起源，是组成宇宙的基本物质，性质平静、滋润、向下、干净，天一生水就是说的宇宙首先诞生的物质就是水，然后是火，水火互相作用产生万物，也就是说万物都和水有关系。

方案设计以“三·水”字形形态作为整体规划的创意基础，将总体规划形态巧妙地错落布置，形成亦“三”亦“水”的建筑群矗立于城市中央，建筑群体关系凝练、简洁，形成如刻写在三水新城的大地景观，有益于建筑群在城市背景之中脱颖而出，是三水新城的新城市坐标。

2．荷·庭——城市人文关怀

方案遵循上位城市规划结构，将地块南侧原“水庭”升华成“荷庭”，以荷形的步行路径连接两岸，提升城市公共空间的可达性，形成了城水相融的新城客厅。顺应城市设计脉络，将东西向水轴确立为景观绿轴，行政服务中心及南侧文化中心的建成将强化出南北向的人文主轴。行政服务中心与三大文化建筑并立于荷庭两侧形成“合”态，完善以荷庭为中心的发散式城市布局，强化该城区的向心性。

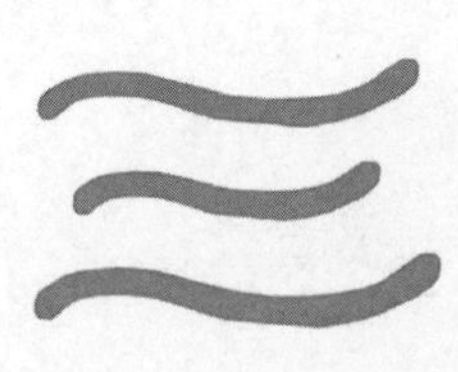

图4-164　概念分析01

图4-165 概念分析02

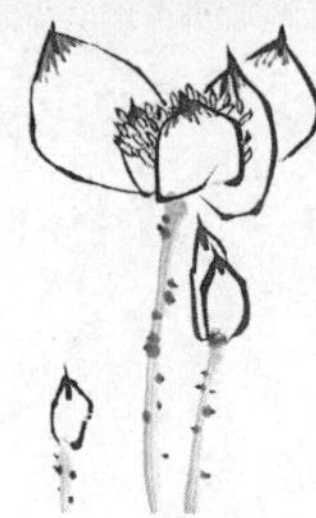

（二）建筑设计

1. 留白——城市之窗

1）新城之窗

法院与检察院分列前广场两侧，体量相同但形象有别，与行政中心形成品字形布局，获得了宜人得体的前广场礼仪空间，出于行车与景观因素的考虑（南丰大道不允许开设车行入口、道路等级比荷园路高），方案将检察院设置在东北角，法院设置在西北角，满足法庭使用独立性的同时保证了建筑群的统一效果。商务办公主楼高16层，分东西两区，东西两区通过底层高四层的商务服务中心与顶端高三层的活动中心链接，中间形成了高33.6米，宽75.6米的大尺度城市“窗口”空间。商务办公主楼的城市之窗，通过留白虚空间，强化了新城商务中心的群体感，又为新城城市留下可看到荷庭空间的景观之窗。

行政中心主要功能分为四部分：行政办公、行政服务中心、文体活动、会议及后勤服务，主楼采用大跨度结构创造窗户形象，隐喻三水新城面向世界、面向未来展开了一扇巨大的包容之窗；方案通过二层平台将场地南北向人流连通，用简洁的流线联系各功能空间，中央开放空间提供给市民活动之用，可举行展览、小型集会、信息发布等公共活动，是新增的最大特色功能空间。弧形体量的行政服务中心安排在场地南侧，拥有最好的景观朝向，内部形成一条300米长的行政服务大街，将各部门的办事窗口集中设置，以最高效的方式解决群众问题，展现公开、亲民、高效的新时代政务办公形象。

2）绿色之窗

商务中心建筑单体的建筑侧立面都采用开敞式洞口空间，回应岭南地区的气候特点，为室内庭院空间打开一个引风口，能很好地改善室内通风与采光效果，降低建筑使用的能耗，为建筑打开了一扇绿色节能之窗。

2．围合——庭院空间

合院，新城商务中心的群体院落空间。通过错落的布置，形成层次丰富的院落空间。单体间的庭院空间即保证了各建筑单体功能的独立性，又能为建筑群体的通风与采光提供了较好的景观与环境基础。

内院，办公单体平面空间，都通过开敞的庭院空间组织室内功能布置与交通组织。内院空间结合建筑侧立面及屋顶开敞的洞口空间，营造出较好的建筑自然通风与采光的室内物理环境空间。

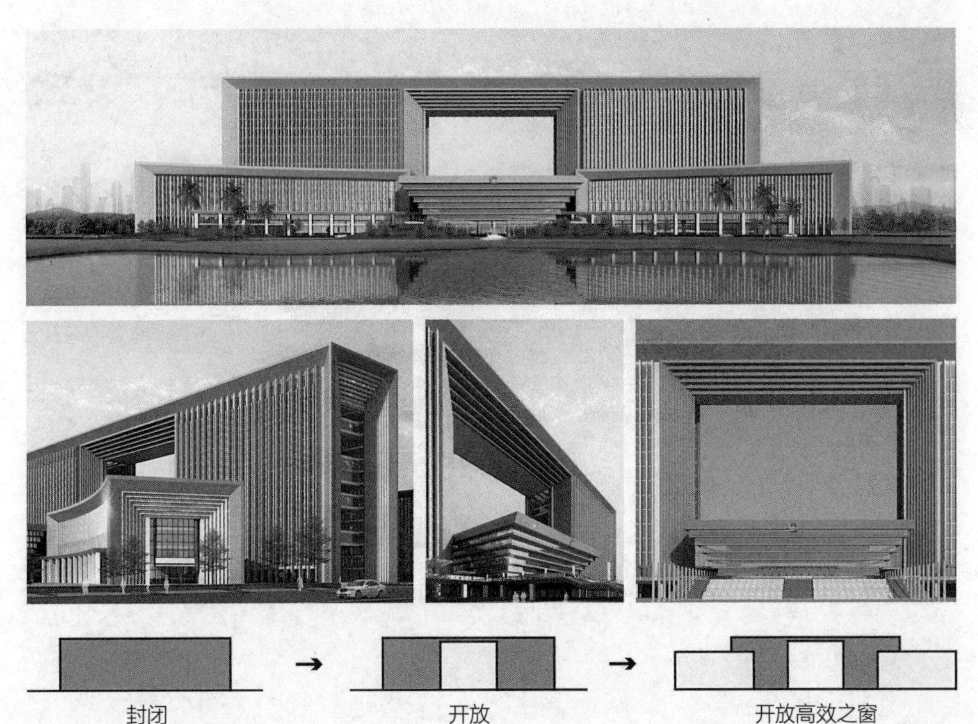

图4-166　概念分析03

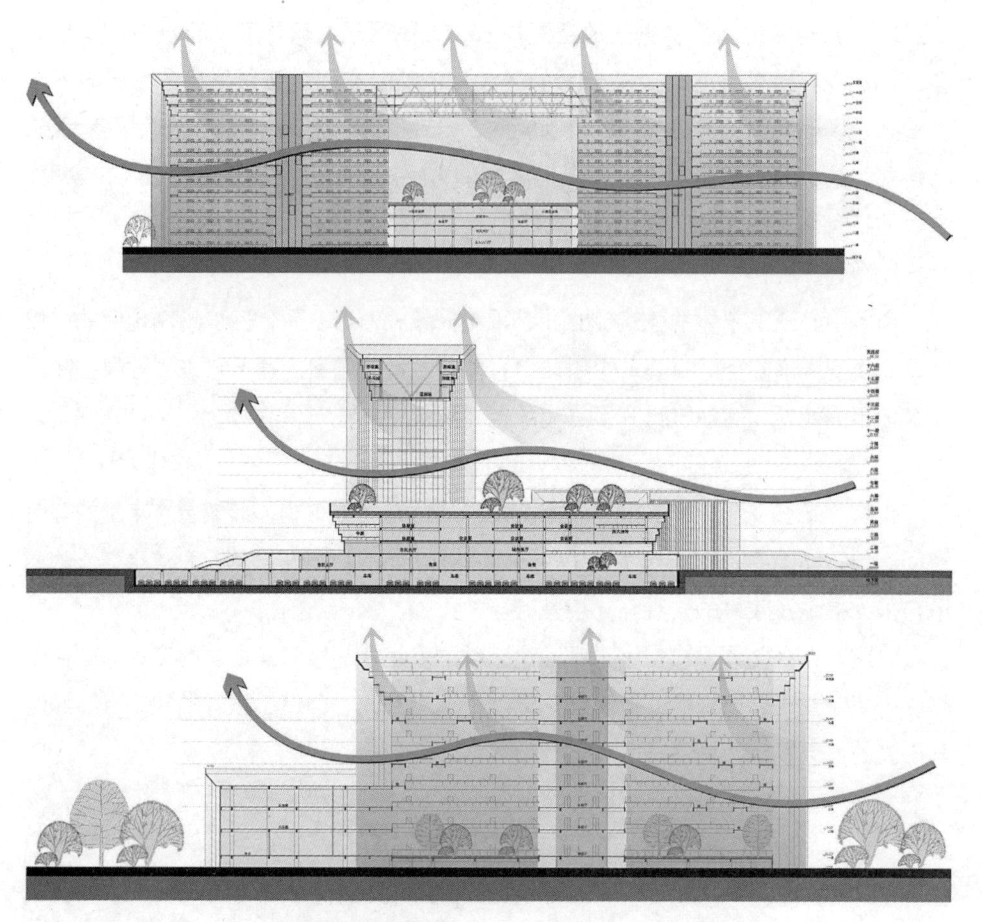

图4-167 概念分析04

三、小结

方案设计从大尺度的城市规划角度入手，在对基地所处城市环境进行解读与分析的基础上，完成了“三・水”形态的整体空间规划布局设计。方案力求整体形态的和谐统一，通过窗口空间的留白，很好地解决了组团形态的整体协调性。形态务实，功能合理，注重建筑的岭南地域空间的营造，通过内、外庭院空间设计出建筑群体及单体自然通风采光条件都非常好的办公空间。方案设计力求创新，是当代岭南办公建筑设计的一次大胆探索与尝试。

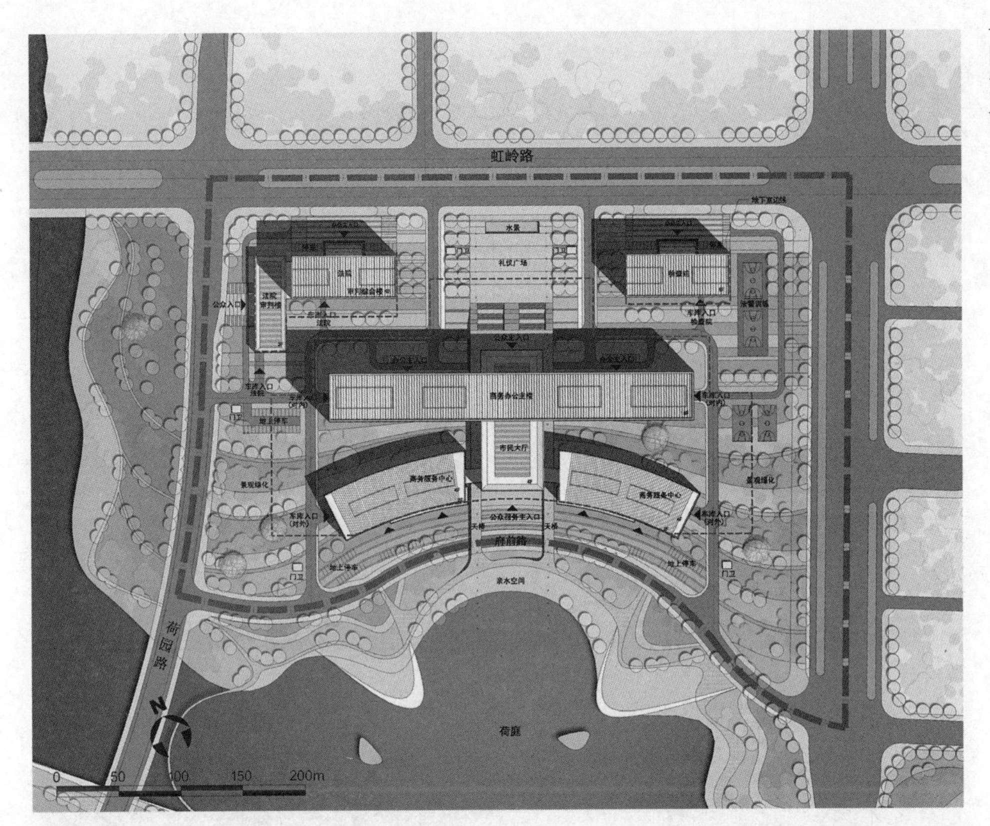

图4-168 总平面图02

图4-169 夜景鸟瞰图01

图4-170 日景鸟瞰图01

图4-171　日景鸟瞰图02

图4-172　低点透视图01

图4-173 夜景鸟瞰图02

图4-174 低点透视图02

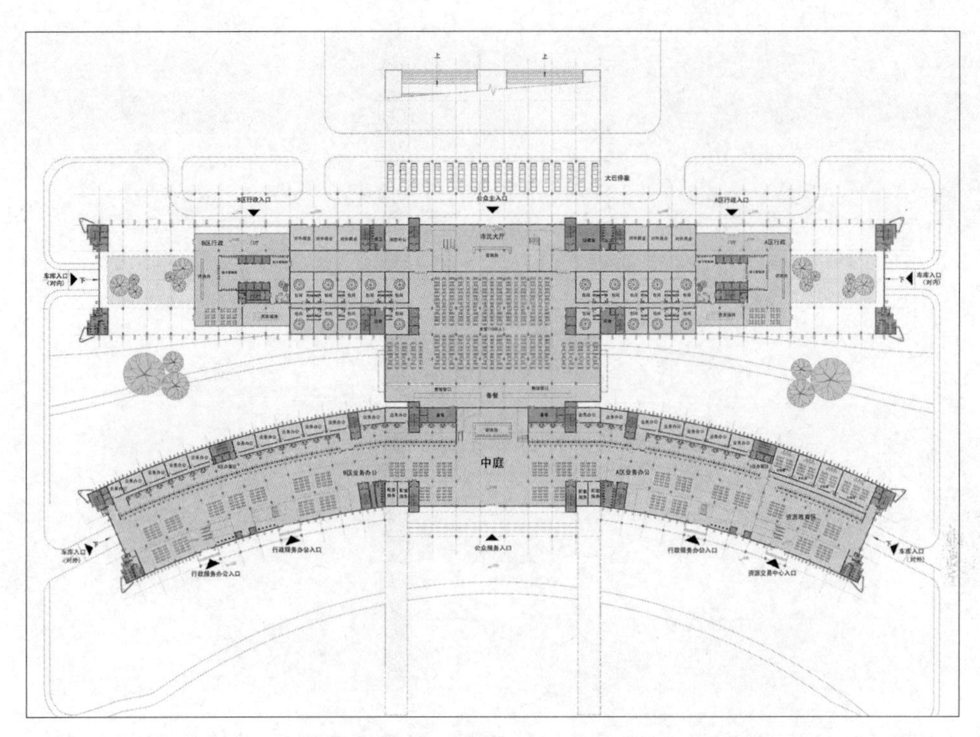

图4-175　商务办公楼一层平面图

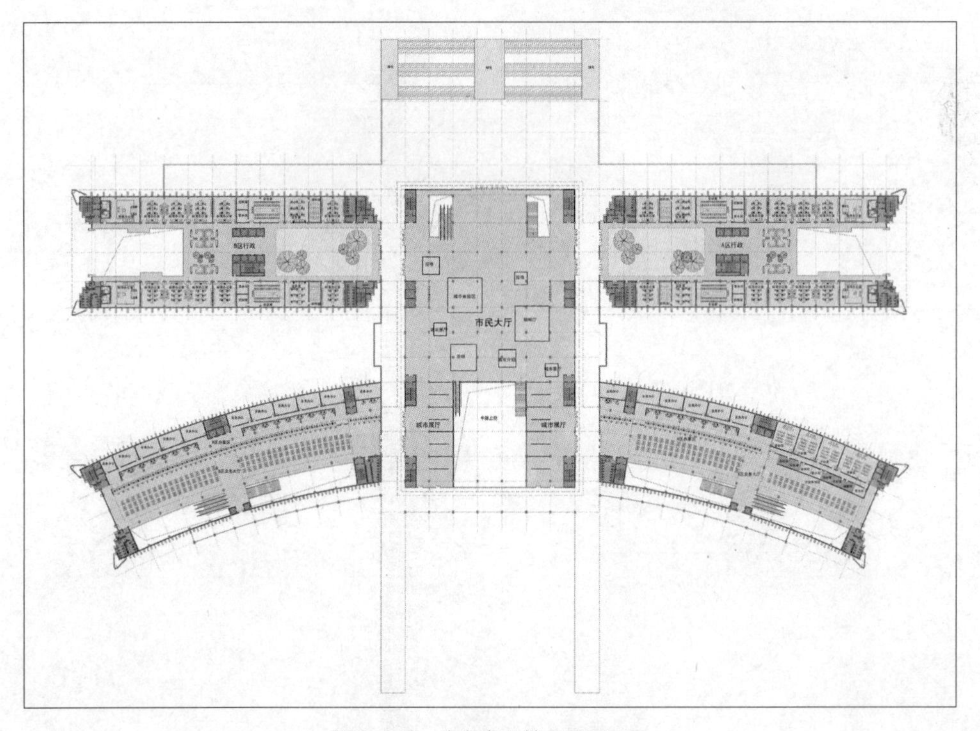

图4-176　商务办公楼二层平面图

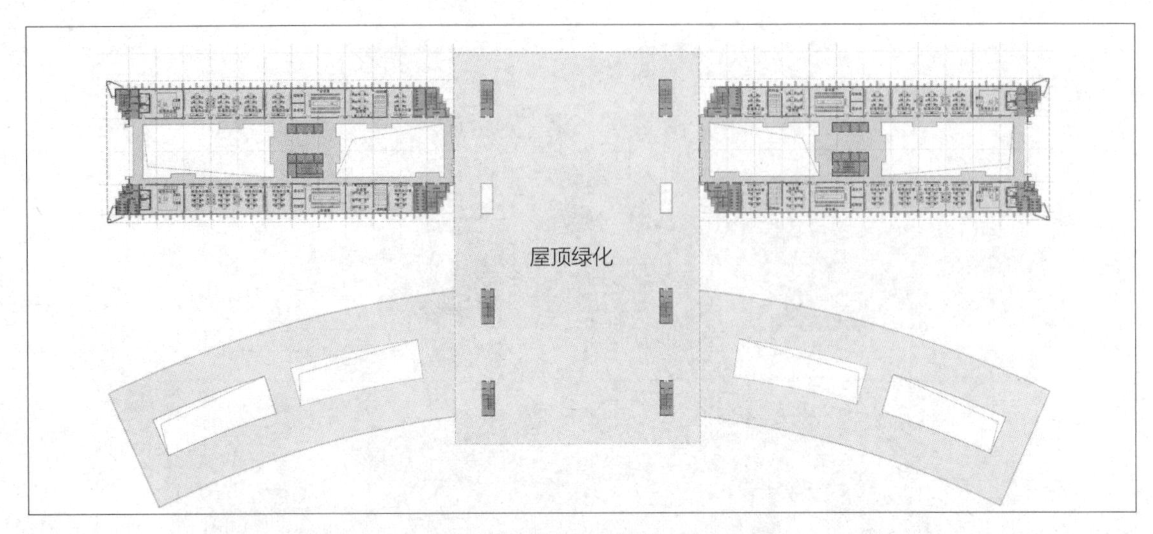

图4-177 商务办公楼五层平面图

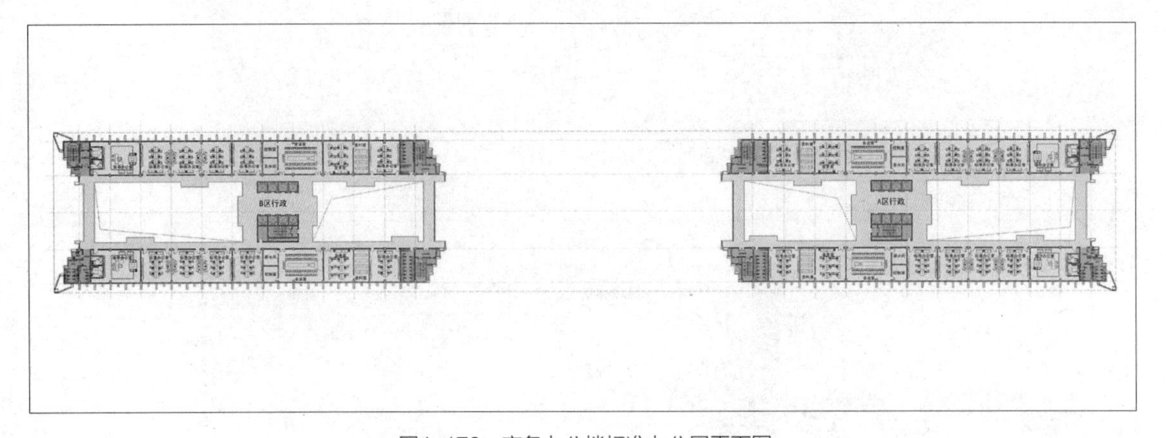

图4-178 商务办公楼标准办公层平面图

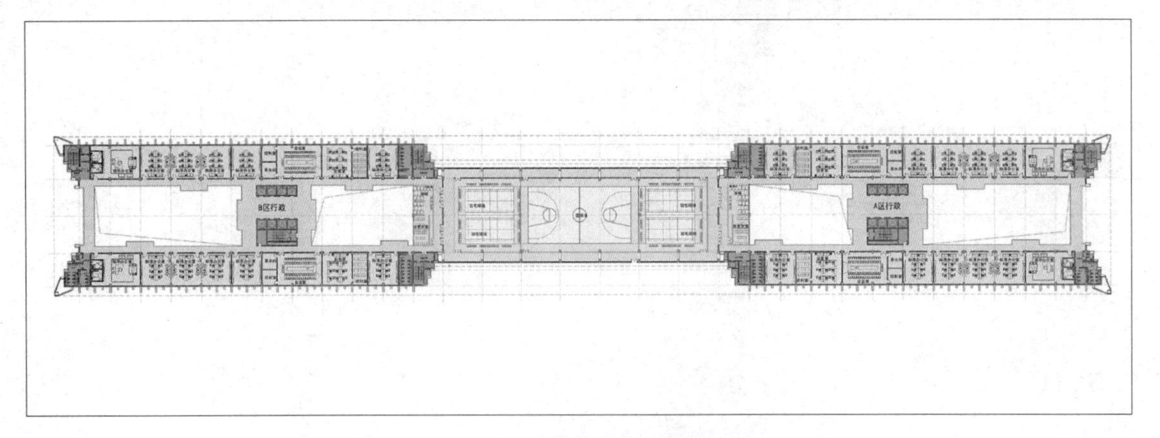

图4-179 商务办公楼十四层平面图

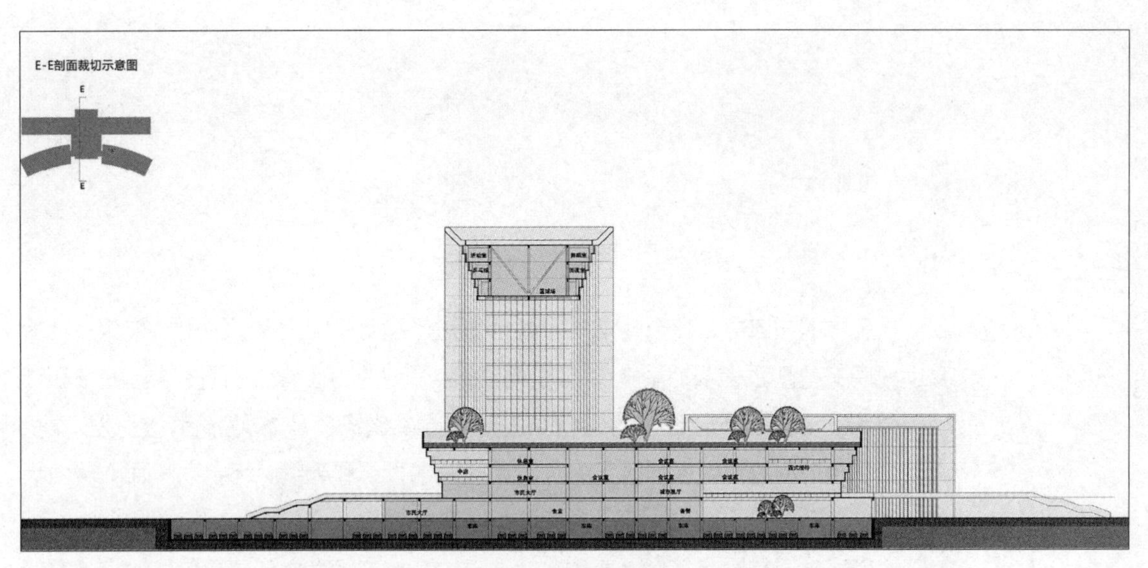

图4-180　剖面图01

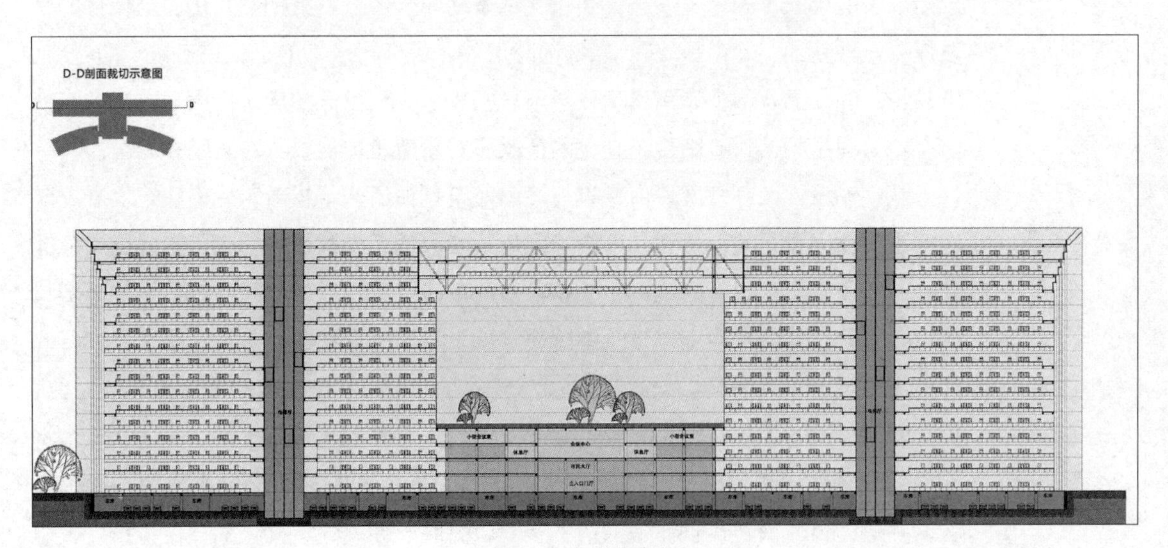

图4-181　剖面图02

结 语

在历史的长河中，岭南建筑不断融合变通，经历了一个漫长的发展演化。其发展过程既有鲜明的差异性，也有某些共通性，一些文化传统的精髓不断发扬和延续，传承至今。当代全球化的强烈冲击对于岭南建筑既是一次挑战，也是一次机遇。这一时期的岭南地区建筑是现代岭南建筑的发展和延续，但也同样面临着强大的现代主义同化和国际化影响。在不断的吸收交融中，当代岭南建筑曲折前行。保持着岭南建筑一贯顺应气候、尊重自然、自由开放的特点，延续着传统岭南建筑轻盈简洁、返璞归真的审美情趣，当代优秀岭南建筑尝试以更加多元化、现代化的手法探寻一种新的“岭南模式”。虽然前路漫漫，但值得庆幸的是，在追求“高、新、奇、特”的今天，不少岭南建筑依然不忘初衷，表现出一种谦逊低调、求真务实的状态。有理由相信，岭南传统文化的精髓将在新建筑中得以不断发扬和延续。

从创作设计角度开展岭南建筑与岭南建筑创作研究，重新对岭南建筑发展源流进行系统的回顾，透彻研究和理解岭南建筑学派的起源和发展，在历史发展中总结经验，提取宝贵的岭南建筑文化精髓，对岭南建筑的特征与表现进行系统的分析与总结，有助于我们对岭南建筑及中国建筑的发展进行理性的思考，有助于我们将岭南建筑学派传承和发扬。对岭南建筑及创作思想进行系统明确的概念与特征总结，探索岭南建筑的本质特征，有利于岭南建筑创作思想的承传与发展。在建筑技术特征总结与创作思想策略总结的基础上，本书力图探索岭南建筑创作方法与评价标准，并最终为岭南建筑创作提供指引参考，有利于岭南建筑文化的宣传与推广，增进岭南建筑创作繁荣，提出正本清源、求真务实的岭南建筑创作核心思想观。

笔者从在华南理工大学就读开始，深受岭南建筑文化影响，在探究岭南建筑创作特征与创作方法过程中，作为建筑师参加了一定数量的建设项目设计实践。其中在自觉与不自觉之间，对自己所理解向往的岭南建筑设计在工作中予以摸索与践行。众所周知，在实际建设项目实施过程当中，设计创作往往受建设过程中诸如投资控制、基地条件、进度催促、决策者思路、城市法规报审等因素影响与制约。创作者必须游刃其中，综合平衡。有时甚至曲折求进，妥协求成，才能尽量大致按初衷将设计付诸建设。这个过程当中，既有对工程建设实务工作的精力付出，又有对岭南建筑创作目标的期盼与执拗。一路走来，由于个人能力与认知的局限，觉得探索之路走得艰辛。

“务实求真、开拓创新”的“求真”创作思想，“开放通融、巧于因借”的“求实”创作手法，“因借融合、无法之法”的“求美”的设计审美标准，是笔者多年建筑创作追索中关于岭南建筑创作观的思路总结。希望从创作主体的角度剖析岭南建筑创作过程，结合岭南地区的自然气候特征、地域特色、人文文化等多重因素，阐述自己所理解的岭南建筑创作观。岭南建筑创作观根源于岭南文化，是岭南地区价值取向、社会心理、思维方式和审美标准的表现；同时，岭南建筑创作观并不是一成不变的，它会随着岭南文化的变化而发展。

“无法之法，乃为至法”中的“无”，则是岭南建筑创作精神的最高境界，如何正确解读，如何在设计上运用得体，如何创作出优秀的当代岭南建筑，则需要我们建筑师在设计道路上不断探求、创新和验证。

后 记

在不知“岭南”为何物的孩提时代，对岭南建筑风物的星星点点印象仍在脑海遗存至今，例如当年成片连续的中山路骑楼街、荔湾西关大屋片区的石板小巷、沙基涌边的麻石台阶与疍家小艇、当时仍用作水产展览的文化公园水产馆等。几十年过去了，虽然当年许多原汁原味的岭南风貌已随城市发展变更或湮没，可是其中的体验与感受不但没有随之消散，反而因为对岭南文化与建筑的认识加深，而更加完整、更加浓厚。

从1989年在华南理工大学建筑学系就读之初，就一直得到陆元鼎、魏彦钧两位教授的关怀指导，从中受到了对传统建筑文化与岭南建筑学识的熏陶。到了研究生阶段，则在导师赵伯仁教授的言传身教之下，加深了对岭南建筑创作与岭南建筑人的理解和体会，更夯实了对岭南建筑的情结。2006年在工作单位申请成立岭南建筑研究中心，在设计生产工作之余，开展对岭南建筑的探索与研究工作。期间，在陆元鼎老师的不断鼓励与期许下，把岭南建筑创作研究与探索作为自己的主要研究方向之一。研究成果能成为陆教授主持编写的岭南建筑丛书第三辑的组成部分，首先要感谢陆教授的信任与指导；同时，也要感谢赖奕堆、张荣富、黎明、叶丹、李妮、周巧、梁子君、谭中婧、李沃东等同事，不但一直以来在项目设计创作上支持与配合，并且在研究编写过程中，从繁忙的生产工作中抽出时间给予我大力的支持与协助；感谢中国建筑工业出版社李东禧先生、唐旭女士、张华女士为本书的顺利出版付出的努力，并提出诸多宝贵意见。

能在专业道路上得到德高望重的师长的谆谆教诲，能得到一群致力岭南建筑创作的同事的支持与协助，这既是宝贵机缘，又是鼓励与鞭策。

目前的研究与创作成果，由于个人专业理解的局限，难以避免存在片面和纰漏，如果能对岭南建筑创作有所启发与帮助，或能由此引起关注和议论，从而进一步提高业界对岭南建筑创作的认识与重视，便觉得十分欣慰。

胡展鸿

2015年12月